Texas
1860 Agricultural Census

Volume 3

Transcribed and Compiled by
Linda L. Green

WILLOW BEND BOOKS
2008

WILLOW BEND BOOKS
AN IMPRINT OF HERITAGE BOOKS, INC.

Books, CDs, and more—Worldwide

For our listing of thousands of titles see our website
at
www.HeritageBooks.com

Published 2008 by
HERITAGE BOOKS, INC.
Publishing Division
100 Railroad Ave. #104
Westminster, Maryland 21157

Copyright © 2008 Linda L. Green

All rights reserved. No part of this book may be reproduced or transmitted in any form or by any means, electronic or mechanical, including photocopying, recording or by any information storage and retrieval system without written permission from the author, except for the inclusion of brief quotations in a review.

International Standard Book Numbers
Paperbound: 978-0-7884-4757-0
Clothbound: 978-0-7884-7529-0

Introduction

This census names only the head of the household. Often times when an individual was missed on the regular U. S. Census, they would appear on this agricultural census. So you might try checking this census for your missing relatives. Unfortunately, many of the Agricultural Census records have not survived. But, they do yield unique information about how people lived. There are 48 columns of information. I chose to transcribe only six of the columns. The six are: Name of the Owner, Improved Acreage, Unimproved Acreage, Cash Value of the Farm, Value of Farm Implements and Machinery, and Value of Livestock. Below is a list of other types of information available on this census.

Linda L. Green
217 Sara Sista Circle
Harvest, AL 35749

Other Data Columns

Column/Title

6. Horses
7. Asses and Mules
8. Milch Cows
9. Working Oxen
10. Other Cattle
11. Sheep
12. Swine
14. Wheat, bushels of
15. Rye, bushels of
16. Indian Corn, bushels of
17. Oats, bushels of
18. Rice, lbs of
19. Tobacco, lbs of
20. Ginned cotton, bales of 400 lbs each
21. Wood, lbs of
22. Peas and beans, bushels of
23. Irish potatoes, bushels of
24. Sweet potatoes, bushels of
25. Barley, bushels of
26. Buckwheat, bushels of
27. Value of Orchard products in dollars
28. Wine, gallons of
29. Value of Products of Market Gardens
30. Butter, lbs of
31. Cheese, lbs of
32. Hay, tons of
33. Clover seed, bushels of
34. Other grass seeds, bushels of
35. Hops, lbs of
36. Dew Rotten Hemp, tons of
37. Water Rotted Hemp, tons of
38. Other Prepared Hemp
39. Flax, lbs of
40. Flaxseed, bushels of
41. Silk cocoons, lbs of
42. Maple sugar, lbs of
43. Cane Sugar, hunds of 1,000 lbs
44. Molasses, gallons of
45. Beeswax, lbs of
46. Honey, lbs of
47. Value of Home Made Manufactures
48. Value of Animals Slaughtered

Table of Contents

County	Page
Grimes	1
Guadalupe	11
Hamilton	20
Hardin	21
Harris	23
Harrison	26
Hays	38
Henderson	41
Hidalgo	48
Hill	52
Hopkins	58
Houston	71
Hunt	83
Jack	93
Jackson	94
Jasper	99
Jefferson	105
Johnson	107
Karnes	113
Kaufman	116
Kerr	122
Kinney	124
Lamar	125
Lampasas	136
Index	139

Grimes County, Texas
1860 Agricultural Census

The University of North Carolina at Chapel Hill filmed the 1860 agricultural census for Grimes County from originals at the Texas State Department of Archives and History under a grant from the National Science Foundation in 1964.

Columns 1, 2, 3, 4, 5, and 13 represent the following information on the census:
1. Name of Owner, Agent or Manager of Farm
2. Acres of Improved Land
3. Acres of Unimproved Land
4. Cash Value of the Farm
5. Value of Farming Implements and Machinery
13. Value of Livestock

H. H. Boggess, 100, 420, 4000, 25, 600
E. C. Cauthon, 100, 100, 8000, 750, 1600
D. C. Dickson, 90, 120, 4500, 400, 850
M. M. Barry, 25, -, 3000, 100, 1000
H. Fanthorp, 400, 900, 22000, 25, 4550
T. P. Plasters, 55, 600, 1500, 150, 4330
R. W. Gray, 100, 500, 1500, 600, 600
F. Briggance, 40, -, 400, 175, 500
J. Wade, 20, -, 1000, 50, 400
James Say, 2, -, 60, 125, 400
Geo. Cannon, 17, 230, 3000, 100, 600
G. A. Whiting, 150, 220, 8000, 150, 2640
Uriah Haynie, 140, 560, 4900, 200, 2450
R. M. Bennett, 175, 425, 10000, 200, 1500
F. Briggance, 125, 380, 4000, 100, 800
C. G. Gripitt, 60, 440, 2500, 150, 1500

S. Greer, 28, 170, 600, 50, 825
Francis Helmes, 12, 650, 300, 100, 550
T. J. Jones, 40, 160, 400, 125, 280
David Turner, 100, 37, 500, 50, 500
B. F. McCary, 30, 70, 200, 100, 250
Geo. Hundley, 20, 60, 400, 20, 500
J___ Fister, 30, 70, 400, 100, 500
Benjamin Fister, 6, 94, 250, 12, 60
F. W. Deets, 12, 68, 250, 10, 150
J. B. Bennett, 500, 400, 10956, 550, 1680
J. W. Jinkins, 80, 320, 4900, 150, 2800
W. Weatherford, 40, 280, 1000, 75, 350
L.M. Ratliff, 100, 300, 3000, 150, 1200
S. M. Garvin, 100, 300, 7000, 250, 3000
J. P. Roam, 25, 1275, 10000, 250, 7150
Uriah Morse, 80, 119, 2000, 75, 350
P. T. Magee, 25, 55, 600, 10, 75
J. B. Edwards, 300, 250, 4000, 225, 3000
W. J. Basket, 50, 50, 600, 25, 45
J. P. Harrison, 70, 65, 1360, 15, 680

L. S. Mooring, 400, 800, 7000, 300, 5850
Mason Hale, 25, 3375, 15900, 300, 500
W. A. Blount, 45, 250, 2000, 150, 800
James Nowlin, 250, 360, 6000, 100, 1000
Joseph Bookman, 70, 155, 1800, 100, 1230
Davie E. Jones, 20, Vacant, Vacant, 25, 320
Anna Lown, 40, 500, 1000, 100, 300
J. H. Anderson, 12, 345, 1500, 200, 300
Dan Bookman, 130, 200, 6600, 250, 2605
A. J. Marrow, 20, 105, 266, 150, 300
William Hoke, 75, 400, 5000, 150, 1204
J. A. Oliphant, 32, 70, 1000, 150, 250
B. B. Langham, 12, 190, 1150, 175, 332
J. W. Edmundson, 120, 500, 2000, 150, 1600
Sam. S. West, 90, 235, 1700, 100, 400
Mathias Davis, 85, 255, 1800, 150, 450
Spencer Mayfield, 75, 700, 15500, 150, 1500
D. P. Headley, 150, 560, 9000, 1500, 4350
William Walker, 270, 900, 17000, 300, 1880
C. C. Sweeble, 50, 300, 1500, 25, 825
B. B. Goodrich, 80, 190, 7000, 50, 1500
W. M. Pearson, 60, 40, 2655, 150, 1705
Owen Brown, 150, 700, 16000, 100, 2614
J. H. Terrell, 120, 223, 8575, 380, 1050

M. J. Duke, 150, 300, 18000, 150, 990
W. J. Chandler, 180, 70, 3750, 500, 1000
J. F. Perry, 70, 230, 4500, 100, 900
W. J. Terrell, 55, 120, 3500, 100, 595
J. M. Camp, 2000, 2000, 80000, 500, 6175
Owen Wallace, 55, 200, 3000, 200, 1000
T. J. Pointer, 700, 1200, 75000, 500, 3000
Enoch Bell, 65, Tenant of above, 100, 500
Rufus Grimes, 35, 144, 5000, 200, 500
John Watson, 30, 320, 6000, 200, 500
James Nolan, 70, 250, 4700, 200, 1940
J. W. Ringold, 360, 1450, 12000, 500, 8000
T. E. Blackshear, 900, 1200, 44000, 2000, 5600
V. Boynton, 16, 75, 4000, 10, 400
Z. Musters, 40, 250, 4455, 150, 160
J. Moland, 23, 100, 500, 200, 425
J. M. Perry, 40, 330, 3500, 150, 1504
W. E. Greer, 400, 900, 13000, 500, 12760
Isaac Jackson, 100, 4500, 92000, 200, 900
H. Graham, 400, 200, 16000, 175, 2275
M. L. Ashford, 100, 300, 10000, 190, 1080
J. M. Dannells, 22, 135, 3500, 20, 350
C. M. Lockhart, 35, 200, 4000, 12, 280
H. M. Bullock, 75, 1525, 16000, 100, 650
J. B. Grisham, 350, 230, 10600, 800, 3735

J. T. Whitesides, 250, 80, 7200, 300, 2200
J. C. White, 150, 130, 5400, 100, 1825
R. P. Dallins, 185, 92, 5400, 100, 1490
Delilah Wilkes, 50, 350, 4000, 110, 3015
W. H. Thompkins, 100, 140, 3000, 100, 700
D. B. Lowson, 125, 375, 12500, 200, 1450
Tom Ashford, 125, 255, 6800, 50, 1270
J. T. Holland, 120, 260, 11700, 250, 2500
J. G. Chatham, 160, 183, 4000, 200, 200
Overton Darwin, 280, 220, 3000, 50, 2706
Jesse Calloway, 75, 300, 12000, 200, 1118
Rilalda White, 100, 400, 12000, 100, 600
J. H. Dunham, 250, 1000, 57500, 500, 3720
M. C. Calloway, 100, 100, 6000, 200, 2390
E.C. Davis, 20, 220, 3500, 15, 300
B. J. Sumulls, 500, -, 10000, 125, 1500
D. B. Cuban, 80, 370, 4000, 150, 700
W. A. Evens, 40, 100, 2500, 100, 1000
John Goodrum, 20, 300, 1600, 15, 200
H. McErehn, 19, 71,1800,15, 125
J. W. S. West, 400, 218, 6400, 350, 2600
J. G. Pitts, 160, 290, 6750, 300, 2570
T. M. Norris, 10, 290, 7000, 200, 2525
J. W. Grimes, 20, 1200, 7200, 60, 750
E. A. Cuban, 75, 125, 2000, 10, 430
P. W. Baldwin, 250, 225, 9500, 330, 1600
James Wood, 300, 570, 8000, 400, 3720
Mariah Lourence, 50, 410, 12000, 175, 690
E. Gaboney, 200, 100, 7500, 100, 1270
J. H. Lacy, 300, 300, 12000, 500, 4000
Dougle McAlpin, 1200, 9200, 155500, 500, 7900
Thomas S. Pinkney, 100, Tenant of McAlpin, 200, 400
J. T. Marshall, 120, Tenant of McAlpin, 200, 400
W. H. Woodward, 150, Tenant of McAlpin, 150, 2170
A. Campbell, 24, 75, 500, 10, 125
R. J. Inge, 400, 400, 20000, 500, 3950
Sidney Barrett, 100, 100, 7000, 100, 500
John Ashford, 300, 400, 10500, 300, 1600
Alfred Tate, 50, 75, 1000, 100, 680
B. Brantley, 30, 135, 1660, 150, 1477
John McGinty, 75, 100, 2500, 75, 600
William Sloan, 47, 229, 3500, 50, 1200
Thomas Sloan, 13, 70, 200, 10, 140
Mary A. Curtis, 4, 316, 320, 5, 300
W. T. Loftin, 25, 100, 620, 100, 500
Tim Brown, 20, 123, 450, 25, 350
Joseph Knott, 16, 220, 2520, 20, 300
C. Bradus, 25, 75, 800, 50, 380
B. Zimmerman, 50, 350, 5000, 10, 300
R. S. Thomas, 700, 430, 30000, 636, 4590
W. B. Thomas, 250, 330, 14000, 1000, 2000
M. F. Demarrit, 180, 300, 10000, 200, 3000

E. Demarrit, 350, 200, 15000, 100, 1500
Daniel McCastle, 70, 90, 5000, 158, 1700
C. W. Ward, 200, 6540, 12000, 310, 920
W. M. Forrester, 310, 170, 20010, 500, 1800
J. G. Smith, 45, 455, 5000, 50, 700
Geo. Verills (Nevills), 50, 50, 500, 150, 1200
John Dedmon, 150, 750, 20000, 450, 1700
William Todd, 60, 40, 1500, 60, 690
Jesse Grimes, 30, 5240, 53550, 200, 7245
Robert Bridges, 50, Tenant of Grimes, 25, 300
Robert McIntyre, 120, 400, 12000, 20, 900
W. Berryman, 30, 100, 1200, 80, 700
J. Johnston, 500, 179, 20870, 700, 2250
John Stonum, 400, 380, 31400, 400, 2420
H. B. Greenwood, 150, 200, 6000, 400, 800
W. M. Greenwood, 100, -, 3000, 150, 750
J. H. Morrison, 150, 99, 5725, 340, 2000
A. Montgomery, 35, 125, 1000, 25, 500
E. Tucker, 10, 150, 300, 206
E. Montgomery, 40, 137, 1500, 50, 1000
James Bennett, 45, 130, 2000, 150, 1500
T. J. Greenwood, 270, 950, 30750, 625, 2200
J. P. Saunders, 350, 60, 14000, 1000, 2000
G. Morrison, 100, 100, 4000, 200, 2800
B. K. Butts, 350, 250, 18000, 300, 2500
J. Lourence, 240, 360, 18000, 2500, 1500
J. K. Mackey, 350, 8700, 21030, 550, 2150
J. Womack, 350, 500, 15000, 600, 2500
P. W. Walton, 400, 150, 20000, 500, 2500
W. D. Mitchell, 600, 625, 30000, 300, 3150
J. D. Andrews, 100, 85, 4000, 120, 1000
J. W. Griggs, 100, 100, 4000, 150, 1150
Isaac Baker Jr., 200, 300, 5000, 500, 1200
T. J. Smith, 400, 778, 2400, 1500, 2000
J. M. Evens, 120, 700, 8200, 50, 1140
J. H. Green, 450, 530, 20000, 600, 3000
L. A. Dupree, 400, 600, 10000, 400, 2000
W. C. Kindrick, 225, 500, 5000, 300, 2500
A. B. Easley, 430, 140, 19000, 500, 2500
J. S. Stonum, 225, 205, 15000,700, 1400
W. Forrester, 370, 634, 20000, 600, 3000
J. Cross Jones, 1350, 800, 10000, 2000, 5400
G. Stonum 705, 1106, 50000, 500, 4000
T. W. H. Rogers, 125,125, 10000, 250, 2500
J. W. Barnes, 300, 1300, 28000, 1500, 8500
Jessee Bookman, 100, 700, 700, 300, 2800
J. P. Keanard, 30, 185, 400, 50, 275
J. Winham 100, 511, 3500, 100, 2560

W. I. Fontain, 100, 300, 4000, 200, 624
B. S. Coody, 20, 130, 800, 100, 575
J. Edmonds, 30, 110, 400, 75, 365
W. U. Coulter, 12, 180, 1000, 100, 200
L. W. Kandlelone, 20, 92, 800, 10, 1150
L. W. Lancaster, 20, 30, 450, 20, 700
J. C. Shuckard, 25, 375, 3000, 10, 250
W. Loggins, 100, 220, 4000, 100, 2500
J. Loggins, 200, 240, 6000, 300, 4000
J. D. Watson, 40, 338, 5780, 120, 1150
D. Doughtie, 25, 85, 900, 25, 100
William Oliver, 95, 275, 2500, 200, 1600
A. W. Brown, 450, 160, 11580, 600, 2250
W. B. Runnells, 150, 170, 3000, 200, 2115
J. H. King, 80, 220, 2000, 150, 500
J. P. McCune, 150, 250, 7000, 600, 1200
A. Parnell, 150, 170, 5000, 200, 300
J. Threadgill, 23, 1100, 5700, 20, 300
J. Gray, 50, 250, 1200, 20, 75
Thomas Ray, 10, 350, 1000, 20, 20
M. M. Kennard, 210, 930, 22800, 500, 1650
William McCoy, 20, 380, 4000, 25, 950
Ed Bowin, 100, 300, 4000, 200, 575
W. T. Brown, 110, 90, 3500, 200, 700
Jo. Bates, 250, 11000, 23000, 500, 2000
T. M. Bowin, 25, 800, 2000, 115,500
W. E. Hobbs, 30, 20, 500, 10, 258
J. M. Moodey, 35, 200, 6560, 100, 2000
Jesse Gray, 18, 65, 1125, 75, 745

G. A. Parham, 60, 500, 6000, 150, 780
E. Floyd, 225, 255, 10000, 250, 4020
D. O. Barton, 330, 270, 17000, 500, 2500
A. M. Randle, 125, 185, 5000, 250, 1105
E. B. Davis, 80, 450, 9000, 300, 500
William Kelly, 200, 350, 6000, 375, 1500
L. G. Maddox, 180, 666, 12000, 250, 1650
Elijah Knox, 25, 75, 2000, 100, 400
J. A. Montgomery, 120, 280, 4800, 250, 1450
N. Hadden, 45, 219, 2500, 60, 550
W. P. P. Laningham, 45, 285, 4125, 30, 450
W. B. Wesson, 75, 400, 9500, 150, 2325
Hugh Kelly, 90, 357, 2500, 150, 500
J. W. Ferrill, 80, 700, 3750, 570, 2525
L. G. Joiner, 7, 53, 40, 16, 250
B. W. Jeter, 170, 1027, 16000, 200, 1060
A. Russell, 17, 220, 11000, 50, 105
C. Lovless, 60, 260, 3000, 150, 550
J. C. Williams, 200, 213, 6200, 300, 3750
M. P. McCarty, 50, 275, 2500, 65, 480
H. B. Stonum, 200, 137, 5000, 500, 1160
W. B. Jordon, 600, 400, 5000, 300, 1400
Jacob Buff, 35, 90, 2550, 50, 240
S. Bubb (Buff), 38, 90, 2550, 50, 280
George Stonum Jr., 350, 317, 10000, 200, 1200
Wm. J. Taylor, 65, 300, 6532, 170, 735
F. L. Taylor, 100, 135, 2000, 250, 930
W. P. Smith, 80, 660, 9000, 100, 1000

Martha Patterson, 10, 690, 7000, 10, 150
A. Shannon, 500, 1135, 40225, 500, 7500
R. T. Smith, 50, Tenant of A. Shannon, 150, 750
J. G. K. Shannon, 50, 250, 12000, 350, 1550
E. A. Forester, 300, 250, 12000, 350, 1550
H. Griggs, 250, 750, 25000, 200, 2550
Robert McKinzie, 300, 470, 11750, 250, 1260
Jack Baker, 300, 400, 12500, 200, 1815
Isaac Baker, 500, 500, 30000, 500, 2690
William Griggs, 70, 150, 2000, 10, 200
R. T. Jennings, 60, 220, 2000, 175, 270
B. Devereux, 140, 155, 1500, 100, 800
Isaac Jackson 120, 640, 5520, 50,100
G. M. Shertson, 30, 120, 2500, 150, 475
T. H. Brown, 25, 300, 320, 10, 175
Geo. Kiser, 40, 260, 800, 15, 110
W. D. Taylor, 25, 50, 300, 200, 1200
J. W. Baker, 50, 130, 220, 100, 200
P. H. Cato, 82, 20, 120, 10, 60
W. Rogerson, 20, 140, 1080, 10, 150
John Ogg, 30, 520, 2750, 100, 700
Thomas Ogg, 45, 150, 800, 150, 1000
F. Sue, 8, 152, 400, 30, 200
B. Milks, 20, 140, 800, 20, 400
S. Oglesby, 130, 150, 1400, 270, 790
S. P. Green, 180, 270, 1320, 350, 900
J. S. McCleland, 400, 14575, 12000, 350, 31245
S. C. Beldin, 26, 20, 500, 200, 420
J. M. Ronkin, 35, 65, 1000, 20, 150
O. Hager, 14, 63, 500, 10,500

W. Hagus, 20, 250, 1000, 50, 1000
A. M. Springher, 113, 222, 2000, 75, 800
O. Keekn, 20, 306, 1650, 75, 4000
L. G. Weaver, 5, 190, 2000, 100, 630
E. McPhearson, 2, 160, 1600, 25, 150
Mary Forsythe, 70, 430, 4200, 100, 1360
W. J. Willson, 40, 360, 2000, 100, 730
W. C. Fowler, 16, 54, 500, 10, 500
D. Saunders, 15, 85, 400, 200, 970
J. Thurston, 18, 82, 100, 10, 680
J. Steel, 5, 195, 1000, 20,100
B. Jones, 35, 1100, 3300, 150, 430
J. E. Love, 40, 160, 2000, 150, 1000
F. G. Dupree, 125, 170, 400, 30, 2000
John Perkins, 75, 102, 1020, 150, 870
E. L. Hutchison, 18, 20, 1600, 20, 200
A. E. Springher, 25,155, 1800, 20, 230
J. M. Springher, 75, 100, 1750, 50, 450
W. Suggitt, 10, 310, 640, 20, 250
A. Pearson, 30, 100, 200, 15, 500
Thomas Roberts, 100, 542, 3360, 470, 2510
J. L. Wise, 40, 180, 1320, 150, 250
David White, 170, 360, 13250, 500, 3445
S. F. Gresham, 110, 457, 4616, 150, 1060
J. H. McCullock, 80, 270, 3940, 50, 980
J. E. Hughey, 60, 140, 2000, 100, 530
M. S. McAplin, 100, -, 400, 150, 1050
A. F. Owens, 50, 100, 2500, 250, 1300
W. G. Harris, 84, 310, 5900, 460, 1700

L. B. Shelton, 35, 82, 1680 150, 1350
H. B. Huntstreet, 28, 1070, 11000, 10, 625
M. Mays, 40, 60, 1000, 75, 425
J. H. Roco, 20, 80, 1000, 75, 400
G. Hargrave, 100, 180, 3360, 350, 3580
J. B. Steverson, 200, 507, 18000, 700, 2500
J. A. VanAulston, 60, 140, 2000, 50, 750
D. Metzar, 30, 120, 750, 50, 75
O. H. P. Wood, 40, 400, 6550, 100, 725
W. Haix, 50, 357, 3670, 100, 700
A. Bloombury, 25, 25, 500, 10, 415
J. T. Long, 15, 195, 2000, 150, 1850
T. H. Brennan, 50, 100, 1600, 150, 850
G. D. Harris, 10, 20, 500, 20, 150
J. Stifflemire, 12, vacant, 2, 10, 480
James Willson (Millson), 15, 135, 1500, 20, 600
A. Andrews, 25, 45, 1500, 150, 700
J. F. McGahey, 50, 337, 3970, 150, 800
J. Everley, 12, 88, 1000, 100, 1200
A. Henry, 16, 140, 1000, 20, 700
J. Hargrave, 100, 100, 200, 100, 200
G. W. Behn, 28, 73, 1000, 150, 300
Cornelia Jones, 30, 370, 2000, 150, 1400
B. B. Baxter, 150, 840, 10000, 300, 800
Thomas Goodrum, 6, 140, 200, 150, 1300
R. Hibbetts, 25, 360, 1665, 100, 360
J. M. Bearden, 30, 380, 1000, 150, 600
G. W. Laurence, 25, 350, 1860, 150, 700
J. W. White, 30, 157, 1000, 150, 1160
Nancy A. Muse, 12, 185, 1600, 50, 100
J. H. Bowen, 60, 207, 3070, 125, 600
William Zubar, 25, 405, 4500, 100, 100
J. S. Driscal, 60, 440, 2000, 75, 800
H. Briggance, 200, 394, 9000, 575, 1250
Charles Magee, 30, 270, 1800, 100, 800
T. G. Haynie, 170, 295, 4640, 350, 1360
A. Womack Jr., 10, 275, 300, 100, 1175
W. H. Giles, 80, 485, 1900, 100, 700
M. L. Kennard, 150, 970, 1125, 150, 7000
James Loggins, 120, 350, 5500, 200, 1055
Sarah Scott, 500, 200, 14000, 500, 6620
A.M. Womack, 300, 440, 14800, 500, 3440
C. B. Quinn, 100, 100, 4000, 250, 600
Thomas Waker, 100, 300, 5000, 100, 1430
G. M. Black 40, 160, 6000, 50, 800
Isaac Parker, 325, 640, 20000, 500, 2500
D. C. Haynie, 130, 400, 5500, 300, 1300
J. Q. Yarborrough, 330, 217, 8000, 300, 2000
R. & E. Stonum, 200, 430, 6500, 600, 9175
C. S. Grarer (Graves), 600, 186, 7800, 500, 1100
J. W. Winston, 75, 55, 1720, 125, 600
J B. Kinnard, 110, 92, 4040, 160, 685
J. G. McDonald, 46,196, 4824, 50, 528
G. M. Patrick, 100, 450, 11000, 200, 6000
E. Fuqua, 80, 320, 10000, 200, 5400

O. H. P. Hill, 150, 469, 14300, 600, 1400
S. A. M. Kennard, 35, 15, 1000, 50, 100
M. N. Taylor, 75, 310, 3950, 500, 470
G. F. Hinson, 65, 135, 2000, 3, 360
G. H. Lester, 70, 185, 5000, 15, 150
John Nash, 30, 170, 2000, 25, 900
A. Fullenbee, 120, 250, 10500, 500, 1610
A. Hinson, 75, 125, 2000, 150, 700
W. C. Roe, 120, 180, 4100, 450, 900
R. C. Niblett, 270, 580, 26000, 1000, 3500
J. T. Huston, 170, 247, 5000, 150, 1000
W. Berryman, 60, 1140, 18000, 200, 2000
Mary Graves, 150, 453, 13120, 150, 1390
L. P. Graves, 25, 115, 2000, 50, 300
E. Nelms, 350, 1000, 39000, 300, 1700
F. Fuqua, 28, 290, 4800, 25, 800
E. Hobbs, 50, 270, 4800, 100, 400
J. F. Lynch, 55, 165, 2000, 250, 860
C.C. Iverson, 150, 280, 10800, 250, 900
J. B. Linton, 75, 465, 2500,100, 1600
E. G. Mays, 600, 860, 35000, 2000, 4000
J. F. Heloyes, 80, 256, 3600, 50, 1300
J. H. Owens, 100, 295, 4000, 150, 2700
J. Buchannan, 175, 100, 4000, 100, 900
J. Herbison, 110, 270, 6080, 150, 500
T. W. Brian, 20, 157, 200, 150, 250
W. Wetrington, 150, 490, 6400, 150, 5000
T. M. Owens, 100, 200, 3000, 15, 1500
J. Kelly, 160, 500, 6000, 150, 500
David Willson, 30, 95, 2000, 100, 1200
C. E. Deberry, 60, 140, 3000, 130, 1110
D. H. Fields, 300, 109, 9000, 500, 1400
H. B. McDaniel, 270, 139, 9000, 1, 150
E. H. Jones, 30, 147, 1700, 25, 250
Joseph White, 150, 650, 7800, 400, 1915
F. X. Webb, 30, 120, 1500, 100, 300
William Luck, 34, 600, 1000, 100, 1000
C. Smoot, 15, 200, 1500, 100, 200
W. T. Walker, 35, 120, 600, 100, 400
L. Huston, 2, Vacant, Lot, 540, 500
C. Trant, 45, 155, 700, 5410, 1200
William Taylor, 50, 155, 900, 100, 1525
William Andrews, 100, 400, 2550, 150, 1000
H. Davis, 40, 260, 900, 150, 1300
C. E. Davis, 142, 438, 2000, 100, 400
J. D. Dessans, 75, 125, 1200, 10, 700
S. F. Chaney, 36, 941, 1375, 100, 8585
W. Brown, 10, 50, 200, 50, 300
James Cox, 25, -, 200, 50, 501
Catherine Cobb, 60, 440, 2500, 250, 6360
C. W. Bassett (Barrett), 30, 120, 300, 50, 700
James Franklin, 35, 165, 600, 100, 1500
J. J. Spurlin, 28, 92, 300, 50, 540
F. P. Mercy (Morey), 50, 106, 2000, 50, 100
Daniel Stuckey, 40, 192, 250, 100, 200
D. B. Stuckey, 15, 85, 300, 100, 750
T. W. Neeley, 25, 100, 380, 100, 1300
Care(Cox) & Willson, 50, 150, 2000, 500, 800

D. J. Jones, 35, 235, 1000, 50, 4000
W. D. Howard, 20, 130, 1500,100, 4000
Hirum Chaney, 50, 270, 2000, 100, 6000
J. J. Adkins, 24, 180, 800, 50, 800
D. McIver, 60, 580, 5800, 150, 11000
W. J. Tucker, 8, Tenant of D. McIver, 10, 5, 700
W. Stewart, 40, 1013, 3000, 100, 2500
E. P. Cooke, 20, 100, 125, 50, 200
W. C. Smith, 20, 183, 2000, 140, 2500
D. B. Byrnes, 30, 380, 1500, 50, 2000
John F. Howell, 80, 119, 400, 25, 3250
J. A. Duncan, 20, 30, 400, 100, 300
John Sullock, 40, 60, 1000, 50, 300
John Jarvis, 80, 80, 350, 50, 600
J. C. Smith, 9, 860, 100, 20, 200
Theman Franis, 20, 180, 500, 25, 250
J. D. Davis, 130, 970, 1100, 150, 2745
A. M. Durly, 52, 268, 1820, 150, 3800
Pren Stuckey, 10, 200, 2000, 10, 2700
G. B. King, 40, 200, 1400, 50, 750
E. Booker, 12, 150, 480, 10, 1300
David Robinson, 25, 20, 150, 50, 1300
J. D. Nelms, 25, 40, 200, 50, 300
Z. P. Mize, 22, 80, 1000, 540, 104
C. C. Mallett, 35, 65, 600, 50, 30
P. McMahan, 35, 178, 533, 6, 700
John Neeley, 40, 190, 1150, 100, 4100
W. A. McWhorter, 75, 490, 2260, 100, 2500
W. R. W. McWhorter, 25, 375, 1600, 50, 400
John Adams, 30, 170, 1000, 14, 100
A. McWhorter, 15, 185, 600, 50, 600
W. C. Shannon, 100, 100, 1400, 150, 2900
R. Sims, 32, 175, 1233, 100, 1600
M. Upchurch, 35, 65, 600, 100, 3105
J. M. Upchurch, 35, 100, 500, 200, 4000
J. J. Williams, 60, 4100, 8000, 100, 600
William Taylor, 50, 270, 960, 50, 425
T. C. P. Moffatt, 125, 675, 3500, 150, 5275
J. G. Camp, 80, 240, 2500, 400, 950
T. M. Williamson, 21, 141, 600, 25, 400
L. M. Myres, 60, 340, 1000, 100, 400
John Pras, 40, 120, 480, 100, 800
M. F. Headley, 50, 314, 3940, 150, 1000
Geo. Lewis, 200, 300, 6000, 250, 1200
N. K. Kellum, 200, 2800, 50000, 500, 16530
H. C. Smith, 28, 120, 450, 20, 700
J. Thomas, 35, 125, 480, 4, 7010
J. W. Hike, 15, 50, 200, 25, 300
W. P. Kerr, 15, 143, 200, 20, 1200
M. J. Allen, 25, 150, 480, 25, 1750
C. Rigsby, 50, 300, 900, 100, 1500
C. Graves, 20, -, 100, 5, 200
John Cisner, 52, 350, 940, 15, 1800
S. Johnston, 30, 130, 500, 200, 350
J. T. Griffith, 10, 275, 800, 10, 600
J. Cuppleman, 75, 80, 458, 30, 1110
E. Johnston, 40, 70, 480, 25, 2000
Wm. Young, 18, 80, 100, 10, 200
W. C. Mullock, 80, 700, 3000, 50, 1200
J. H. McCown, 60, 440, 500, 50, 1500
R. Harrison, 35, 60, 400, 40, 1500
E. H. Harrison, 40, 100, 500, 200, 800
W. Willkerson, 22, -, 100, 15, 500

B. L. Medcalf, 60, 360, 1000, 30, 800
K. M. Jones, 65, 550, 900, 25, 1200
John Carter, 200, 90, 1500, 50, 3000
J. Sims, 15, 235, 640, 10, 500

William Stone, 35, 259, 770, 15, 700
J. C. Callinder, 50, 440, 640, 20, 5000

Guadalupe County, Texas
1860 Agricultural Census

The University of North Carolina at Chapel Hill filmed the 1860 agricultural census for Guadalupe County from originals at the Texas State Department of Archives and History under a grant from the National Science Foundation in 1964.

Columns 1, 2, 3, 4, 5, and 13 represent the following information on the census:
1. Name of Owner, Agent or Manager of Farm
2. Acres of Improved Land
3. Acres of Unimproved Land
4. Cash Value of the Farm
5. Value of Farming Implements and Machinery
13. Value of Livestock

T. H. & G. B. Hollamon, 180, 2420, 24000, 200, 1125
J. J. Campbell, 2, 50, 700, -, 50
Jacob Merkel, -, -, -, -, 125
Wm. Neill, -, -, -, -, 180
Jno. A. Neill, -, -, -, 400, 720
A. J. Patterson, -, -, -, 20, 480
J. R. Brook, 40, 40, 1800, -, 320
O. Wuppermann, -, 700, 2000, -, 4500
Mary Lesser, -, -, -, -, 140
Julius Pipps, -, -, -, -, 600
Wm. Apmann, -, -, -, -, 500
U. Bartholamew, 1, 322, 600, -, 125
M. Moss, -, -, -, -, 75
P. Medlin, -, -, -, -, 380
R. J. Courpender, 200, 367, 2500, 300, 4600
W. P. H. Douglass, 15, -, 2000, -, 1250
G. H. Sherwood, 5, 50000, 50000, -, 36
John P. White, 2, 4, 1700, -, 45
Wm. Dunn, 1, 475, 1500, -, 463
E. Gleaser, 10, 8, 400, -, 235
Jos. R. Johnson, 22, -, 7000, 100, 2250
M. Watkins, 2, -, 1200, -, 800
J. H. Petty, 4, 50, 1300, 100, 250
S. M. Kingston, 300, 7000, 20000, -, 100
A. B. Moore, 100, 680, 9000, 100, 200
E. Nolte, -, -, -, -, 250
W. P. Read, 15, 305, 1000, 200, 440
J. E. Park, 50, 1460, 1500, 150, 300
J. B. Dibrell, -, -, -, 40, 300
J. G. Gordon, 40, 1000, 3500, 200, 1500
J. S. Calvert, 90, 6400, 12400, 400, 1265
D. McKnight, 350, 750, 5500, 400, 310
Peter Thompson, -, -, -, 75, 800
T. Meininger, 9, -, 1000, 100, 650
J. R. Jefferson, 200, -, 2000, 600, 6000
Z. W. Echel, 6, -, 2000, 100, 600
F. Schugart, -, -, -, -, 300
F. Fritz, 5, -, 300, 55, 800
J. A.M. Boyd, 4, 100, 1600, 120, 674
T. D. Spain, -, -, -, 300, 1835
W. E. Goodrich, 10, 350, 2000, 25, 250
H. Broad, -, -, -, 10, 300
D. Stratton, 10, 130, 1100, 125, 550

Wm. Adams, -, -, -, -, 330
T. J. Johnston, 250, 30000, 30000, 350, 900
M. L. Fitch, -, 1250, 5000, -, 375
Jno. Ireland, 16, 800, 5000, 100, 350
Ab. Herron, 75, 624, 2000, 120, 2630
C. Shugart, 9, 9, 250, 51, 600
Nancy Gordon, 100, 100, 1150, 10, 180
N. B. Dimmitt, -, -, -, 100, 1072
And. Herron, 1060, 3040, 19100, 2225, 2400
W. G. King, 36, 426, 2800, 100, 375
Sythia Elkins, 12, 88, 200, 5, 40
E. H. Patterson, 120, 635, 3775, 700, 835
W. A. Parish Manager, 500, 900, -, 100, 1670
F. Butler, 35, 191, 1000, 150, 736
W. H. Grinage, 60, 20, 700, 10, 470
F. G. Roberts, 40, 210, 2500,-, 250
Jas. B. Crane, -, -, -, -, 400
S. W. Brill, 75, 30, 2000, 400, 1825
B. F. Sherlock, 10, 828, 3200, 1125
J. P. Turner, 25, 275, 300, 75, 1530
Wm. C. Baxter, 120, 320, 2000, 150, 800
D. Thompson, 50, 495, 2000, 125, 1400
W. W. Little, -, -, -, -, 650
Jos. Hawkins, 15, 65, 300, 50, 115
J. N. Minter, 90, 710, 3800, 100, 330
R. Campbell, -, -, -, -, 800
D. A. Word, 340, 4300, 11600, 300, 4300
J. F. Tom, 275, 300, 2500, 300, 11650
W. M. Kincaid, 20, 440, 900, 65, 418
M. D. Anderson, 575, 1015, 5000, 810, 5425
Miles Elkins, 25, 1735, 3000, 225, 3000
W. R. Cockrum, 300, 100, 2500, 75, 860
A. N. Erskine, 50, 30, 10000, 175, 900
G. W. Schmidt, 80, 320, 3000, 150, 3000
Jene (Jerre) D. Smith, 30, 290, 800, -, 500
A. H. Roads, 30, 290, 800,-, 500
J. Lay,-, -, -, 140, 500
A.W. Lay, 450, 120, 8000, 200, 5550
A. H. Beard, -, -, -, -, 2900
T. D. Johnston, 250, 1010, 6300, 650, 2850
G. W. Hanner, -, -, -, 200,800
J. R. Anderson, 65, 230, 1000, 100, 450
B. R. Fenner, 70, 330, 1200, 100, 600
P. Smith, 200, 1200, 5000, 200, 2000
Wm. Jaffold (Saffold), 1200, 3966, 14400, 975, 10510
J. W. Young, 1500, 500, 15000, 300, 2000
Th. H. Duggan, 600, 4020, 12000, 800, 7300
W. G. Davis, 120, 180, 3000, 40, 1070
J. F. Sanders, 30, 70, 1000, 30, 2400
G. P. Smith, 650, 1350, 7000, 600, 3270
J. F. Hubbard, 50, 827, 2000, 125, 880
Wm. Tom, 140, 560, 5500, 200, 3090
J. S. Bartlett, -, -, -, -, 2056
B. Tielman, 40, 225, 1200, 250, 1000
D. A. T. Wood, 75, 357, 2000, 10, 1620
S. G. Lillard, 150, 210, 1500, 100, 1730
J. H. Fennell, 1000, 7034, 40000, 650, 2140
J. L. Cochran, 25, 125, 1200, 100, 1518
J. D. Fulgham, 50, 210, 1200, 150, 510
J. A. Wells, 80, 170, 1500, 100, 360

J. Shelby, 500, 1000, 7000, 200, 2500
D. Jeffries, 200, 300, 1300, 100, 5810
B. P. Hardwick, -, -, -, -, 950
C. C. Kimble, 20, 1140, 700, 75, 370
Y. P. Outlaw, 35, 285, 1000, 200, 3000
P. McDonough, 80, 720, 800 60, 915
A. Browning, 40, 190, 600, 25, 239
D. P. Briggs, -, -, -, 200, 1640
E. L. McCracken, 45, 275, 650, 10, 225
T. J. Smith, 50, 270, 1000, 70, 1160
W. W. Cochrum, 120, 80, 400, 25, 300
P. W. Hobbs, 10, 310, 1200, 150, 1632
Jos. Hobbs, 100, 220, 640, 50, 3790
J. S. Hastings, 30, 610, 650, 25, 610
Jac. Degan, 6, 444, 800, -, 683
Jno. Russell, -, -, -, -, 1000
P. H. Hobbs, 40, 280, 640, 100, 2050
D. C. Robinson, -, 640, 640, 60, 14940
Th. R. Chew, 100, 1000, 3000, 50, 11345
Tho. M. Batte, 180, 220, 2000, 200, 1230
Jos. H. Polley, 300, 2114, 20000, 275, 49362
Th. D. James, -, -, -, -, 1370
E. A. Barker, 86, 414, 2500, 145, 4870
Owen Murray, 25, 275, 750, 240, 660
W. R. Wiseley, 260, 640, 4500, 1000, 3000
J. T. Montgomery, 400, 200, 3000, 685, 10510
Jas Newton, 500, 1000, 7200, 50, 11720
J. Somerville, -, -, -, -, 1180
S. W. McClain, 40, 100, 560, 70, 1614
Jas. Humphries, 200, 262, 2360, 75, 2570
R. M. Currie, 100, 200, 1500, 80, 502
J. F. Tiner, 250, 450, 3000, 250, 1924
J. F. McKee, 100, 200, 1200, 25, 2959
S.A. Glossing, 53, 247, 1250, 50, 700
G. W. McKay, -, -, -, 75, 1755
Ab. Williams, -, -, -, -, 285
Th. G. Maddox, 50, 250, 1500, 80, 410
M. Crenshaw, 60, 580, 640, 125,450
G. A. Hibden, 60, 101, 1200, 145, 1340
Th. Hibden, 25, 75, 500, 5, 3008
Jno. Hibden, 14, 86, 500, 12, 1010
R. W. Morris, 300 47, 1500, 80, 1295
G. Pettis, 20, 280, 450, 55, 2040
J. M. Morrison, 40, 160, 500, 25, 910
R. H. Ranney, 75, 337, 618, 85, 282
Levi Maddox, 75, 224, 1000, 100, 3340
M. H. Reynolds, 90, 70, 800, 75, 1855
S. Brown, 18, -, 200, 77 611
Wm. C. Morrison, 50, 190, 1200, 40, 3070
Jno. Campbell, 180, 1146, 5304, 140, 7810
Ann D. Mays, 200, 700, 5000, 80, 3470
J. G. Walker, 280, 1420, 18000, 300, 1940
A. A. Gillespie, 320, 320, 2000, 210, 2925
W. C. Vandergriff, 20, 105, 500, 50, 1132
W. R. Elam, 100, 220, 1280, 90, 830
J. L. Dial, -, -, -, 600, 5500
Rudolph Hellman, 125, 285, 3500, 90, 2805

Robt. Hellman, 60, 310, 3000, 80, 862
S. Lee Kyle, 550, 340, 4450, -, 7550
C. Huthmacher, 90, 200, 1740, 20, 1565
G. Mulberg, -, -, -, -, 540
Agnes Galvin, 56, 94, 900, 60, 2625
F. Ehal, 50, 150, 2000, 125, 928
D. Currie Manager, 700, 1514, 22140, 500, 5125
B. G. Henderson, -, -, -, 75, 835
J. L. Durham, 100, 250, 3500, 125, 840
J. H. Burrass, 80, 428, 3000, 190, 4697
T. J. Perryman, 1000, 1000, 18000, 450, 20200
Jac. Pfiel, 20, 60, 440, 100, 495
Carl Conrad, 30, 620, 4000, 125, 2260
D. Brotz, 9, 42, 400, 40, 690
A. Schmitz, 10, 40, 250, 10, 245
T. P. Meurin, 12, 88, 500, 62, 425
Jac. Schloder, 10 40, 200, 90, 470
Geo. Schloder, 10, 40, 200, 90, 470
Jno. Ritteman, 25, 75, 800, 30, 380
M. Amacher, 15, 85, 600, 115, 1450
J. G. Bergfeld, 30, 170, 700, 70, 900
A. Pfiel, 15, 155, 900, 30, 500
Wm. Seiler, 25, 82, 1000, 62, 940
Chn. Snider, 60, 155, 1400, 70, 880
Jas. Burbank, 75, 225, 1000, 200, 1520
W. G. Johnston, 40, 267, 1228, 100, 470
Jno. Young, 50, 556, 1212, 50, 1105
W. W. Anderson, 40, 520, 1050, 45, 1535
G. N. Murchison, -, 200, 500, 75, 335
Jo. Rhodius, 40, 160, 500, 40, 840
J. M. Cole, 125, 155, 1400, 90, 2045
Chn. Baller, 2, 23, 200, 110, 214
Wm. Schloder, 25, -, 500, 112, 784
F. Newbower, 15, 10, 200, 30, 240
A. Rittemann, 25, -, 600, 40, 500
S. Schraub, 40, 72, 368, 112, 1702
L. Stamitz, 25, -, 600, 110, 484
J. Kniger, 20, 5, 600, 35, 290
F. Pfannstiel, 20,-, 100, 130, 470
Hy. Acker (Arker), 20, 10, 300, 654, 485
F. Rinehart, 8, 17, 200, 65, 335
C. Hager Manager, 18, 27, 500, 150, 800
Geo. Hile, 15, 69, 252, 155, 850
J. D. Phanstiel, 109, 739, 1272, 95, 1410
E. Linne, 32, 102, 402, 36, 1480
F. Zuhl, 35, 287, 1288, 50, 783
Wm. Zuhl, 16, 59, 300, 70, 370
Ch. Saur, 40, 70, 600, 60, 995
Jac. Seiler, 27,129, 750, 60, 1225
V. Klein, -, 320, 400, 80, 236
F. Weyel, 32, 18, 500, 85, 290
G. Voges, 30, 15, 500, 80, 710
Jno. Ort, 25, 20, 500, 65, 312
D. Voges, 25, 25, 500, 110, 355
Jos. Klein, 35, 285, 500, 65, 334
F. Earbling, 30, 20, 900, 15, 932
B. Snider, 25, 25, 700, 75, 790
L. Kruger, 40, 415, 1600, 70, 883
Adam Blocher, 15, 89, 400, 50, 1005
A. Troart, 25, 139, 600, 175, 593
J. Heldebrand, 25, -, 200, 30, 385
M. Hell, 25, -, 200, 80, 260
Hy. Helmke, 35, 315, 1500, 200, 2230
J. Schulze, 40, 232, 1000, 190, 900
G. Wholfardt, 30, 44, 300, 175, 630
H. Stolte, 50, 455, 1515, 100, 800
J. C. Herindon, 250, 2750, 9000, 75, 11000
G. Sheffel, 15, 45, 350, 35,140
A. Maehgraff Manager, 10, 60, 150, -, 90
Riley Lewis, -, -, -, -, 710
J. A. Irvin, 75, 155, 1600, 50, 5480
P. Lowe, 35,635, 1000, 70, 6480
F. C. Lambert, 10, 121, 600, 20, 986
C. Dittmar, 25, 375, 3000, 50, 1460
Jno. A. Leimer, 24, 75, 800 15, 485

Jno. Henderson, 20, 213, 1500, 65, 4910
F. Kassrel (Kaprel), 25, 75,700, 70, 717
F. Bocher, 25, 175, 400, 40, 680
Chn. Dammen, 12, 38, 200, 105, 335
Chn. Koeler, 30, 95, 700, 80, 375
C. Engelhe, 30, 95, 700, 110, 788
Chn. Monk, 200, 468, 4000, 165, 455
Ch. Kruger, 15, 35, 300, 30, 231
H. Hoffman, 12, 62, 150, 60, 327
J. Rjeske (Kjeske), 12, 75, 300, 80, 281
Ch. Rathka, 10, 68, 300, 45, 355
Wm. Shultze, 25, 129, 500, 75, 375
G. Baur, 10, 12, 200, 40, 254
A. Jschoppe, 12, 25,700, 40, 410
Chn. Grimme, 20, 150, 750, 50, 550
Robt. Vasper, 4, 71, 150,-, 180
Henry Witner, 10, 90, 300, 50, 285
Wm. Knatch, 54, -, 500, 40, 350
F. Hoffman, 65, 75, 700, 15, 320
Jno. Grams, 50, -, 600, 20, 260
W. Altwine, 10, 30, 200, 50, 300
M. Kassel, 50, 100, 550, 40, 386
D. Kassel, 20, 55, 500, 5,181
G. Massuer, 8, 29,100, 50, 50
H. Volcher, 260, 660, 4000, 100, 3140
Wm. Teal, 26, 170, 500, 115, 585
Jno. Nagle, 30, 68, 500, 130, 264
Chs. Shultz, 10, 90, 500, 114, 196
F. Blumberg, 40, 100, 900, 125, 365
A. Hoffman, 24, 126, 700, 50, 328
Jac. Adams, 13, 12, 200, 20, 132
J. Behrendt, 14, 111, 500, 100, 505
Jno. Leisner, 15, 60, 500, 10, 286
F. Gramm, 14, 61, 400, 110, 330
Jno. Zipp, 40, 110, 900, 220, 80
Ch. Maurer, 50, 50, 1600, 206, 943
F. Rudepoff, 40, 10, 800, 190, 666
A. Schumann, 100, 1900, 4000, 25, 630
F. Herbst, 30, 20, 400, 70, 312
A. Lachelin, 30, 20, 800, 50, 243

C. Oelhers, 25, -, 300, 10, 171
Chn. Specht, 40, 98, 1000, 115, 330
Hy. Oelhers, 300, 100, 6000, 200, 536
T. J. Smith, 12, 207, 330, 23, 905
J. W. George, 640, 3000, 11000, 1900, 5700
L. Jower, 50, 310, 2000, 50, 317
Aug. Dower, 50, 104, 1000, 200, 390
Hy. Brandeis, 12, 80, 500, 80, 250
Wm. Stein, 100, 35, 3000, 550, 865
B. Ciliax, -, 150, 500, 12, 405
H. Schenk, 20, 75, 400, 15, 206
Hy. Brasted, 150, 30, 1000, 100, 1710
Chn. Mahlietz, -, -, -, -, 315
C. Buss, 60, 40, 2500, 205, 1710
C. Rudolph, 30, 20, 500, 90, 745
Oscar Starke, -, 500, 450, 100, 280
Hy. Lihman, 30, 20, 500, 30, 106
And. Long, 30, 20, 500, 60, 128
Chn. Barr, 30, 20, 500, 100, 365
H. Ciliax, -, -, -, 100, 305
Wm. Halm, 60, 40, 1000, 150, 1720
Chn. Balser, -, -, -, 130, 570
H. C. Bremer, 40, 94, 1000, 75, 420
L. Coopender, 150, 450, 1725, 115, 4800
J. G. Drumgcole, -, 163, 400, 140, 725
George Wilcox, 500, 1421, 4576, 225, 990
G. W. Douglass, 400, 800, 10000, 175, 3990
Th. P. McDowell, 300, 425, 4000, 170, 1180
Wm. Douglass, 20, 180, 1000, 120, 1685
W. Pink Douglass, 75, 74, 750, 30, 145
Jos. Wilson, 200, 160, 6000, 250, 3050
J. B. Gillespie, 300, 1000, 5000, 100, 316
F. Flournoy, -, -, -, 25, 740
Mary Swift, 65, 336, 2600, 150, 630

H. H. Batey, 50, -, 1500, 125, 525
E. Schrumm, 10, 70, 500, 325, 960
S. Millett, 230, 250, 3840, 150, 4150
W. Jledharm, 30, 450, 2880, 90, 1698
P. H. Abner, -, -, -, 290 510
C. Bomermann, 10, 150, 500, 140, 340
Wm. Fehlis, 35,125, 1500, 115, 970
Wm. Schmalhohe, -, -, -, 92, 444
A. Bading, 35, 89, 700, 80, 881
Henry Blume, 20, 60, 800, 90, 640
Wm. Flagge, 30, 50, 800, 105, 1405
F. Bading, 30, 20, 500, 100, 500
August Nolte, 40, -, 1500, 220, 1075
Chn. Geshe, -, -, -, 210, 380
Leo. Beasle, 28, 22, 800, 125, 908
F. Fritag, 25, -, 250, 100, 935
Wm. Dietert, 10, 37, 600, 110, 305
G. Dietert, 10, 37, 600, 60, 250
H. Starkie, 25, 236, 1730, 85, 470
C. W. Legrand, -, -, -, 40, 1450
C. F. Legrand, -, 340, 500, -, 660
Max. Starkie, -, 50, 500, 150, 540
Chn. Hinemier, 6, 94, 400, 80, 377
A. Harborth, 9, 81, 350, 38, 362
Wm. Harborth, 6, 64, 300, 50, 370
Hy. Harborth, 7, 53, 200, 100, 295
J. Beckwith, 100, 300, 3000, 220, 7225
G. W. Houchin, 100, 360, 2000, 220, 3305
F. A. Vaughn, 75, 145, 1500, 140, 2660
B. D. Wade, 80, 120, 1500, 110, 2210
J. R. Hocher, -, -, -, 300, 1440
J. D. Stapler, 250, 300, 3300, 275, 3875
N. Tuttle, -, -, -, -, 4400
L. Hardeman, -, 1480, 5950, 300, 1647
Wm. C. McKean, 60, 900, 3000, 70, 770
Hy. Maney, 350, 450, 6400, 200, 800
R. Waller, 120, 167, 2000, 25, 300
Susan Smith, -, -, -, -, 655
E. C. Pettus, 150, 3200, 5000, 90, 5725
John Mackey, 70, 250, 3000, 50, 1110
F. W. Happle, 60, 160, 2000, 20, 5140
Geo. Francis, 40, 575, 2540, 100, 1790
B. W. Humphreys, 96, 456, 2800, 90, 1628
M. M. Merriweather, 100, 200, 900, 95, 980
Thos. L. Stanfield, 80, 520, 4000, 50, 670
Sam Guyer, 28, 297, 2000, 75, 400
Pendleton Francis, 80, 20, 1000, 40, 1300
John McLean, 100, 400, 3000, 115, 726
Pendleton Rector, 165, 105, 1000, 75, 500
Philip Walker, 100, 30, 2040, 105, 2121
N. Chamberlain, 27, 26, 700, 106, 704
D. A. Barbee, 100, 100, 1800, 50, 2130
R. H. Watson, 375, 432, 4400, 105, 670
J. G. Lilly, 70, 56, 630, 15, 700
C. C. Vaughn, 20, 100, 1000, 125, 401
Th. M. McKenzie, 30, 80, 800, 65, 4570
J. M. Fenner, 140, 320, 2000, 360, 1930
E. Rust, 125, 674, 3000, 50, 160
C. Stewart, 170, 290, 4000, -, 3046
J. W. Franks, 420, 1914, 6000, 935, 1995
L. Kunde, 33, 127, 160, 5,186
Wm. A. Parish, 30, 183, 4000, 25, 680
B. L. Wafford, 73, 130, 1000, 120, 835

H. G. Henderson, 80, 120, 1200, 90, 400
Geo. Russell, 40, 210, 400, 80, 1940
M. M. Williams, 25, 155, 1200, 50, 800
Jas. Wyatt, -, -, -, 145, 2600
P. R. Oliver, 500, 976, 10000, 1000, 10450
Evan Shelby, 200, 215, 1500, 240, 1580
L. A. Sanders, 45, 355, 1000, 1250, 640
Wm. Baker, 200, 70, 2700, 100, 505
T. J. Haley, 400, 1700, 6000, 125, 4860
W. P. Hardeman, 320, 880, 12000, 375, 8135
J. W. Wilson, 200, 350, 5000, 245, 900
Geo. W. Schmidt, -, -, -, 75, 390
Jno. Schaffer, -, -, -, -, 430
W. M. Carpenter, 250, 187, 2185, 125, 2820
N. Holland, 35, 221, 1000, 56, 300
W. F. Delaney, 125, 275, 1200, 35, 615
N. Busby, -, -, -, 5, 430
Jno. W. Nichols, 100, 300, 2000, 250, 2480
B. W. McCulloch, 450, 450, 8000, 800, 6990
A. W. Dibrell, 1200, 645, 13300, 550, 6330
D. C. Hutchinson, 111, 610, 1500, 40, 685
W. J. Noel, 150, 10, 2500, 180, 675
J. B. Chessher, -, -, -, 25, 305
J. W. Berry, -, -, -, -, 150
F. Whaler, 14, 36, 200, 70, 560
Alpha Young, -, -, -, 125, 1812
Lewis Cox, 400, 200, 3000, 200, 12080
P. C. Ragsdale, 100, 1051, 2100, 120, 775
J. McClaugherty, 120, 180, 1200, 80, 806
W. Mohfield, 12, 38, 400, 4, 214
Wm. Crow, -, -, -, -, 1510
Eliz. Young, 12, 118, 400, 6, 522
Jesse B. Cone, 90, 40, 800, 20, 365
B. E. Frazier, 40, 160, 500, 30, 380
Wm. H. Smothers, 15, 215, 500, 125, 764
W. D. Foy, 12, 81, 250, -, 1500
Hy. McKinney, 150, 280, 1500, 120, 782
F. A. Lackey, -, -, -, 50, 223
Jno. Upham, 40, 380, 840, 60, 1090
A. L. Barrow, 40, 130, 900, 50, 1080
S. Pearman, 95, 245, 2000, 40, 1060
J. R. Lynch, -, 154, 450, 75, 1042
J. H. McNutt, 150, 1150, 2600, 170, 604
Jos. P. Wickline, 20, 540, 1120, 60, 535
M. H. White, 40, 110, 500, 95, 561
B. C. Allen, 150, 575, 5000, 150, 1250
Asa Wright, 240, 225 5000, 100, 3060
Hetty Jones, 500, 340, 4200, 1100, 8985
J. G. Cartwright, 170, 130, 3600, 125, 5320
G. W. Wright, 30, 170, 1600, 165, 2180
D. D. Strong, 150, 50, 2000, 80, 820
A. A. Johnston, 60, 340, 2000, 60, 1100
Wm. Appling, 650, 40, 450, 20, 512
B. Appling, 200, 327, 4000, 125, 1520
F. White, 40, 260, 2400, 150, 650
Jno. White, 55, 321, 1500, 70, 578
G. A. Dilworth, 75, 240, 1575, 25, 630
B. Hoge, 30, 45, 700, 120, 475
Alex. Fowler, 45, 32, 600, 165, 855
B. L. Bishop, -, -, -, 15, 327
M. M. Baker, 60, 80, 1200, 10, 320
P. McAnelly, 150, 415, 2250, 75, 1570

Jefferson Moore, 40, 125, 1000, 30, 1240
M. V. McAnally, -, -, -, 250, 260
Richd. Craig, 50, 87, 400, 25, 239
M. H. Smith, 60, 70, 650, 60, 580
Mark Fowler, -, -, -, -, 250
Abel Baker, 40, 60, 800, 15, 270
M. Ussery, 400, 150, 4400, 150, 1125
J. T. Hickman, -, -, -, 15, 358
S. Donegan, -, -, -, 10, 190
S. M. Tucker, -, -, -, 6, 130
G. T. Daniel, 43, 86, 1032, 15, 525
B. Brothers, 78, 562, 5000, 110, 822
E. W. Campbell, 40, 72, 600, 105, 377
W. W. Qualls, 120, 568, 3000, 25, 2745
M. Denman, 60, 1240, 2000, 70, 1020
P. Scheiffer, -, -, -, 150, 433
B. Hardeman, 70, 150, 2200, 80, 1502
M. Roammel, 25, 100, 1000, 250, 796
I. V. Harris, 20, 465, 2500, 10, 395
T. Thomas, 20, 200, 1120, 120, 765
J. H. Glasgow, 34, 116, 550, 65, 290
J. Abernathy, 30, 170, 700, 20, 665
R. L. McKinney, 140, 360, 2000, 100, 1710
W. B. King, 2, 148, 450, 81, 585
J. N. Jones, 20, 70, 500, 5, 286
Chs. Hampton, 50, 192, 362, 10, 390
S. Wiley, -, -, -, 75, 990
G. B. Stockton, 50, 290, 1500, 100, 1740
W. D. V. McLain, 60, 354, 2070, 150, 840
T. A. Lancaster, 50, 150, 1600, 75, 2522
J. M. Foster, 100, 411, 2555, 150, 2300
H. K. Wood, -, -, -, -, 908
R. T. Nixon, 60, 364, 2100, 70, 1545
D. H. Maddox, -, -, -, 155, 1020
W. M. Parchman, 30, 347, 1800, 100, 518
S. Sanders, 25, 75, 400, 30, 286
S. W. Ridgeway, -, -, -, -, 530
Nancy R. Law, 10, 90, 200, 25, 670
A. J. Sowell, 50, 190, 480, 20, 570
A. J. L. Sowell, 14, 226, 480, 15, 280
Jno. Harris, 70, 480, 2500, 100, 1909
A. Lauber, 70, 30, 300, 50, 1190
Jas. Manford, 75, 225, 2400, 50, 5098
Jas. M. Miller, -, -, -, 210, 1690
H. E. McCulloch, 500, 905, 8000, 300, 20916
T. J. Hicklin, 1200, 100, 6500, 425, 21470
C. L. Arbuckle, 120, 880, 4000, 40, 2745
T. A. Gay, 30, 2720, 10000, 3000 6850
P. D. Smith, 70, 143, 2300, 275, 1310
Caleb Fleming, 100, 300, 1600, 175, 960
M. Burnside, -, -, -, -, 2485
J. Yarbrough, 40, 135, 800, 100, 430
M. Erskine, 1000, 25000, 42000, 624, 20880
M. E. Huggins, -, -, -, 25, 1360
R. A. Talley, -, -, -, -, 910
J. H. Barnes, 150, 100, 1500, 25, 1510
R. Pierce, 20, 330, 1050, 20, 1025
C. West, 130, 470, 6000, 200, 2480
J. A. Mayfield, 18, 42, 200, 20, 396
J. H. Putman, 15, 773, 1576, 70, 740
W. C. Pickens, 35, 108, 286, 40, 455
Celia Pierce, 40, 390, 1290, 30, 870
Hy Magill, 35, 111, 500, 20, 412
Hy. Hubotter, 40, 200, 1500, 170, 1390
Hy. Mohfield, 30, 130, 300, 75, 2190
Jos. A. Baker, 25, 125, 250, 25, 265
J. J. Davidson, 25, 346, 370, 12, 540
J. W. Fielder, 45, 255, 800, 70, 482
J. K. Roberts, 20, 370, 780, 10, 880

C. L. Creigh, -, -, -, -, 540
F. Smith, 75, 125, 2500, 20, 740
I. S. Rogers, 80, 82, 486, 175, 1260
B. B. Nicholson, 40, 67, 321, 15, 185
J. D. Pickens, 15,145, 600, 60, 420
M. Halsel, 15, 147, 600, 45, 1100
G. W. Henderson, 20, 91, 555, 43, 115
Ch. Walters, 20, 91, 555, 100, 1130
P. Hagermann, 30, 110, 500, 90, 242
Hy. Hudson, 35, 80, 500, 65, 750
Alex. Henderson, 250, 450, 3500, 50, 12270
Nat. Henderson, 500, 140, 3500, 250, 14710
Herman Schmidt, 85, 125, 420, 180, 463

Hamilton County, Texas
1860 Agricultural Census

The University of North Carolina at Chapel Hill filmed the 1860 agricultural census for Hamilton County from originals at the Texas State Department of Archives and History under a grant from the National Science Foundation in 1964.

Columns 1, 2, 3, 4, 5, and 13 represent the following information on the census:
1. Name of Owner, Agent or Manager of Farm
2. Acres of Improved Land
3. Acres of Unimproved Land
4. Cash Value of the Farm
5. Value of Farming Implements and Machinery
13. Value of Livestock

L. J. Dooly, 25,135, 300, 20, -
Wm. Loyd, 11, 149, 100, 20, -
Zach. Stidam, 40, 320, 1000, 15, 2300
F. G. Morris, 60, 100, 700, 40, 1500
Simpson Loyd, 9, 151, 160, 20, 1200
Violet Griffith, 100, 540, 3000, 25, 400
Robert Carter, 45, 115, 800, 50, 800

Hardin County, Texas
1860 Agricultural Census

The University of North Carolina at Chapel Hill filmed the 1860 agricultural census for Hardin County from originals at the Texas State Department of Archives and History under a grant from the National Science Foundation in 1964.

Columns 1, 2, 3, 4, 5, and 13 represent the following information on the census:
1. Name of Owner, Agent or Manager of Farm
2. Acres of Improved Land
3. Acres of Unimproved Land
4. Cash Value of the Farm
5. Value of Farming Implements and Machinery
13. Value of Livestock

Wm. Hart, 110, 570, 2810, 500, 1590
D. M. Jordan, 28, 132, 440, 25, 240
Richard Teil, 40, 120, 520, 15, 234
James Pearson, -, -, -, 10, 75
John D. Richards, 20, -, 250, 8, 175
John A. Evans, 20, 140, 320, 10, 90
Joseph Dickens, -, -, -, 7, 630
James Daniel, 15, 305, 730, 7, 483
Richard Evans, 50, 310, 1220, 25, 960
John W. Odom, 30, 130, 755, 10, 925
Mahala Monk, 30, 450, 750, 5, 145
John L. Durham, 20, 140, 300, 15, 305
James J. Evans, 18, 142, 268, 15, 465
Pinkney S. Watts, 8, -, 312, 548, 30
Mathais Brackin, 85, 395, 2400, 30, 893
Hardy Parker, -, -, -, 10, 788
James Darnel, 30, 130, 400, 10, 637
Estridge Darnel, 30, 450 2400, 15, 1060
John W. Holland, 40, 280, 740, 20, 3847
Margarette Jolly, 35, 125, 480, 15, 507

James Jackson, 7, -, -, -, 1302
Joseph Rogers, -, -, -, -, 258
Benjamin McKinney, 100, 220, 1600, 25, 3128
Levi Holland, 48, 272, 960, 10, 205
Charles Bush, 26, -, 200, 100, 2158
Arthur Thuffield, 60, 100, 700, 100, 508
John Jordan, 25, -, 250, 125, 769
Ailcy Cryer, 30, 290, 640, 5, 255
Richard West, 19, -, 300, 75, 626
Moses Cryer, 30, -, 350, 5, 88
Theopilus Evans, 25, -, 200, 100, 950
William Word, 30, -, 150, 80, 159
Austin Hooks, 4, 156, 300, 5, 370
Aquilla Carr, 6, 154, 320, 50, 245
Elias Chance, 15, 305, 1600, 110, 520
Augustus Knuppel, 25, 185, 1045, 225, 1015
Augustus Hooks, 14, 306, 640, 10, 191
David Caloway, 14, 146, 800, 60, 806
Edward Ratcliff, 18, -, 600, 15, 150
Morad Bumstead, 15, 400, 830, 15, 185

Jesse Sims, 125,775, 1800, 150, 624
Benjamin Bradam, 12, 382, 1200, 75, 191
Franklin Oglesby, 40, 460, 200, 125, 335
William Goodwin, 10, 140, 620, 10, 487
William Willeford, 34, 125, 800, 10 279
Rebecca Copeland, 18, 142, 500, 50, 424
Newton Collins, 30, -, 300, 65, 645
John Ellis, 40, 280, 1600, 30, 405
William Hooks, 40, 120, 500, 150, 1374
Allen Hooks, 20, 300, 500, 20, 607
James Griffin, 30, 130, 1000, 50, 535
Josiah Phelps, 35, 125, 512, 10, 95
Flutcher Cotton, 25, 135, 300, 85, 552
William Riley, 40, 280, 1000, 110, 1511
Stacey Collins, 17, 313, 1280, 5, 365
Stephen Richie, 20, 180, 750, 10, 381
John Guidry, 16, 224, 1200, 35, 2940
Edmon Chesson, 30, 530, 3000, 15, 4380
John West, 20, 110, 800, 10, 4940
Richard West, 135, 135, 1355, 75, 8790
Joseph Dark, 60, 40, 2000, 250, 1382
Stephen Jackson, 100 450, 2800, 100, 8950
John Hart, 10, 282, 1685, 75, 747
Paul Cravey, 20, 90, 350, 5, 10
John Mayo, 20, 380, 2000, 150, 450
Henry Cravey, 20, 743, 1530, 10, 610
Richard Hart, 11, 149, 320, 5, 327
Eason Smith, 65, 575, 2180, 100, 930
William Whittington, 20, -, 100, 8, 460
James McKinney, 20, 309, 200, 120, 1025
Dennis Kennedy, 14, 145, 830, 75, 150
Hampton Herrington, 35, 165, 2100, 150, 950
Hugh McNeely, 25, 175, 2000, 75, 1270

Harris County, Texas
1860 Agricultural Census

The University of North Carolina at Chapel Hill filmed the 1860 agricultural census for Harris County from originals at the Texas State Department of Archives and History under a grant from the National Science Foundation in 1964.

Columns 1, 2, 3, 4, 5, and 13 represent the following information on the census:
1. Name of Owner, Agent or Manager of Farm
2. Acres of Improved Land
3. Acres of Unimproved Land
4. Cash Value of the Farm
5. Value of Farming Implements and Machinery
13. Value of Livestock

J. B. Williams, 100, 280, 2500, 50, 800
J. B. Williams, 70, -, 1000, 25, -
J. C. Habermehl, 25, 75, 1500, 40, 2575
Nancy Johnson, 400, 1100, 6000, 100, 1000
O. Hare, 10, 165, 2825, 15, 750
C. P. Karcher, 20, 130, 2000, 20, 300
H. Bottler, -, -, -, -, 1000
Jno. White, 15, 500, 2500, 25, 1365
Jessy White, 35, 420, 6000, 50, 2475
J. McCracken, 35, 416, 2500, 20, 415
A. Stotts, 10, 125, 2500, 30, 634
J. A. Clark, 25, 375, 2500, 15, 175
Thos. W. Macomb, 20, 2194, 10970, 30, 1660
C. Curtis, -, 452, -, -, 404
S. Riggs, 9, 257, 1000, 20, 695
W. McCormick, 100, 900, 6000, 150, 1605
Jno. Rundell, 110, 770, 6000, 1500, 3160
D. Drysdale, 25, 125, 6000, 50, 810
R. R. Lang, 100, 729, 10000, 150, 1250

Jno. Adams, 100, 1000, 11000, 100, 440
G. G. Overland, 25, 75, 3500, 75, 1161
M. A. White, 15, 160, 1500, 25, 850
S. Hagerman, 50, 600, 6000, 100, 1825
Dr. J. L. Bryan, 100, 500, 5000, 150, 1796
J. F. Evans, 14, 33, 700, 150, 300
Ashbell Smith, 600, 3400, 40000, 200, 5500
Wm. Russell, 20, 58, 400, 100, 750
B. E. Roper, 8, 100, 2500, 20, 590
A. H. Canedy, 30, 200, 5000, 175, 875
J. Jones, 125, 475, 7200, 200, 974
G. Brooks, 25, 275, 3000, 50, 200
Frank Bush, 20, 6, 3000, 40, 500
T. Brown, 10, 58, 600, 50, 265
G. Brown, 20, 72, 350, -, 160
Thos. Bosh, 12, 110, 1000, 50, 240
E. H. Ashe, 100, 500, 2000, 200, 1300
Jno. Marks, 7, 13, 1200, 27, 244
H. Baker, 10, 90, 1500, 15, 362
W. J. Carl, -, 90, 900, -, 180
S. Bergstrom, 4, 13, 800, 25, 260

Joseph Wright, 35, 80, 1000, 10, 285
J. R. Rhea, 20, 180, 2500, 30, 660
Seth Cary, 11, 139, 2000, 175, 773
D. C. Sandel, 2, 79, 900, 25, 1190
W. C. Scott, 25, 295, 1500, 200, 1400
Jno. Shannon, 10, 190, 1000, 100, 150
J. R. Stocking, 15, 85, 2000, 50, 250
F. H. Stocking, 12, 89, 1000, 20, 350
A. C. Black, 13, 114, 1500, 35, 240
M. Thomas, 10, 40, 1500, 150, 480
J. T. Goodnight, 16, 18, 1000, 25, 353
G. W. Ferrend, 50, 310, 2500, 100, 300
J. T. Dunman, 31, 337, 3000, 250, 7425
J. E. Hawkins, 8, 92, 200, -, 100
Rubin Barrow, 10, 1590, 10000, 100, 760
Thos. J. Hare, 110, 890, 10000, 1000, 1970
Wm. White, 37, 113, 2000, 50, 1149
Robt. Blalock, 50, 177, 2500, 50, 1879
M. M. Michain, 100, 150, 3000, 150, 870
Jno. S. Rickets, 20, 80, 1000, 200, 1684
M. N. Singleton, 50, 450, 5000, 200, 1640
M. McKinney, 170, 198, 5520, 750, 2029
Jno. M. Simms, 100, 1100, 12000, 750, 8044
L. B. Weeden, 18, 152, 3000, 50, 1361
E. M. Dunks, 50, 435, 3500, 100, 6950
Saml. May, 30, 1370, 7000, 200, 1544
Adam Huffman, 50, 500, 1000, 120, 4120
David Huffman, 25, 275, 3000, 95, 2421

Nancy Dunman, 30, 337, 4000, 25, 450
W. H. Cobb, 23, 131, 1000, 75, 1275
Geo. Young, 40, 2000, 1000, 30, 1720
J. R. Grymes, 10, 290, 1000, 15, 698
J. P. Jones, 10, 240, 2500, 25, 1000
J. C. Walker, 100, 183, 5000, 325, 1952
E. H. T. Sanders, 15 85, 1000, 50, 317
F. Nitsche, 10, 125, 1000, 50, 522
M. A. Dummann, 7, 143, 1000, 25, 513
J. D. White, 10, 200, 800, 25, 410
P. J. Duncan, 80, 800, 1600, 125, 850
W. R. Marsh, 45, 100, 2000, 100, 1560
C. D. Tucker, 20, 455, 4750, 110, 970
A. H. White, 130, 370, 10000, 500, 1135
J. C. Massey, 150, 2800, 40000, 1000, 17800
H. W. Brown, 50, 50, 3000, 50, 993
E. Brinson, 30, 3000, 10000, 60, 2360
W. Mason, 140, 1073, 8000, 250, 1100
James Morgan, 35, 1965, 30000, 150, 3900
James Curry, 60, 10, 2000, 50, 600
M. Morris, 80, 120, 10000, 150, 2145
C. E. Beazley, 20, 980, 12000, 50, 1905
Jno. Criswell, 70, 130, 1600, 150, 1036
James Thompson, 14, 186, 1000, 50, 932
Jno. Thomas, 6, 194, 800, 42, 755
J. W. Grace, 25, 369, 4000, 100, 557
H. E. Hartridge, 50, 258, 5000, 100, 860
Thos. Burns, 10, 390, 2000, 15, 265

R. Kounslar, 40, 160, 10000, 150, 350

Geo. McDougle, 75, 399, 12000, 400, 9480
J. W. Oates, 30, 210, 3000, 600, 725

Harrison County, Texas
1860 Agricultural Census

The University of North Carolina at Chapel Hill filmed the 1860 agricultural census for Harrison County from originals at the Texas State Department of Archives and History under a grant from the National Science Foundation in 1964.

Columns 1, 2, 3, 4, 5, and 13 represent the following information on the census:
1. Name of Owner, Agent or Manager of Farm
2. Acres of Improved Land
3. Acres of Unimproved Land
4. Cash Value of the Farm
5. Value of Farming Implements and Machinery
13. Value of Livestock

This county had a large number of persons listed with lines drawn through the entry. There was no explanation of this. As a result, I did not include those names. Many of the names had complete entries as those shown below.

Jo. Thompson, 200, 420, 1350, 100, 580
James Thompson, 375, 1265, 4480, 375, 980
Rule Cole, 400, 231, 3780, 400, 1445
D. H. Cole, 200, 238, 2634, 25, 765
S. W. Granberry, 430, 1470, 9500, 500, 2400
Benj. Long, 900, 1600, 15000, 500, 3185
W. H. Tutte (Tutle), 500, 106, 3600, 500, 2500
G. W. Whitmore, 125, 175, 2500, 50, 820
E. Bell, 100, 550, 2000, 150, 890
Elijah Bell, 140, 400, 1500, 50, 750
A. J. Bell, 200, 420, 3100, 150, 950
Georg Long, 50, 400, 2000, 25, 390
Mrs. M. A. Pearce, 75, 125, 500, 25, 452
C. McGaughy, 100, 400, 1600, 140, 756
Hardy Clark, 100, 250, 2000, 100, 810
Jas. Tucker, 150, 1136, 6400, 100, 1010
Samuel Young, 50, 150, 1200, 15, 362
Mrs. M. Harvey, 100, 220, 1280, 100, 500
J. S. Boysseau, 200, 100, 1280, 200, 705
T. F. Tucker, 130, 770, 2500, 200, 700
H. Strickland, 150, 412, 2800, 100, 1035
Eli Martin, 15, 40, 250, 100, 100
Dr. H. Lewis, 320, 580, 4500, 250, 1610
John B. Foster, 500, 950, 10000, 300, 1815
Dr. A. S. Foy, 275, 825, 6685, 250, 1013
W. B. Cook, 300, 1000,-, -, 200
Dushee Shais, 450, 550, 10000, 500, 2110

Edward Smith, 300, 1165, 12600, 300, 2035
Wm. Coyle, 500, 560, 8000, 300, 1900
Dr. R. W. Downs, 125, 475, 4000, 200, 1790
Z. D. Hill, 85, 75, 800, 100, 670
Jo. Stroud, 80, 175, 150, 200, 480
J. Wheeler, 29, 190, 7100, 200, 700
R. L. Hightower, 50, 520, 2000, 175, 600
W. L. Vance, 200, 400, 4800, 200, 1375
John Womack, 110, 255, 2638, 125, 1400
Wm. Agines, 400, 714, 5870, 500, 1090
Thos. Harrison, 75 285, 2880, 200, 800
R. Ramsey, 180, 260, 1320, 100, 790
Jasper Ramsey, 20, 100, 600, 10, 350
John Harrison, 154, 640, 5000, 100, 900
Jo. Reeder, 300, 900, 9006, 200, 2710
Mrs. M. B. Hill, 400, 760, 5800, 100, 1060
J. J. Boynton, 250, 450, 5600, 250, 1575
Mrs. M. Campbell, 160, 143, 1818, 160, 1020
B. B. Rhodes, 50, 150, 800, 25, 350
G. McLaughlin, 350, 930, 4120, 130, 693
J. M. & R. Shaw, 500, 1100, 8000, 475, 2270
Wingate Woodley, 150, 600, 6500, 150, 1414
Mrs. A. Turner, 30, 160, 500, 25, 425
Charles Lewis, 150, 750, 4500, 180, 730
Son K. Timmins, 140, 193, 3370, 25, 895
Frank Timmins, 40, 300, 1700, 125, 750
Hampton Anderson, 80, 420, 3000, 50, 960
Mrs. H. Williams, 50, 80, 500, 25, 395
Robt. Walton, 130, 725, 5990, 500, 1180
John Everett, 120, 660, 6240, 300, 950
Eliz. Boynton, 80, 420, 3000, 225, 565
Tobias Stith, 160, 160, 1600, 250, 834
B. H. Scot, 500, 1250, 8250, 300, 3020
R. B. Gatling, 200, 200, 3690, 100, 1350
R. C. Garrett, 400, 600, 5000, 300, 1250
J. F. Brauner, 275, 525, 8000, 220, 1750
Dr. H. Cole, 150, 640, 3000, 100, 890
Cary McClure, 500, 870, 8220, 500, 2850
Juda Respap (Resfaf), 300, 280, 3480, 250, 1345
Thos. Hill, 450, 838, 7728, 350, 2600
Z. Abney, 600, 500, 11000, 500, 3100
P. A. Swink, 200, 300, 5330, 200, 1055
M. J. Wascomb, 800, 1600, 19200, 1000, 6120
A. Gadbold, 230, 250, 4500, 275, 1340
Joseph Mimories, 8400, 287, 4350, 200, 1165
Jas. Mimms, 800, 277, 4350, 125, 1065
Wm. Woodson, 134, 92, 2250, 100, 780
W. R. Harris, 350, 550, 4500, 600, 3350
Wm. Arledge, 200, 155, 1700, 240, 1200

J. P. Powell, 275, 633, 5234, 300, 2020
Lewis Huff, 135, 365, 2400, 125, 720
S. G. Alexander, 100, 1000, 2780, 100, 970
Mrs. S. Stephenson, 60, 40, 700, 50, 800
S. Terry, 100, 220, 3724, 100, 620
Thos. Terry, 120, 155, 3825, 75, 552
D. W. Jones, 60, 85, 1200, 100, 400
J. A. Price, 160, 90, 2000, 100, 530
Robt. Motley, 500, 1770, 11850, 400, 3150
A. B. Wright, 600, 548, 11480, 500, 3100
Mr. Parker, 60, 100, 1280, 15, 75
T. G. Wadlington, 15, 285, 900, 100, 370
J. J. Sandige, 700, 1020, 11000, 500, 2625
Jas. Wagoner, 100, 150, 750, 200, 600
E. D. Jarrett, 125, 50, 896, 200, 920
James Love, 375, 265, 5220, 525, 2535
Dr. R. H. Greer, 200, 330, 3360, 400, 1400
Robt. Durden, 80, 200, 1000, 10, 275
C. E. Bedell, 80, 220, 2100, 50, 500
J. H. Fyffe, 300, 980, 6450, 100, 300
J. Smith, 25, 200, 1000, 10, 250
Mary Gillispie, 100, 240, 1360, 75, 650
Mary Bell, 240, 560, 8000, 400, 1670
Wm. Brawner, 50, 400, 1600, 25, 640
Alford Bell, 300, 500, 8000, 500, 2100
Mrs. N. Britt, 400, 1235, 7175, 1000, 1620
A. Akin, 600, 550, 6900, 600, 2500
Z. M. P. Motley, 500, 700, 7200, 500, 2945
Warren Stone, 100, 75, 1050, 130, 700
H. B. Stone, 600, 1800, 14400, 600, 4525
Mrs. M. Armstrong, 200, 220, 2520, 100, 800
J. H. Batt, 500, 360, 5040, 300, 1280
E. B. Lang, 300, 340, 5120, 250, 1000
Samuel Graves, 400, 628, 7320, 980, 1000
A. Thompson, 250, 350, 6400, 250, 1800
Wm. Dillard, 170, 230, 2800, 300, 1275
James Cellum, 300, 1200, 7500, 150, 1475
D. P. Austin, 100, 95, 1200, 100, 325
L. S. Langley, 400, 632, 10320, 800, 1545
Gilbert Wilson, 100, 100, 1600, 250, 465
Mrs. C. Sherrod, 700, 500, 9624, 600, 3500
John H. Sherrod, 120, 200, 1300, 50, 300
Chas. Sherrod, 150, 270, 2560, 25, 350
Dr. J. W. Alcocke, 75, 85, 1600, 75, 550
Pinkney Tutle, 360, 473, 8830, 500, 2045
E. J. Collier, 30, 103, 1200, -, 450
B. F. McCarty, 250, 1350, 5000, 50, 1710
V. H. Vivion, 130, 870, 4000, 60, 475
Henry Cargile, 150, 350, 2500, 100, 740
Wm. Grimes, 200, 947, 5735, 250, 1200
W. S. Grimes, 140, 180, 1600, 20, 215
Wm. Archer, 300, 300, 6000, 200, 1265

Thos. Langley, 500, 833, 8000, 330, 1576
L. H. Stephens, 60, 120, 1000, 60, 250
James Worsham, 20, 50, 300, 10, 275
Thos. Black, 350, 1000, 9000, 400, 1870
Hamitlin Niel, 70, 130, 1000, 10, 100
John Taylor, 100, 140, 1600, 125, 550
Wm. Ivey, 25, 60, 300, 20, 100
Richd. Martin, 85, 90, 1500, 200, 1180
J.A. Clarady, 34, 200, 1000, 25, 400
Wm. Lomax, 10, 40, 200, 10, 75
G. D. Roberts, 200, 426, 3130, 250, 1500
Joel Dawson, 60, 97, 1250, 100, 750
Neal Campbell, 40, 117, 1250, 125, 525
Danuet Mays, 55, 185, 1195, 60, 380
James McClelland, 86, 244, 2000, 100, 600
N. Granberry, 125, 135, 1560, 75, 950
Elias Graham, 35, 145, 1080, 10, 100
John Lynch, 20, 180, 800, 150, 310
John Sellers, 15, 85, 480, 5, 260
Thos. Lynch, 30, 70, 500, 20, 400
Polly Stringer, 50, 110, 800, 40, 170
N. Henderson, 35, 200, 920, 10, 180
P. Henderson, 15, 60, 300, 8, 50
R. Crenshaw, 20, 13,132, 10, 350
A. B. Andrews, 25, 80, 400, 25, 310
R. S. Board, 80, 760, 2100, 150, 425
N. V. Board, 150, 440, 6320, 200, 1085
P. Board, 40, 105, 1250, 30, 510
Jerret Board, 40, 120, 1280, 150, 540
V. J. Smith, 180, 782, 3680, 350, 1200
V. W. Scott, 20, -, 300, 10, 25
Eli T. Craig, 435, 2100, 8400, 345, 1840
A. J. McClassen, 80, 560, 3200, 100, 1000
Joseph Stotts, 60, 140, 1000, 25, 840
L. J. Potter, 10, 35, 200, 5, 40
Mrs. E. Slaughter, 60, 160, 600, 25, 225
H. Y. Hall, 500, 1650, 10745, 300, 1890
Wm. M. Jones, 150, 250, 2000, 200, 890
W. B. Hill, 460, 1240, 8500, 200, 1500
W. C. McGuieghy, 200, 340, 1500, 225, 1400
B. R. McGuieghy, 150, 400, 2000, 115, 1040
V. E. Nicholson, 150, 400, 2000, 80, 630
C. Ellis, 240, 460, 3000, 175, 1200
Wm. Montgomery, 25, 365, 820, 25, 300
Mrs. E. Wall, 15, 193, 1040, 10, 380
Jack Rain, 150, 1050, 8400, 75, 1550
S. D. Wood agent, 300, 477, 2960, 300, 1580
W. M. Copeland, 200, 400, 3600, 250, 1380
E. P. Copeland & Bro., 70, 160, 1140, 55, 390
J. J. Harvey, 200, 1475, 13308, 200, 925
Mrs. C. Brazeale, 250, 450, 4900, 200, 1555
C. Cooper, 100, 500, 3000, 150, 475
J. F. Rosborough, 500, 370, 4350, 200, 1550
Wyatt Rosborough, 150, 912, 4220, 125, 950
Frank Scott, 125, 200, 1600, 200, 450
Mrs. M. Adams, 600, 500, 8500, 1000, 4000
I. Marshall, 1000, 2400, 10000, 3000, 4850
J. B. Webster, 1100, 2640, 16788, 200, 4690

D. Caven, 240, 400, 2000, 200, 1500
Dr. H. P. Perry, 1000, 1100, 1200, 500, 3600
Dr. W. C. Swanson, 1700, 2300, 48000, 600, 5140
Henry Ware, 1600, 3600, 23000, 500, 3220
J. R. Crain, 70, 115, 1500, 150, 575
G. R. Crain, 90, 110, 1400, 25, 690
J. V. Roggers, 120, 210, 5300, 200, 720
E. Blackwell, 110, 860, 6000, 100, 700
E. Champion, 140, 508, 6350, 50, 1100
Wm. Murril, 70, 150, 800, 10, 130
M. Fremon, 24, 285, 2000, 10, 148
R. Murril, 75, -, -, 20, 260
E. Murril, 270, 1175, 11875, 200, 1825
R. M. Harper, 50, 64, 450, 50, 225
N. Clark, 10, -, -, 5, 190
J. W. Whittle, 50, 250, 1280, 25, 180
J. J. Finley, 80, 300, 1000, 50, 1075
D. Cochran, 80, 196, 1380, 40, 643
J. S. Jones, 45, 105, 900, 20, 486
J. J. Jones, 125, 190, 2560, 165, 640
R. Scarbry(Searbry), 45, 55, 800, 75, 599
A. P. Vinson, 65, 175, 1920, 25, 575
Mrs. P. Roggers, 190, 1160, 6450, 335, 1710
S. Gentry, 15, 429, 3000, 10, 234
H. B. Fremon, 40, 40, 500, 145, 331
M. Skiles, 55, 45, 700, 55, 440
W. Nelson, 40, 60, 600, 75, 314
J. M. Sorille, 60, 345, 1624, 25, 500
E. J. Roggers, 80, 285, 2500, 100, 835
M. K. Furguson, 35, 605, 3530, 150, 345
T. C. Clark, 200, 160, 3600, 350, 1500
M. L. Pool, 35, 365, 2000, 25,-
J. King, 120, 90, 1680, 200, 1247
O. P. Farriss, 75, 85, 1600, 250, 890

C. Wills, 30, 190, 1000, 25, 215
C. C. Chilcoat, 34, 75, 1000, 55, 887
C. J. Forrist, 40, 120, 800, 30, 255
Wm. C. Wakeland, 40, 369, 3092, 65, 380
M. H. Stewart, 22, 100, 600, 10, 200
F. N. Lewis, 55, 215, 1350, -, 20
R. B. Gray, 20, 230, 500, 20, 165
C. Hundspeth, 100, 144, 1440, 100, 390
J. Young, 50, 154, 2700, 5, 218
B. Ward, 200, 262, 2120, 100, 1520
J. M. Whitehorn, 150, 490, 2200, 80, 760
N. Beck, 100, 126, 1690, 65, 360
J. C. Fields, 10, 210, 1920, 110, 410
J. J. Kennedy, 175, 145, 1600, 75, 870
E. Muntz, 30, 70, 400, 100, 145
E. Quillen, 50, 110, 800, 10, 125
C. C. Johnson, 200, 397, 4000, 100, 890
J. E. Whitehorn, 25, 4654, 2450, 125, 582
W. A. Smith, 40, 60, 1000, 175, 975
R. B. Sypert, 160, 140, 3000, 180, 1310
E. Sypert, -, -, -, -, 100
E. Vandeslier, 60, 65, 225, 35, 225
Wm. H. Young, 90, 20, 400, 110, 340
T. F. Vandeslier, 10, 101, 666, 40,150
J. Beck, 50, 159, 1620, 75, 680
A. H. Crain, 150, 175, 1600, 45, 580
J. Piles, 25, 75, 400, 15, 214
B. Worthington, 100, 224, 2000, 25, 277
D. S. Clark, 50, 58, 864, 110, 765
Wm. F. McKiney, 25, 121, 584, 75, 320
J. A. Gine, 35, 185, 1100, 115, 510
T. R. Harris, 100, 200, 1500, 110, 630
J. Z. Hope, 60, 11, 355, 200, 605
S. B. Robinson, 18, 60, 395, 50, 105

D. Clark, 40, 75, 800, 15, 309
B. S. Simons, 17, 289, 1500, 10, 185
E. L. Hase, 65, 135, 800, 111, 385
N. Winn, 30, 50, 400, 15, 125
T. F. Bell, 38, 59, 485, 60, 254
D. Grantham, 44, 175, 1145, 15, 551
B. Ortwell, 25, 260, 1300, 110, 568
W. Russell, 40, 35, 375, 65, 206
J. Russell, 100, 700, 2400, 75, 1390
A. T. Atwood, 95, 65, 500, 10, 190
H. Sheppard, 56, 900, 3500, 250, 1568
C. W. Brown, 14, 86, 500, 10, 62
W. Melton, 42, 228, 5000, 75, 410
R. B. Smith, 25, 125, 525, 100, 420
N. J. Smith, 45, 50, 500, 45, 320
M. Linch, 100, 100, 1000, 110, 544
Z. Melton, 170, 80, 1800, 125, 1190
A. Montgomery, 130, 190, 1600, 120, 960
C. Lary, 50, 660, 9500, 150, 535
J. S. Laws, 65, 55, 500, 250, 510
G. J. Robberts, 100, 286, 1930, 25, 250
C. Ritchardson, 70, 130, 1200, 20, 370
W. Ritchardson, 25, 269, 1475, 80, 214
C. Choat, 60, 175, 1170, 70, 413
J. R. E. Taylor, 460, 565, 3200, 300, 1700
C. Roles, 110, 400, 2500, 300, 565
G. Goss, 130, 970, 5000, 150, 1270
L. H. Snoarden, 400, 379, 8000, 400, 2499
R. Rice, -, -, -, 10, 90
A. Couin, 90, 290, 1600, 15, 228
V. A. Davis, 50, 950, 5000, 175, 1327
T. Sanders, 160, 70, 1000, 75, 151
F. Stone, 60, 67, 381, 30, 317
G. W. Croft, 30, 79, 325, 65, 556
J. H. Croft, 20, 80, 300, 7, 190
C. B. Dickart, 25, 55, 240, 10, 300
C. C. Dickart, 65, 239, 900, 30, 532
S. Delafield, 40, 160, 600, 20, 490
Wm. Hadley, 22, 107, 516, 60, 393

G. Duffie, 20, 60, 400, 15, 230
J. Beck, 34, 16, 250, 6, 40
G. D. Dunn, 60, 140, 1600, 50, 670
T. Miles, 8, 371, 1600, 5, 60
J. S. Ingram, 60, 100, 6540, 10, 305
A. Firguson, 25, 330, 1600, 10, 300
G. Tubb, 18, 142, 600, 10, 76
T. Bennett, 25, 193, 654, 35, 75
J. Grear, 25, 295, 1600, 55, 550
T. A. Grear, 50, 110, 700, 15, 150
R. Wilson, 40, 90, 650, 110, 268
Wm. R. Winn, 18, 22, 158, 10, 58
R. Seanald, 22, 100, 600, 15, 116
D. H. Runnitt, 100, 501, 305, 25, 875
J. M. Winn, 16, 160, 800, 10, 100
R. Mason, 30, 370, 2000, 35, 430
T. A. Green, 100, 220, 3000, 20, 399
Wm. Mason, 10, 190, 500, 20, 140
J. H. Cain, 150, 621, 25000, 100, 980
N. G. Harris, 120, 680, 24000, 287, 965
J. Keasler, 70, 130, 1000, 65, 936
G. W. Lagrone, 80, 240, 1800, 15, 670
J. J. Harper, 30, 90, 500, 7, 88
J. Smith, 100, 380, 2400, 60, 990
J. Lagrone, 60, 610, 2001, -, 792
J. Lagrone, 50, 250, 1500, 15, 290
J. Ward, 220, 200, 2500, 500, 2170
T. Hopkins, 75, 320, 1600, 30, 170
J. L. Smith, 25, 65, 450, 15, 145
C. M. Gregg, 20, 40, 350, 50, 130
C. C. Landers, 100, 157, 1285, 100, 570
S. Coggins, 15, 310, 1500, 10, 195
F. G. Landers, 60, 237, 1200, 75, 564
B. Clark, 50, 150, 1200, 10, 185
W. P. Mann, 60, 140, 1000, 50, 525
Wm. McKiney, 60, 214, 2780, 50, 460
J. C. Hartly, 75, 105, 1000, 15, 205
A. Roe, 50, 190, 1300, 75, 439
L. Letcher, 40, 160, 1000, 30, 270
T. J. Ritchardson, 100, 1400, 12500, 150, 628
L. Moore, 120, 200, 2000, 75, 580

A. Howward, 250, 390, 5000, 250, 2200
E. M. Russey, 140, 80, 1200, 175, 770
P. A. Davis, 30, 90, 750, 30, 300
Wm. Roe, 45, 65, 500, 100, 295
Wm. Jackson, 75, 85, 800, 25, 380
B. Barns, 60, 100, 800, 50, 500
L. L. Rass (Ross), 300, 844, 9152, 385, 975
P. Davis, 60, 200, 1300, 10, 354
F. S. Smith, 60, 160, 1100, 15, 622
J. W. Smith, 50, 110, 960, 10, 267
E. Taylor, 50, 150, 1000, 10, 320
H. Fincher, 50, 155, 1000, 75, 356
F. A. Barns, 160, 351, 2555, 50, 500
R. P. Taylor, 25, 142, 835, 125, 628
E. G. Page, 150, 1526, 7380, 125, 651
J. Coale (Cooke), 400, 1160, 7804, 500, 1215
J. Frazer, 75, 245, 1600, 20, 630
D. Bryon, 100, 220, 2500, 150, 702
J. B. Chamberlain, 100, 220, 1600, 50, 292
D. McPhail, 25, 275, 960, 5,166
H. V. Clark, 50, 275, 960, 60, 384
T. Wells, 20, 140, 640, 34, 185
T. J. Goodwin, 25,195, 800, 15, 395
D. Bullock, 50, 110, 800, 115, 521
D. Narrymore, 75, 925, 5000, 100, 616
A. Ramsey, 70, 150, 960, 50, 623
W. P. Wimberly, 35, 162, 800, 70, 245
W. D. Newman, 25, 55, 400, 5, 233
J. Jackson, 40, 280, 960, 10, 500
J. Ridgway, 40, 153, 776, 50, 400
C. Jones, 50, 110, 700, 65, 770
D. Jones, 90, 290, 1080, 65, 450
J. Stas, 40, 120, 800, 75, 316
M. Reddin, 16, 144, 800, 10, 170
S. Hallmark, 70, 141, 1055, 100, 355
E. J. Gluover, 90, 300, 800, 80, 624
A. G. Hugputh, 40, 242, 845, 100, 562
J. N. Scarbrough, 20, 140, 500, 5, 235
J. R. Gay, 30, 150, 700, 100, 250
Wm. Fincher, 50, 100, 100, 10, 175
J. Satawhite, 25, 475, 2500, 75, 530
Wm. Hollis, 20, 460, 1440, 15, 445
Isaac Satawhite, 16, 144, 480, 10, 146
A. J. Tarver, 38, 144, 480, 10, 143
Wm. Colwell, 30, 190, 1000, 110, 215
John Vickors, 40, 40, 800, 100, 414
M. J. Scarborough, 15, 65, 332, 10, 135
J. M. Hollis, 10, 2560, 1950, 90, 216
M. Koon, 40, 80, 600, 70, 395
W. F. Griffin, 100, 120, 1900, 175, 580
J. Dooley, 90, 50, 800, 150, 320
W. L. McCluer, 60, 240, 1800, 150, 424
L. S. Covin, 200, 900, 2000, 200, 1430
J. E. Covin, 16, 90, 500, 10, 105
John Gillis, 40, 280, 1600, 100, 435
P. J. Surman, 90, 320, 1800, 125, 510
J. T. Taylor, 10, 482, 1966, 200, 330
A. B. Walker, 190, 666, 1000, 250, 1310
John Buchan, 50, 460, 2570, 60, 581
Wm. Knox, 125, 305, 1290, 125, 918
Wm. B. Preston, 75, 175, 2500, 250, 454
D. Brown, 80, 120, 2000, 125, 670
H. H. Wall, 30, 130, 320, 10, 219
John Rogers, 30, 70, 500, 10, 187
G. W. Rogers, 18, 42, 300, 70, 305
John Dillon, 30, 130, 850, 10, 191
Anthony Vosier, 10, 110, 600, 10, 100
Wm. Wadkins, 14, 136, 680, 10, 138
Jackson Wadkins, 10, 310, 1500, 5, 50
E. Midkiff, 30, 267, 900, 5, 366
Joseph H. Mobly, 20, 80, 300, 5, 325

Wily Page, 55, 345, 2000, 60, 252
John N. Bassatt, 50, 250, 900, 80, 350
Augustus Pogue, 70, 331, 2675, 10, 895
S. Winson, 40, 280, 1560, 10, 679
B. Walker, 20, 84, 520, 150, 415
W. A. J. Walker, 300, 3400, 20000, 400, 274
W. A. J. Walker, 15, 207, 1320, -, 15
J. A. Wilkerson, 20, 140, 400, 5, 220
H. Jackson, 50, 220, 810, 100, 345
T. Jackson, 12, 220, 1160, 5, 390
B. Jackson, 30, 240, 1350, 5, 291
J. H. Morris, 15, 128, 720, 20, 325
Jo. A. Star, 30, 270, 1500, 100, 835
W. Boaze, 25, 135, 200, 10, 180
Aaron Jackson, 1, 159, 160, 15, 40
Andrew Jones, 60, 240, 1000, 100, 530
B. Peele, 27, 73, 400, 10, 200
J. Lindsey, 25, 135, 480, 100, 150
H. Ony, 20, 80, 600, 75, 375
B. F. Wilson, 6, 160, 480, 5, 151
J. Craver, 25, 135, 480, 5, 145
Wm. Ony, 20, 220, 720, 75, 300
S. H. Ony, 20, 150, 480, 174
H. Ony, 100, 445, 2725, 100, 800
J. A. Kirkpatrick, 120, 220, 1700, 60, 879
W. P. Kirkpatrick, 200, 680, 4400, 300, 1694
W. F. Hammel, 30, 130, 400, 10, 323
A. M. Ramsey, 25, 173, 800, -, 151
John Chadd, 30, 130, 1500, 158, 937
E. P. Morris, 30, 117, 1585, 10, 240
J. P. Collins, 60, 400, 2300, 350, 350
M. Gillis, 40, 120, 800, 10, 435
J. T. Taylor, 32, 118, 1000, 15, 460
J. Miller, 100, 1701, 3000, 600, 735
Z. McGeorge, 20, 180, 2000, 125, 546
O. Copland, 100, 460, 2810, 600, 788
T. J. Copland, 25, 175, 2000, 10, 230
S. W. Ross, 25, 263, 600, 75, 227
D. Craver, 65, 575, 2000, 100, 452
J. Colemon, 5, 155, 480, 50, 150
P. Craver, 80, 220, 1200, 120, 800
Wm. Clark, 500, 115, 3500, 1000, 2800
J. H. Bryan, 100, 1000, 1400, 175, 1000
D. C. Ragon, 60, 344, 1800, 100, 710
D. Magvill, 26, 135, 480, 10, 150
M. N. Larrance, 35, 129, 480, 75, 210
Wm. Alexander, 15, 145, 800, 5, 106
J. E. Borders, 130, 247, 3000, 300, 514
Z. Carpinter, 25, 135, 800, 75, 198
A. Craver, 100, 350, 2200, 75, 700
B. W. Dardin, 25, 175, 1000, 100, 499
H. W. Carrington, 15, 179, 970, 50, 192
A. M. Webb, 60, 90, 1000, 100, 345
Wm. Fox, 80, 560, 320, 100, 305
G. Welden, 25, 128, 765, 20, 215
P. Taylor, 80, 220, 2020, 125, 595
J. D. Little, 170, 1167, 6685, 250, 1179
A. Maddous, 200, 850, 3050, 250, 850
L. C. Allin, 60, 580, 3200, 150, 665
W. Duram, 30, 330, 1000, 100, 364
A. Vann, 70, 80, 1000, 50, 443
P. J. E. Boon, 100, 290, 2000, 100, 492
C. Manahan, 20, 900, 1300, 50, 890
J. H. Boon, 100, 540, 3200, 100, 875
T. W. Britton, 75, 214, 3800, 150, 425
D. Johnson, 45, 55, 1000, 150, 982
R. W. Walker, 125, 125, 2500, 150, 1055
C. Kennedy, 100, 111, 2000, 100, 998
A. W. Foscue, 500, 700, 8400, 400, 1800
P. Carrington, 50, 220, 1280, 10, 340

A. Badgett, 200, 42, 3000, 250, 915
D. R. Culberson, 200, 50, 3000, 250, 542
L. T. Craver, 350, 1850, 1600, 430, 1780
J. W. Stroud, 20, 140, 700, 60, 243
J. Thomas, 35, 83, 640, 10, 320
R. F. James, 60, 40, 500, 90, 641
G. Thomas, 150, 650, 4000, 200, 1090
J. R. Eagin, 170, 278, 2500, 600, 1190
J. Devrieux, 450, 411, 8610, 300, 3660
C. Hammil, 150, 100, 1250, 100, 1385
W. C. Bryson, 245, 313, 2675, 700, 1470
J. G. Hammel, 200, 315, 3000, 250, 1020
M. Taylor, 120, 120, 1600, 40, 515
D. B. Craver, 30, 190, 1100, 100, 977
J. Gormon, 700, 1800, 1200, 400, 2900
Wm. Hamilton, 85, 865, 5446, 200, 1500
S. W. Sherrill, 575, 460, 6180, 200, 1720
H. Duram, 60, 100, 800, 100, 420
J. P. Maddux, 400, 583, 4915, 400, 1950
R. Lain, 300, 475, 5438, 325, 1385
N. A. Smith, 700, 900, 18000, 600, 3615
L. Whitfield, 450, 375, 1885, 300, 1650
E. B. Blalock, 430, 370, 6400, 500, 2005
B. F. McKoy, 400, 1100, 15760, 400, 2150
C. C. Mills, 300, 2000, 8000, 700, 1520
G. M. Reeves, 450, 281, 4386, 650, 3825

C. C. Collins, 125, 210, 1640, 330, 692
J. Smith, 200, 540, 5000, 100, 1175
S. R. Perry, 430, 535, 3210, 200, 2630
D. H. James, 200, 350, 3000, 200, 1035
J. James, 200, 350, 3000, 200, 1095
R. J. Bridges, 300, 650, 3600, 500, 1300
W. C. Baker, 200, 500, 5500, 350, 950
T. L. McClenden, 75, 245, 1920, 6, 200
P. M. Stud, 100, 107, 1035, 425, 1595
Wm. J. Luis, 125, 200, 1624, 125, 505
R. W. Patillo, 60, 163, 669, 200, 1090
T. A. Patillo, 90, 307, 1990, -, 590
Wm. Chilcoat, 25, 75, 500,-, 45
S. Sentto, 250, 750, 5000, 400, 1750
S. P. Hart, 400, 365, 5290, 500, 1515
J. Adams, 700, 4300, 20000, 300, 2520
D. Robberts, 400, 200, 3600, 300, 3445
E. S. Briggs, 50, 50, 400, 10, 570
E. M. Patrick, 60, 260, 1280, 10, 225
S. S. Robberts, 100, 300, 1600, 75, 800
W. J. Clark, 150, 420, 2900, 175, 944
W. F. Driskell, 300, 2000, 11500, 200, 2202
J. Watson, 100, 220, 1600, 15, 372
J. H. Lee, 400, 630, 7210, 500, 2230
P. Holcomb, 100, 290, 1950, 175, 725
Wm. Patrick, 100, 400, 3500, 80, 890
W. R. Tagart, 1200, 500, 8500, 1000, 6260
P. H. Barrett, 100, 300, 800, 75, 660

Wm. Nee (Mee), 40, 490, 2600, 50, 191
R. Hope, 650, 490, 5000, 400, 3020
F. M. Scott, 150, 170, 2000, 300, 1195
K. B. Love, 180, 285, 2325, 125, 885
W. D. Perry, 36, 15, 280, 125, 490
Wm. C. Woods, 200, 450, 4600, 500, 1550
G. B. Conway, 125, 475, 4000, 100, 980
L. L. Sherrod, 174, 425, 6000, 150, 1690
Augustus Pereloe, 28, 32,600, 20, 175
Samuel Willie, 60, 162, 1000, 20, 508
B. F. Sledge, 140, 220, 1800, 150, 695
Rene Fitzpatrick, 450, 350, 60000, 1000, 3225
B. F. Baldwin, 250, 250, 4000, 500, 1555
C. K. Andrews, 200, 200, 4000, 150, 3270
J. Hilliard, 425, 313, 5266, 500, 1870
J. J. Stewart, 150, 150, 2300, 225, 1925
Sam Williams, 600, 680, 7550, 500, 4123
J. Perry, 450, 690, 11410, 250, 2140
W. R. Hinton, 500, 612, 8000, 250, 2255
D. H. Smith, 425, 355, 44000, 600, 2310
T. Poland, 450, 2306, 44000, 600, 2510
J. A. Rowell, 75, 145, 5000, 200, 930
B. J. Knox, 175, 2556, 2598, 150, 430
Mrs. M. Estus, 20, 40, 1600, 150, 859
Dr. O. Knox, 275, 595, 5500, 300, 2205
Dr. Henry Rains, 30, 80, 1000, 25, 298

A. M. Burnham, 600, 300, 4000, 250, 2215
O. Thompson, 350, 450, 5500, 420, 2330
S. F. Alston, 300, 588, 4440, 420, 2330
C. Ellitt, 250, 350, 3500, 350, 1600
T. W. Winston, 75, 350, 8000, 500, 2970
D. S. Powell, 400, 313, 3565, 250, 2880
James Horkins, 600, 1232, 9160, 1000, 2635
Dr. Haywood, 200, 120, 1650, 250, 520
Wm. Patterson, 200, 100, 2820, 300, 1960
H. M. Hood, 1000, 800, 10000, 830, 4440
Thos. F. Swanson, 337, 1187, 5935, 400, 1765
Amelia Swanson, 337, 1187, 5935, 400, 1765
Thos. Hyatt, 480, 200, 4000, 250, 3120
James Smith, 1000, 1000, 16000, 700, 5070
Wm. P. Blocker, 560, 720, 15722, 460, 2309
W. J. Duckett, 300, 300, 2500, 150, 705
G. W. Wheeler, 200, 360, 3800, 200, 1200
N. D. May, 150, 10, 850, 80, 476
Joseph Perry, 1000, 600, 8000, 600, 4270
J. S. Blalock, 60, 160, 1500, 20, 920
Leven Perry, 200, 1392, 12755, 600, 5425
E. P. M. Johnson, 150, 133, 3000, 150, 980
Dr. J. Taylor, 800, 2345, 10000, 500, 3500
E. L. Hawley, 130, 230, 2200, 500, 1060

G. F. Witherspoon, 130, 230, 2200, 500, 2055
R. Peete, 230, 750, 7000, 300, 2129
J. McPhail, 160, 443, 3015, 500, 1080
Wm L. Wheat, 225, 575, 5000, 500, 1870
Wm. M. Johnston, 80, 80, 2000, 150, 467
J. D. Scott, 300, 400, 5000, 250, 1995
E. P. Wamock, 150, 150, 2400, 50, 1695
J. A. Harris, 700, 828, 10000, 700, 4670
Dr. A. S. Johnson, 60, 46, 1200, 150, 840
Wm. Meridith, 400, 370, 10000, 1000, 2880
R. P. Brown, 60, 100, 3000, 600, 660
J. F. Taylor, 600, 500, 3000, 1100, 3225
L. M. Fisher, 22, 57, 1100, 100, 691
Wm. Evans, 350, 1280, 8150, 1000, 2025
G. C. Pope, 400, 940, 12000, 200, 1000
G. W. Ewell, 380, 342, 5700, 700, 1510
C. M. Hall, 100, 430, 4240, 100, 1170
Wm. Starkey, 80, 120, 3000, 100, 955
S. Paulk, 200, 660, 4100, 300, 2170
Wm. H. Jackson, 131, 389, 2050, 300, 880
W. T. B. Butler, 130, 556, 4000, 145, 605
H. L. Berry, 90, 70, 3000, 30, 315
J. Lott, 200, 600, 6000, 100, 580
H. C. Parchman, 80, 290, 1850, 40, 855
J. H. McLain, 300, 500, 4400, 75, 1735
Wm. L. Pickens, 100, 193, 1500, 85, 760
T. B. Jones, 80, 260, 1520, 100, 548
T. W. Walton, 120, 100, 1000, 150, 545
P. Parchman, 100, 300, 2000, 50, 860
W. T. Scott, 2010, 8300, 10000, 1200, 5460
T. B. Triplet, 417, 528, 4000, 200, 1035
R. Scott, 250, 164, 2010, 100, 1022
J. Scott, 120, 147, 1335, 150, 765
R. Darden, 200, 335, 2775, 150, 1045
F. Hall, 200, 638, 4191, 150, 840
B. Parchman, 110, 90, 1000, 50, 330
P. M. Rose, 500, 400, 9000, 1000, 2825
J. M. Taylor, 850, 1050, 19000, 100, 2900
Wm. E. Miller, 400, 400, 8000, 500, 1644
Dr. J. Taylor, 116, 200, 3000, 100, 1105
J. Duncin, 45, 50, 4000, 100, 330
G. N. Smith, 100, 300, 12125, 150, 435
J. Anderson, 170, 150, 2560, 100, 1590
J. Baird, 60, 103, 815, 120, 318
A. Blankinship, 30, 70, 500, 10, 150
J. T. Hunter, 40, 60, 800, 100, 330
T. J. Whaley, 250, 371, 3100, 250, 1195
L. E. Lister, 575, 585, 6960, 735, 2580
G. M. Johnson, 350, 196, 5500, 400, 2779
F. L. Whaley, 250, 210, 3500, 300, 1782
T. Bennett, 40, 60, 1000, 100, 745
B. L. West, 70, 193, 2630, 75, 459
F. L. West, 30, 120, 1200, 100, 345
R. Gardner, 75, 125, 1400, -, -
Mrs. E. Barker, 20, 30, 600, 25, 460
Dr. A. Parker, 500, 500, 6000, 1000, 2705

R. N. Stansberry, 270, 176, 2180, 200, 1590
A. E. Thompson, 330, 510, 5000, 1000, 2934
J. W. Webb, 1000, 850, 18500, 500, 4750
W. R. D. Ward, 400, 1400, 16000, 450, 2315
B. Smalley, 600, 890, 53000, 500, 3011
H. Joice, 150, 170, 2560, 200, 825
O. T. Boulware, 75, 125, 2000, 100, 345
J. Croner, 15, 41, 588, 50, 100
A. H. Willie, 15, 85, 5000, 22, 200
J. T. Mills, 800, 620, 14200, 500, 3650
M. J. Hall, 634, 512, 23000, 300, 3025
G. W. Young, 30, 216, 1000, 20, 455
J. H. Calaway, 400, 700, 10000, 350, 2055
J. S. Wagnon(Wagnor), 120, 10,600, 200, 720
C. Rawson, 90, 240, 16450, 100, 495
H. Rawson, 12, 68, 400, 10, 70
H. Taylor, 30, 325, 1420, 200, 320
Wm. Barns, 50, 240, 1450, 20, 235
R. J. Nesbitt, 150, 250, 2140, 500, 620
N. Nesbitt, 150, 256, 2140, 500, 620
P. J. Mebutt, 250, 150, 40000, 300, 1510
J. W. Slater, 80, 120, 1600, 150, 520
J. M. Moody, 150, 231, 2545, 100, 910
J. F. Kennedy, 175, 245, 3800, 500, 1200
J. Tioringston, 150, 375, 5225, 200, 450
A. G. Tlumez, 225, 415, 5860, 500, 1771
R. Green, 300, 465, 10000, 200, 1345
J. N. Green, 40, 235, 1500, 25, 290
E. H. Green, 100, 220, 3200, 20, 290

J. W. Finolds, 125, 305, 430, 200, 1818
M. A. Ham, 150, 256, 2466, 250, 634
A. Hide, 30, 110, 3700, 50, 311
E. Frazier, 200, 800, 8000, 230, 651
J. Beaty, 70, 210, 1120, 100, 990
A. Beatty, 45, 275, 1280, 60, 716
C. F. Schaffer, 50, 1050, 5500, 40, 225
J. Calaway, 160, 125, 2000, 125, 740
W. O. Taylor, 175, 315, 4900, 100, 525
T. Rees, 400, 50, 3200, 1000, 1650
B. H. Martin, 65, 425, 5000, 125, 961
Z. C. Martin, 120, 820, 4700, 150, 475
F. M. Wamack, 90, 210, 4000, 200, 735
J. Mason, 400, 1100, 25000, 500, 2677
A. H. Price, 60, 266, 3000, 10, 860
Wm. H. Burnett, 60, 100, 1000, 10, 400
C. D. Blalock, 55, 345, 1600, 12, 347
Wm. S. Sanders, 250, 745, 8000, 575, 1210
T. W. Roberts, 5, -, -, 100, 433
B. S. Harvey, 12, 308, 3020, 15, 335
E. Bailey, 18, -, -, 75, 282
R.H. Cooper, 15, 145, 200, 20, 317
John Munden, 180, 720, 2700, 500, 1373
R. Blalock, 100, 60, 800, 200, 2665
Wm. Nesbitt, 250, 395, 3000, 275, 1600
R. T. Mitchell, 40, 60, 1000, 50, 950
J. Y. Collins, 600, 4400, 35000, 600, 2624
G. K. Fisher, 325, 475, 6000, 25, 850
B. R. Ross, 100, 165, 1785, 100, 800
J. M. Jackson, 60, 140, 1500, 50, 500
A. Cook, 500, 513, 10000, 320, 2325
J. A. Crain, 150, 207, 2200, 200, 760

Hays County, Texas
1860 Agricultural Census

The University of North Carolina at Chapel Hill filmed the 1860 agricultural census for Hays County from originals at the Texas State Department of Archives and History under a grant from the National Science Foundation in 1964.

Columns 1, 2, 3, 4, 5, and 13 represent the following information on the census:
1. Name of Owner, Agent or Manager of Farm
2. Acres of Improved Land
3. Acres of Unimproved Land
4. Cash Value of the Farm
5. Value of Farming Implements and Machinery
13. Value of Livestock

S. Meeks, 10, -, -, -, 100
Thos. Johnson, 30, 470, 1500, 20, 2000
Lewis Cassit, 35, 265, 2000, 15, 450
Calvin Rowell, 15, 145, 400, 5, 400
Wm. Jolly, 25, 175, 1000, 15, 200
J. G. Good, 30, 290, 1500, 20, 800
P. Smidt, 25, -, -, 15, 600
Peter Klin, 23, 297, 600, 25, 900
J. G. Danner, 25, 252, 500, 25, 1600
C. R. Perry, 40, 160, 1500, 25, 550
W. M. Perry, 15, 185, 1000, 15, 400
J. L. Wallace, 30, 347, 1000, 20, 350
J. M. Pounds, 50, 230, 900, 400
Martin James, 30, 290, 600, 15, 200
P. D. Alexandrew, 21, 300, 600, 10, 1500
L. Moore, 10, 133, 280, 5, 400
T. P. Rountree, 30, 130, 1000, 15, 1200
Binson Ivy, 6, 214, 320, 5, 100
O. Bushnell, 20, 300, 600, 15, 280
J. Felps, 50, 110, 1000, 20, 665
J. L. McCrocklin, 50, -, -, -, 500
Jas. T. Hallford, 25, 290, 1500, 10, 800
Nancy Gibson, 8, 222, 600, 10, 1280
R. G. Blanton, 25, 447, 2000, 20, 150
J. H. Hallford, 25, 155, 1000, 25, 3500
T.A. Laughlin, 8, 152, 400, 10, 390
Wiley Massey, 23, 321, 900, 614, 680
Wm. Kyle, 50, 150, 1000, 15, 700
Lem Black, 160, 160, 2500, 150, 900
W. W. Houpt, 100, 50, 3000, 50, 1800
J. W. Barton, 18, 182, 1000, 15, 500
John Tinnin, 320, 400, 4000, 150, 2000
John T. Brown, 65, 600, 3200, 50, 2500
Joseph R. Burleson, 35, -, -, 25, 3500
A. G. Gatlin, 65, -, -, 10, 150
James Harris, 75, 135, 1000, 25, 1000
James Stephenson, 60, 140, 2000, 50, 1000
J. S. Holman, 35, 500, 3000, 20, 800
George Golden, 60, 137, 1982, 40, 500
Joseph Rowley, 40, 148, 2000, 10, 1500
Sarah Crwze, 10, 630, 850, 6, 2340
J. M. Hill, 40, 40, 2000, 20, 580
R. Z. Vaughn, 40, 264, 2000, 30, 325
Sam. Driskill, 28, -, 1350, 10, 375

A. Wilson, 70, 20, 2100, 150, 3322
H. S. Harvy, 4, 216, 1500, 25, 169
J. S. Travis, 12,-, 500, 20, 850
C. L. McGehee, 120, 1500, 10000, 80, 2200
J. M. Malone, 50, -, 1000, 25, 1100
M. A. Axton, 50, 308, 3580, 10, 500
David Dailey, 210, 589, 4200, 75, 2325
Byrd Owens, 130, 613, 5414, 75, 2100
D. T. Payne, -, 96, 250, 10, 160
J. P. Mathews, 85, 130, 2000, 30, 6110
Jesse Day, 200, 1369, 4313, 40, 760
John W. Day, 50, 162, 2000, 25, 900
W. Otenhousen, 40, 10, 1000, 30, 600
A. T. Hector, 22, 179, 2000, 75, 1000
W. Vaughn, 100, 900, 4000, 50, 2500
C. Cheatham, 18,-, -, -, 325
T. L. Lyons, 80, 59, 1290, 50, 700
J. Shelton, 30, -, 25, 25,400
S. Dixon, 300, 742, 10420, 100, 1400
T.G. McGehee, 200, 1407, 7000, 100, 3660
P. Tombaugh, 80, 120, 2000, 25, 300
C. E. Cocks, 100, 114, 2000, 50, 2000
J. A. P. Carr, 165, 375, 3000, 100, 2000
Jo. Robbins, 20, 257, 1350, 10, 1500
Thomas Ruby, 18,-, -, 5, 600
Isaac Kelly, 18, 198, 1200, 15, 700
V. L. Labinski, 40, 250, 1400, 30, 1100
J. L. Goforth, 8, 152, 300, 10, 220
N. M. Gatlin, 15, 90, 600, 10, 875
D.W. Crens, 60, 760, 3000, 40, 1500
John Hughs, 80, 473, 5530, 50, 400
S. H. Burham, 75, 648, 3977, 25, 1000
W. H. Carpenter, 90, 315, 2405, 35, 780
John Mays, 15, 240, 1000, 10, 2000
Reece Buttler, 20, 180, 400, 20, 1000
Cyrus Kelsy, 25,140, 550, 5, 1600
J. M. Duncan, 225, 319, 2720, 50, 3500
W. M. Gibson, 30, 646, 2000, 25, 5000
D. E. Moore, 150, 1700, 7000, 20, 2500
A. D. Porter, 50, 433, 2500, 10, 1500
T. B. Rector, 70, 400, 6000, 60, 1500
R. C. Manlove, -, 125, 6540, -, 1500
W. W. Turner, 120, -, -, 50, 356
Thom Breedlove, 80, 30, 1100, 25,500
P. J. Allen, 63, 837, 4500, 25, 2200
M. Speed, 15, 322, 520, 15, 672
J. C. Johnson, 30, 310, 1000, 25, 150
J. M. Breedlove, 175, 525, 3000, 100, 2250
Nancy Rowden, 30, 170, 1000, 15,800
Desha Bunton, 60, 300, 2000, 60, 16350
J. M. Bunton, 160, 615, 5250, 100, 4190
John Bunton, 75, 195, 4000, 50, 22075
Nancy Brown, 125, -, -, 50, 3400
W. & J. T. Brown, 90, 1128, 5000, 50, 6000
W. A. Leath, 20, 180, 1000, 10, 648
J. Williamson, 36, 500, 750, 15, 250
Dan Mayes, 25, 142, 1000, 15, 1200
C. Kyle, 250, 1241, 2000, 150, 9330
E. Nance, 300, 5700, 20000, 1000, 20000
C. R. Johns, 300, 1700, 15000, 500, 5723
M. Sessom, 90, 110, 1600, 50, 526
H. W. Davis (Daris), 100, 220, 2000, 50, 6000
D. C. Burleson, 30, 280, 1700, 25, 175

Ed Burleson, 100, 255, 3500, 75, 2970
W. L. Malone, 100, 400, 4000, 75, 1000
W. Lyett, 60, 610, 2000, 10, 5750
J. Bransholc, 35, 45,800, 50, 150
B. Netherland, 30, 128, 1000, 15, 1000
J. L. Conly, 200, 130, 2500,100, 1500
S. R. McKee, 250, 490, 7500, 400, 9880
C. O. Lyons, 30, 73, 950, 25, 500
P. C. Woods, 220, 400, 4000, 200, 3500
John D. Pitts, 200, 800, 5600, 300, 6000
S. R. Kones, 175, 375, 5000, 100, 3000
J. L. Malone, 225, 600, 5300, 100, 3000
J. R. Vickers, 100, 325, 4450, 50, 3500
A. M. Lindsy, 90, 210, 3000, 200, 600

M. L. Connell, 80, 120, 2000, 200, 2000
J. L. Driskill, 60, 50, 3050, 50,600
J. J. Driskill, 20, 80, 1000, 20, 400
John H. Cocks, 40, 160, 1000, 25, 1400
W. M. Kiser, 12, 100, 1500, 15, 1200
J. C. Douglas, -, -, -, -, 700
W. M. Hamblin, 45, 300, 1750, -, 5000
J. Obanion, 4, 215, 2500, -, 1000
J. C. Watkins, 110, 70, 2000, 50, 1500
John W. Davis (Daris), 145, 120, 4000, 175, 4000
H. Cheatham, 300, 150, 10000, 700, 4890
D. R. Cochraham, 120, 80, 2000, 50, 3000
U. A. Young, 80, 150, 2000, 50, 10000
A. H. Caperton, -, -, -, -, 200
A. R. Scallion, 22, 43, 640, 25, 600
Wiley Bagly, 40, 100, 2000, 25, 1470

Henderson County, Texas
1860 Agricultural Census

The University of North Carolina at Chapel Hill filmed the 1860 agricultural census for Henderson County from originals at the Texas State Department of Archives and History under a grant from the National Science Foundation in 1964.

Columns 1, 2, 3, 4, 5, and 13 represent the following information on the census:
1. Name of Owner, Agent or Manager of Farm
2. Acres of Improved Land
3. Acres of Unimproved Land
4. Cash Value of the Farm
5. Value of Farming Implements and Machinery
13. Value of Livestock

This county had a number of names with lines through them. There was no explanation for this. However, the information was visible and was presented as the others. These names and information were not transcribed.

P. T. Tannihill, 35, 225, 1800, 20, 600
Amlet S. Tannihill, 40, 400, 2860, 20, 300
John Moore, 50, 270, 2200, 150, 600
Wm. D. Scott, 10, 165, 600, -, 1850
Wm. J. Richman, 12, 148, 300, -, -
K. K. Knight, 45, 485, 1225, 12, 500
Wm. C. Right, 10, 150, 240, 10, 280
R. S. Hinds, 160, 320, 1440, 380, 1100
James B. Clanahan, 17, 143, 480, 20, 340
Wm. M. Brown, 30, 290, 1000, 15, 440
Wm. R. W. Kile, 40, 280, 1280, 80, 1085
W. D. Morrison, 15, 240, 5200, 225, 1100
John C. Larkin, 150, 170, 800, 175, 1175
Ambrose Colman, 30, 130, 320, 100, 200
Evan Thompson, 100, 220, 1500, 50, 600
N. P. Colman, 500, 2896, 9400, 1000, 3850
C. Miller, 45, 275, 1600, 100, 320
Wm. L. Reeder, 25, 295, 320, 10, 65
Jno. G. Ratcliff, 20, 300, 1000, 30, 500
David A. Owen occupant, 75, 1390, 295, 50, 725
J. T. P. Whitehead, 12, 658, 700, 100, 500
Wm. M. Laurance, 12, 148, 160, 15, 200
S. V. Alexander, 24, 296, 4000, 375, 900
Mrs. Elmiry Halaway, 50, 110, 600, 40, 320
Robert Casky, 85, 275, 1000, 25, 1000
A. E. Taggers, 25, 135, 300, 4, 249
David Anding, 50, 270, 640, 100, 910

Mrs. M.A. Sell, 25, 295, 640, 10, 200
Jacob H. Collins, 65, 255, 1000, 40,775
Harden A. Hodge, 18, 302, 600, 10, 314
T. Y. Barron, 150, 510, 1500, 400, 860
A. J. Fowler, 1130, 810, 1920, 85, 700
C. R. Cotton, 40, 211, 753, 100, 1790
Felman Hester, 23, 297, 600, 20, 170
J. H. Hamilton, 6, 47, 100, 20, 311
Wm. Avant, 40, 160, 1000, 170, 230
Frank Parsons, 50, 2450, 2200, 15, 1534
Jas. W. Miller, 18, 152, 270, 60, 250
Wm. Hogg, 35, 505, 1350, 120, 900
Andrew Miller, 85, 555, 1120, 140, 980
Willis Palmer, 75, 245, 600, 20, 800
James B. Hogg, 11, 345, 885, 20, 170
W. M. F. Gearal, 30, 290, 640, 35, 195
Greenbery Pate, 21, 299, 320, 5, 460
Davis Pierce, 30, 130, 600, 65, 455
James F. Miller, 17, 143, 260, 10, 450
James C. Warren, 125, 475, 2400, 100, 1220
Hugh M. Warren, 30, 290, 1000, 100, 50
Pel__ Harden, 40, 100, 400, 100, 200
Lewis Babbet, 17, 83, 200, 10, 350
Doctor F. Prewit, 50, 288, 1500, 100, 700
Irvin Donnell, 100, 247, 3470, 175, 1400
Edwin D. McKeller, 475, 937, 18000, 400, 2000
Stephen P. Miller, 150, 625, 3500, 200, 100
B. W. J. Pofford, 235, 405, 3200, 525, 2150
Larkin Stevenson, 225, 415, 3200, 300, 1800
John W. Cable, 140, 380, 3120, 200, 820
James Faison, 85, 415, 3000, 150, 380
James P. Wofford, 140, 380, 2600, 310, 1000
Miss Martha Campbell, 88, 7652, 2000, 10, 630
James E. Campbell, 70, 570, 3200, 125, 700
W.K. Falk, 175, 465, 3200, 134, 2340
T. S. Chambers, 350, 1280, 3000, 420, 1914
P. P. Adams, 400, 1200, 8000, 500, 2750
James E. Adams, 100, 220, 1200, 100, 760
James L. Hawley, 65, 365, 2140, 200, 770
James Boles, 13, -, 200, 5, 180
John O'neel, 53, 343, 1200, 60, 850
James C. Walker, 20, 300, 640, 7, 350
Davis Reynolds, 100, 220, 1500, 225, 500
Jesse Forester, 210, 790, 2000, 150, 125
S. Y. Hopper, 100, 220, 1600, 135, 670
Matthias Richardson, 200, 700, 4500, 125, 1090
Wm. Kerr, 12, 97, 1850, 10, 225
T. D. Wood, 14, 169, 1200, 25, 235
John Royall, 70, 410, 1440, 130, 900
S. M. Richardson, 25, 135, 640, 30, 544
John R. McGill, 60, 100, 300, 85, 387
John Larkin, 500, 460, 1440, 350, 4045
Robert W. Wiley, 160, 150, 1600, 300, 960

Mrs. Elenor Owen, 75, 245, 800, 175, 760
Stephen Bradley, 60, 332, 1170, 80, 1085
Joel Hughs, 27, 133, 400, 60, 360
Thomas J. Matthews, 8, 150, 400, 70, 165
Jefferson E. Thompson, 40, 120, 800, 100, 610
John Sloan, 45, 245, 500, 120, 200
George W. Stephens, 20, 140, 160, 5, 183
James A. Knight, 12, 88, 400, 10, 110
Jacob Gant, 15, 205, 800, 115, 480
Mrs. Elizabeth Blackwell, 115, 205, 1600, 275, 960
R. R. Powers, 36, 284, 1600, 150, 1550
Wm. G. Reynolds, 25, 295, 1000, 125, 600
R. B. Lewis, 20, 840, 1720, 45, 1600
Albert T. Rice, 20, 300, 600, 8, 220
Luke Ghant, 65, 250, 640, 115, 580
James B. Fain, 12, 544, 1100, 60, 750
Nicolas T. Robertson, 19, 301, 320, 60, 590
Jesse C. Winslett, 10, 310, 550, 60, 333
Mrs. Lydia Stewart, 80, 440, 2160, 200, 930
John Tindle, 150, 1462, 6448, 400, 1450
Wm. H. Falk manager, 150, 350, 3500, 175, 1425
Henry Boles, 40, 353, 1000, 10, 300
Mrs. Susan Boles, 80, 370, 2750, 120, 870
Z. W. Parmer, 65, 405, 1175, 60, 717
Joseph M. Cooper, 22, 128, 500, 7, 320
John A. Boles, 25, 568, 1200, 25, 375
Bradford H. Ard, 18, 302, 640, 12, 280
John H. Brian, 170, 800, 1940, 325, 1000
John D. Miller, 125, 295, 1358, 150, 800
James Cooper occupant, 15, 624, 900, 6, 220
John Streplin, 10, 240, 640, 75, 472
Wm. Boles, 140, 730, 5000, 350, 2270
E. W. Boles, 60, 140, 1000, 10, 770
John Hinton, 25, 175, 600, 110, 300
John Carnes, 80, 360, 880, 100, 480
Wm. H. Campbell, 200, 830, 4000, 500, 1200
P. C. Sadler, 60, 260, 950, 150, 714
Andrew B. Oldham, 145, 420, 4520, 250, 1300
John A. McEller, 160, 240, 6000, 400, 2450
Jacob W. Chancellor, 22, 138, 400, 40, 136
Allen Hughs, 30, 130, 400, 28, 640
An. J. McEasland, 35, 287, 634, 250, 850
Silas T. Shackelford, 18, 142, 400, 75, 410
Wm. McCain, 22, 279, 1000, 50, 828
A. J. Laymance, 25, 135, 480, 20, 470
James W. Wood, 42, 158, 800, 70, 210
James L. Grant, 35, 245, 1500, 150, 790
W. D. Langham, 40, 120, 640, 20, 210
Charles Little, 50, 300, 1750, 100, 1489
N. J. Brewer, 27, 173, 400, 70, 480
George W. McElroy, 60, 120, 750, 30, 360
Mrs. Mariah Lidney, 15, 285, 600, 70, 290
Alexander Clayton, 40, 20, 640, 40, 450
Isaac Laymance, 110, 720, 2490, 80, 460

Alexr. F. Jonson, 160, 478, 2660, 250, 1240
John L. Davis, 150, 543, 3600, 300, 2320
Rob. B. Simpson, 50, 196, 1200, 20, 270
Hirom Neff, 75, 348, 1700, 45, 437
R. S. Carver, 60, 170, 800, 80, 880
John Carver, 70, 230, 600, 50, 470
Kettel Grimmusland, 40, 280, 600, 45, 495
K. Henson, 17, 63, 300, 210, 770
John Fergason, 18, 82, 300, 40, 770
Lelas Fergason, 15, 145, 300, 10, 400
B. W. Davis, 55, 110, 600, 30, 490
Wiley Gore, 7, 73, 250, 5, 50
Thomas A. Calvan, 8, 72, 160, 20, 203
R. F. Gore, 18, 127, 300, 15, 10
Absolen F. White, 14, 626, 1280, 120, 200
Joseph Echols occupant, 12, 148, 320, 110, 200
Faria O. Nyistol, 50, 130, 600, 20, 440
Andrew Skefstaed, 5, 195, 300, 30, 480
Ole Olson, 45, 115, 240, 65, 675
M. J. Melehiorson, 12, 738, 860, 60, 190
Swin Oleson, 15, 85, 400, 10, 530
Abraham Brown occupant, 30, 610, 1280, 50, 600
Ole Gunstanson, 40, 120, 560, 75, 770
Nils Turbyenson, 20, 107, 250, 75, 675
Ole Yernren, 15, 85, 400, 5, 450
Wm. W. Carver, 40, 531, 3426, 130, 827
Troy T. Temple, 50, 270, 1600, 60, 435
Levy Carver, 30, 95, 624, 70, 400
Alletha M. Cook, 24, 296, 1500, 40, 730
John Slaton, 20, 140, 500, 110, 400
T. T. Chambers, 22, 138, 550, 10, 286
Jackson Glaze, 33, 127, 900, 115, 800
Allen Grant, 80, 80, 1500, 110, 325
Wm. H. Wyatt, 15, 145, 300, 5, 50
S.B. Patton, 75, 758, 3800, 150, 1421
J. M. Hopkins, 15, 145, 480, 5, 150
Cornelius Browning occupant, 16, 634, 1920, 5, 250
Sarah Gore, 25, 225, 460, 75, 200
John Robbins, 13, 147, 300, 20, 150
James M. Parmer, 35, 285, 640, 80, 761
Wm. F. Boles, 25, 135, 500, 160, 450
Isaac Rounswall, 41, 280, 640, 50, 360
Thomas Burlison, 40, 80, 600, 60, 1300
Wm. Carter, 18, 302, 480, 10, 240
Robert Howard manager, 20, 341, 1060, 125, 740
Martin Jones, 30, 290, 961, 125, 660
Mrs. Susan Cavitt, 40, 270, 4440, 60, 300
Josiah Tidwell, 11, 389, 800, 85, 680
A. J. McDonald, 45, 755, 2400, 75, 1000
Isaac L. Mills, 30, 170, 700, 160, 200
Tandy Howeth, 75, 450, 1590, 140, 575
John Quick, 15, 305, 640, 50, 100
Isaac Larue, 130, 2256, 4772, 125, 3445
Solomon Perry, 6, 204, 450, 10, 240
George Boman, 15, 145, 700, 120, 251
James Swindle, 35, 125, 500, 57, 580
J. W. Owen, 30, 130, 800, 20, 300
Travis Scott, 14, 146, 640, 200, 520
Elijah Linsey, 15, 145, 400, 50, 200
John Mullenax, 15, 181, 500, 12, 400

John Pate, 50, 52, 510, 15, 260
Holly Page, 40, 120, 800, 200, 571
Larkin Brown, 20, 90, 275, 30, 330
Wm. T. Shaver, 20, 140, 480, 10, 170
Thomas Linsey, 55, 267, 1000, 40, 460
David F. Dunwoody, 16, 144, 400, 120, 230
S. R. Price, 40, 35, 1320, 60, 900
J. M. Darden, 20, 30, 640, 5, 240
W. J. Darden, 32, 282, 640, 50, 290
Adran Anglin, 100, 3100, 12800, 125, 2400
Samuel Slator, 20, 569, 589, 80, 400
John Harper, 8, 135, 500, 10, 240
A. S. Nelson, 40, 280, 1000, 10, 787
Harvy C. Hodges, 30, 290, 800, 60, 900
Joseph Larue, 85, 2265, 11750, 40, 1090
A. B. Waldrip, 80, 560, 2240, 20, 570
John C. Balger, 60, 20, 960, 220, 450
George Grason, 15, 315, 641, 15, 210
Geo. Martin, 16, 304, 400, 10, 325
Wm. Wreay, 45, 225, 960, 100, 470
Wm. Davis, 28, 199, 780, 12, 435
A. G. Naill, 30, 290, 1120, 15, 560
Drayton McAdams, 18, 195, 530, 50, 520
Asa Dolton, 50, 590, 1220, 65, 720
Ela Lollar, 18, 302, 800, 15, 416
Green E. Ataway, 30, 130, 600, 20, 360
J. H. Adcock, 70, 170, 1000, 100, 560
J. B. Luker, 75, 665, 2220, 25, 2500
B. J. Hall, 18, 142, 640, 5, 275
Winfield Sterman, 40, 310, 2000, 150, 1000
J. M. Sterman, 20, 180, 1000, 20, 330
Wm. Mason, 15, 90, 250, 75, 350
Chapain Choat, 70, 130, 1000, 121, 245
W. W. Loope, 32, 280, 1000, 15, 420
V. J. Sterman, 30, 170, 1000, 15, 415
James Weakes, 18, 213, 500, 85, 860
R. G. Pippin, 27, 273, 300, 15, 370
James A. Naudain, 15, 195, 300, 15, 200
Mrs. M. Masters, 10, 70, 250, 75, 200
Thomas Hillum, 16, 304, 450, 160, 250
Robert H. Pierson, 25, 295, 640, 10, 334
John W. Morgan, 20, 213, 669, 15, 670
Andrew Moorhead, 65, 155, 440, 100, 450
Matthew Pickens manager, 80, 400, 1920, 150, 2685
Wm. D. Balaliff, 400, 4302, 10000, 800, 2500
George Clark, 60, 220, 1600, 250, 900
Wm. Richardson, 200, 538, 1450, 300, 2100
John M. Pickens, 65, 415, 1920, 75, 900
Samuel Packwood, 28, 122, 400, 25, 400
J. W. Green, 75, 385, 1380, 100, 670
T. P. McManus, 80, 220, 900, 20, 410
A. S. Griffith renter, 35, 715, 1500, 200, 1000
John B. Stoaks, 25, 295, 640, 80, 520
J. S. Tanner, 25, 175, 1200, 100, 710
W. G. Pley, 12, 257, 458, 25, 296
Bradley Kimbrough, 6, 154, 480, 50, 250
Elbert Pley, 30, 348, 1134, 100, 515
T. J. Hobgood, 20, 200, 6600, 100, 700
Lewis Etheridge, 10, 90, 300, 8, 140
James A. Goodgame, 65, 469, 971, 110, 510

P. M. Walling, 30, 193, 1075, 150, 2550
F. C. Goodgame, 150, 588, 2215, 250, 1047
R. A. Burden, 12, 318, 641, 10, 242
Wm. G. Price, 8, 160, 350, 75, 400
M. Clark, 30, 130, 320, 1025
Amos Lenox, 18, 302, 640, 10, 150
John Patterson, 45, 350, 800, 45, 380
D. M. Thompson, 75, 102, 650, 100, 980
Wm. C. Pickering, 55, 197, 900, 30, 600
A. J. Cox, 50, 590, 1280, 100, 935
Moses Cox, 18, 1262, 3000, 30, 255
James Hannah occupant, 17, 105, 375, 40, 500
Mrs. Mary J. Martin occupant, 25, 375, 1200, 25, 1500
Alhried Martin occupant, 5, 95, 150, 10, 145
Samuel Allen occupant, 50, 350, 2000, 150, 1880
Joseph Shelton occupant, 8, 312, 480, 10, 390
Elisha Taylor, 85, 955, 2500, 125, 750
James Derden, 50, 750, 2400, 150, 1010
Morgan Chapman occupant, 16, 130, 584, 15, 484
Wm. B. Smith, 22, 146, 1176, 100, 520
Edmond O. Beaird, 15, 85, 300, 100, 250
Wm. Sullivan, 50, 170, 1250, 100, 160
Peter A. Pierce, 60, 490, 1600, 20, 195
Nelson Tarver, 40, 240, 1120, 100, 350
E. L. Smith, 50, 150, 1200, 25, 1050
John W. Ballow, 30, 150, 800, 120, 700
Jesse J. Johns, 25, 875, 900, 85, 250
Hezakiah Mitcham, 25, 175, 1500, 75, 2175
James M. Mitcham, 25, 15, 400, 10, 450
G. J. Mitcham, 12, 48, 700, 100, 630
Wm. Clark, 35, 604, 1280, 50, 1700
J. M. Gardner, 50, 1085, 2230, 150, 3045
John B. Fison, 25, 135, 480, 60, 320
John Aly, 24, 135, 320, 15, 220
John King, 40, 280, 950, 45, 3310
P. P. Burford, 20, 136, 600, 30, 885
Wm. B. Tate, 15, 308, 960, 100, 1045
R. B. Thomas, 80, 1820, 3800, 100, 3262
Thomas Berry, 75, 950, 1960, 30, 1550
J. T. C. Elston, 60, 140, 800, 75, 526
Wm. Clark, 30, 210, 1000, 151, 1251
Edmond Guthrie, 100, 858, 3000, 200, 3350
D. W. Sanders, 100, 910, 720, 25, 700
N. W. Norfleet, 29, 293, 1200, 50, 160
John Campbell, 50, 170, 1100, 50, 880
Thomas C. Williams, 70, 250, 960, 40, 2200
C. W. Allen, 30, 290, 640, 115, 1130
Wm. Gardner, 30, 67, 600, 10, 976
E. P. Martin, 40, 97, 575, 50, 1050
J. H. Sessions, 35, 195, 1000, 50, 850
John W. Westbrook, 20, 108, 600, 100, 460
John Gilbert, 29, 134, 320, 26, 590
C. R. Sanders, 35, 175, 1500, 25, 1680
J. H. Matthews, 25, 140, 800, 25, 345
John A. Mays, 13, 206, 876, 100, 385
James L. Thomas, 14, 204, 876, 5, 375

Thomas C. Pelham, 30, 180, 1000, 10, 1520
Robert R. Jackson, 34, 160, 600, 80, 870
Mrs. Martha Burton, 100, 795, 1790, 250, 1370
Wiley Jones, 16, 524, 2360, 14, 810
Enoch Spivy, 55, 817, 2451, 140, 1800
Wm. L. Parr, 35, 285, 640, 100, 713
Wm. R. Rusing, 16, 314, 1200, 100, 1220
E. C. Price, 12, 508, 1200, 50, 1415
Wm. S. Shelton, 15, 265, 580, 15, 600
Mrs. Elizabeth Scott, 35, 1245, 2560, 130, 800
John Hannah, 40, 600, 1280, 60, 640
Robert Hodge, 114, 744, 3000, 125, 1620

Hidalgo County, Texas
1860 Agricultural Census

The University of North Carolina at Chapel Hill filmed the 1860 agricultural census for Hidalgo County from originals at the Texas State Department of Archives and History under a grant from the National Science Foundation in 1964.

Columns 1, 2, 3, 4, 5, and 13 represent the following information on the census:
1. Name of Owner, Agent or Manager of Farm
2. Acres of Improved Land
3. Acres of Unimproved Land
4. Cash Value of the Farm
5. Value of Farming Implements and Machinery
13. Value of Livestock

C. L. Boutwell, 13, 85, 150, 50, 80
N. Domingas, 25, 5000, 5000, 100, 500
Luciana Garza, 40, 100, 200, 75, 100
Juan Quintero, 50, 100, 300, 100, 200
N. Caster, 10, 90, 150, 50, 150
Cesto Domingas, 25, 5000, 5000, 200, 2500
Louis Anaza, 20, 2000, 1500, 100, 400
Luciano Garza, 25, 175, 400, 50, 400
Juan Quintero, 30, 120, 300, 40, 310
N. Castillo, 20, 80, 200, 30, 500
Tomas Garza, 50, 2000, 1500, 100, 150
Antonio Arte, 10, 40, 100, 40, 300
Jo. M. Garza, 10, 40, 150, 50, 300
Bernaldo Cantu, 65, 2160, 1500, 150, 1000
P. Cantu, 50, 1965, 1600, 200, 1000
Louis Cantu, 30, 70, 300, 100, 400
Jo. M. Cantu, 40, 60, 400, 150, 800
George Cantu, 20, 80, 150, 50, 400
A. Anmalda, 40, 2500, 2000, 200, 100
P. Anmalda, 40, 2500, 200, 250, 700
J. M. Aleman, 20, 140, 200, 50, 60
Anvaras Aleman, 20, 140, 200, 100, 175
Manuel Anaza, 15, 185, 250, 50, 300
Sotelo Alvarez, 75, 2400, 2000, 200, 1400
Marcus Anmalda, 40, 160, 250, 100, 120
S. Alvarez, 30, 170, 300, 125, 225
Jesus Aredondo, 40, 160, 250, 75, 150
Antonio Balli, 42, 600, 640, 150, 750
Manuel Becera, 30, 120, 200, 60, 85
Peter Nickels, 300, 50000, 25000, 100, 2000
Aqapito Olvarez, 20, -, 400, 25, 275
Clarinda Barara, 20, -, 300, 25, 175
Manl. Venta, 20, -, 400, 25, 375
Andres Cano, 10, -, 100, 30, 250
J. A. Longoria, 20, -, 300, 50, 550
Antonio Balli, 30, 4000, 1500, 100, 500
J. M. Flores, 25, 1000, 500, 50, 150
Y. M. Flores, 25, 1000, 500, 50, 250
Jacinto Guerra, 25, 1000, 500, 10, 90
Reno Gallardo, 30, 6170, 6200, 200, 900
Simon Garza, 40, 7000, 3500, 20, 180

Jesus Garza, 10, -, 100, 20, 180
Cirildo Hingoso, 40, 4200, 2100, 50, 250
Cirildo Hingoso Jr., 25, 3600, 1800, 40, 140
Cazetano Hingoso, 20, 5000, 2500, 25, 175
Maximo Flores, 30, 3000, 1500, 50, 450
Alejandro Flores, 25, 5000, 2500, 100, 800
J. S. Salinas, 40, 4000, 2000, 50, 350
Y. J. S. Flores, 30, 2000, 1000, 50, 350
Teodoro Garcia, 25, 2000, 1000, 25, 275
Simeon Garza, 40, 60, 400, 200, 1700
Antonia Guerra, 30, 4000, 2000, 50, 250
Benigno Leal, 30, 4000, 2000, 100, 300
Francisco Moya, 40, 12000, 6000, 50, 450
Mariano Munizia, 30, 8000, 4000, 100, 900
Andres Minnos, 25, 3000, 1500, 50, 250
Tomas Ochoa, 30, 6000, 3000, 100, 1300
Florentino Quiroa, 25, 6000, 3000, 25, 90
Francisco Rios, 20, 2000, 1000, 50, 350
A. C. Sanches, 25, 2000, 1000, 100, 500
Andres Salinas, 25, 2000, 1000, 25, 275
____. Zarate, 30, 3000, 1500, 50, 450
M. A. G. Trevino, 40, 2000, 1000, 200, 1800
Juan Trevino, 20, 2000, 1000, 50, 450
Manuel Trevino, 30, 4000, 2000, 50, 150
Miguel Valdez, 20, -, 400, 50, 550
Gregorie Valdez, 30, -, 500, 100, 600
Bernabe Villereal, 10, -, 150, 25, 175
Estevan Ruiz, 10, -, 100, 20, 80
Domingo Solis, 30, 2000, 1000, 200, 2800
Nicholas Asevedo, 10, -, 100, 20, 80
Jesus Corales, 20, -, 200, 50, 350
E. Minngia, 20, -, 250, 50, 550
Eugenio Minngia, 20, -, 300, 50, 350
Francisco Quiroa, 25,-, 400, 100, 400
P. Ochoa, 30, -, 450, 75, 725
Mariano Minngia, 25, -, 300, 100, 900
Noberte Garza, 15, -, 200, 50, 350
Manuel Flores, 10, -, 100, 25, 275
V. F. Flores, 10, -, 150, 20, 180
Wesley Owen, 5, 635, 2000, 50, 500
R. S. Flores, 10, 100, 150, 25, 175
Disidoro Flores, 15, 200, 200, 50, 250
Viviano Gencia, 20, -, 200, 50, 350
Jose A. Garza, 10, -, 150, 50, 250
Juan Garza, 10, -, 150, 30, 370
Bacilio Gallardo, 20, -, 200, 50, 350
J. J. Garza, 20, -, 250, 40, 260
Bisente Gonzales, 10, -, 100, 25, 275
Benito Guerra, 25, -, 520, 100, 900
Justo Gutierez, 20, -, 200, 50, 350
Bonifacio Garza, 10, -, 100, 25, 175
Julio Gusman, 15, -, 150, 50, 250
Prudencio Henera, 20, -, 200, 50, 350
Juan Martinez, 20, -, 300, 50, 550
Jose Morce, 25, -, 250, 100, 700
Ignacio Ochoa, 25, -, 300, 20, 1200
Pacifico Ochoa, 10, -, 100, 100, 600
Roman Rodrigues, 20, -, 200, 50, 600
Evarist Rodrigues, 15, -, 100, 100, 900
Juan Ramires, 20, -, 150, 200, 1000
F. Santa Anna, 10, -, 100, 25, 275
Ignacio Seralto, 10, -, 100, 50, 350
Ramon Salinas, 15, -, 150, 50, 250

Domingues Solis, 25, -, 200, 100, 1400
Antonio Solis, 20, -, 200, 100, 1100
Rosario Trevino, 10, -, 100, 25, 275
Marcilino Trevino, 10, -, 100, 50, 350
J. M. Fragora, 10, -, 100, 25, 275
Gregorie Valdez, 20, -, 200, 100, 900
Bernabe Villereal, 15, -, 150, 25, 175
Monico Villereal, 15, -, 150, 25,175
Pascual Vela, 10, -, 100, 25, 175
Claudio Barrera, 10, -, 100, 20, 180
Santos Alvarez, 20, -, 200, 50, 250
Francisco Gusman, 25, 175, 500, 100, 900
Juan Garacia, 15, -, 150, 50, 550
Rafael Gonzales, 15, -, 150, 50, 305
J. M. Gonzales, 10, -, 100, 25, 275
Antonio Salinas, 20, -, 200, 50, 450
J. M. Lopez, 20, -, 200, 50, 350
Julian Martinez, 20, -, 200, 50, 250
Louis Huerta, 10, -, 100, 50, 450
Roland Richie, 50, 1200, 600, 100, 400
Calistie Trevino, 15, -, 150, 100, 500
Miguel Cabazos, 25, -, 250, 150, 6540
Francisco Escobedo, 25, -, 300, 100, 600
Manuel Gonzales, 20, -, 200, 100, 900
Santiago Garcia, 20, -, 200, 25, 275
Bisente Dias, 15, -, 150, 50, 400
Gu__. Hernandez, 15, -, 175, 50, 450
Sisto Rodrigues, 25, -, 250, 75, 525
Marcisco Cantu, 25, -, 300, 50, 350
Antonio Ca__o, 10, -, 100, 25, 275
Roberto Martinez, 15, -, 150, 100, 600
Guadalupe Hernandez, 15, -, 150, 50, 550
J. M. Tyerina, 20, -, 200, 100, 700
Maximo Trevino, 20, -, 200, 25, 275
J. M. Lopez, 25, -, 250, 50, 450
Guad. Palacio, 20, -, 200, 50, 550
Andres Sanches, 20, -, 200, 50, 350
Gregorie Rodrigues, 20, -, 200, 50, 550
Emilio Delgado, 30, -, 300, 200, 800
Maroquin Villareal, 10, -, 100, 50, 450
Florencia Salazar, 10, -, 100, 50, 450
Polminario Arnmalda, 15, -, 150, 25, 375
Prudencio Honera, 15,-, 150, 25, 325
Manuel Flores, 20, -, 200, 50, 650
Bisente Cantu, 25,-, 250, 100, 900
Manuel Garza, 30, -, 250, 25, 175
Rosalio Garza, 10, -, 100, 25, 275
Candelario Zarate, 15, -, 150, 25, 225
Carpu Garza, 20, -, 200, 30, 370
Andres Garcia, 25, -, 250, 40, 160
Luciano Garcia, 30, -, 300, 25, 325
Filipe Garza, 10, -, 100, 25, 225
Teodoro Sanches, 15, -, 150, 50, 350
Nicodermos Castillo, 20, -, 200, 25, 275
Bernabe Hernandez, 25,-, 250, 50, 450
Prudencio Lopez, 30, -, 300, 25, 175
Ramon Garza, 10, -, 100, 20, 130
Mathew Jackson, 50, 2000, 1000, 150, 350
Richard Roland, 15, 150, 200, 50, 350
Abram Rutledge, 50, 2000, 1000, 100, 500
Martin Jackson, 20, -, 200, 25, 375
Bryant Jackson, 20, -, 200, 20, 280
F. Balli, 300, 243000, 200000, 500, 19500
Thadeus Rhodes, 40, -, 400, 100, 900
Juan Cantu, 20, -, 200, 50, 350
J. M. Gusman, 30, -, 300, 50, 550
Tabianio Sora, 15, -, 150, 25, 275
J. M. Mora(Morce), 20, -, 200, 25, 175
Julian Garza, 25, -, 250, 25, 225
Juan Castaneda, 10, -, 100, 25, 225
Andres Cano, 15, -, 150, 50, 350

Cesario Escobedo, 15, -, 150, 25, 175
E. Dougherty, 50, 16000, 4000, 150, 850
J. M. Levales, 20, 80, 150, 150, 200
Juan Sanches, 20, 230, 200, 75, 400
Cesto Valdez, 30, 200, 250, 50, 500
Antonio Morales, 60, 140, 300, 60, 1000
Lorenzo Cruz, 40, 160, 250, 80, 700
Antonio Cruz, 15, 740, 1000, 100, 300
Antonio Longoria, 15, 740, 1001, 100, 500
Manuel Tomgos, 10, 440, 600, 80, 1250
George Garz, 25, 175, 250, 50, 400
Carlos Alameda, 35, 165, 225, 50, 500
Y. B. Barton, 40, 460, 750, 50, 600
J. M. Martinez, 15, 335, 500, 75, 300
Tomus Trevino, 20, 480, 800, 100, 1400

Hill County, Texas
1860 Agricultural Census

The University of North Carolina at Chapel Hill filmed the 1860 agricultural census for Hill County from originals at the Texas State Department of Archives and History under a grant from the National Science Foundation in 1964.

Columns 1, 2, 3, 4, 5, and 13 represent the following information on the census:
1. Name of Owner, Agent or Manager of Farm
2. Acres of Improved Land
3. Acres of Unimproved Land
4. Cash Value of the Farm
5. Value of Farming Implements and Machinery
13. Value of Livestock

W. L. Booth, 4, 3000, 5000, 25, 200
Josiah Witkins, 1, -, 3000, 260, 390
D. Bridenthal, 80,100, 2000, 250, 2910
J. P. Wier, 1, 3450, 4000, 200, 700
J. B. Hardin, -, 475, 4000, 1500, 2900
John M. Wornell, 45, 283, 3000, -, 1020
J. R. Grover, -, 2500, 4000, -, 580
J. Hamilton Jones, -, 160, 800, -, 250
S. N. Hanmer, 300, 2000, 4000, -, 200
Davies Cook, -, 85, 1500, 150, 325
Jas. W. Cook, -, 270, 500, -, 60
Thos. B. Smith, 8, 10, 700, 225, 900
J. R. Goodwin, 4, -, 1000, 180, 120
W. C. Mosley, 1, -, 600, 150, 440
N. W. Tanner, 4, -, 600, 356, 326
T. J. Floied, 2, -, 125, 50, 650
M. Miller, 1, 900, 2500, -, 80
E. Green, 1, -, 800, -, 2779
A. H. Kuttner, -, 202, 500, -, 150
Thos. Cook, 1,-, 600, 160, 970
John N. King, 35, 255, 2000, 75, 2885
Thos. Johns, 60, 2080, 6000, -, 250
Richard Mattingly, 1, 48, 600, 200, 156

H. L. Green, 2, 1107, 1000, -, 400
Susan Mosley, 1, -, 100, -, 50
Elias Mackey, 55, 1800, 7885, 120, 8248
John W. Crook, -, 17, 100, -, 780
A. C. Graves, -, 491, 1200, -, 470
J, C. Wood, -, 2880, 8420, 135, 1024
R. D. Jones, 10, 315, 1400, 80, 650
Mary Owens, -, 200, 600, 50, 466
A. G. Hickey, -, 45, 350, 15, 90
Andrew Ross, -, 40, 175, -, 62
Susan Hickey, 33, 899, 2045, 35, 120
John H. Dillard, -, 578, 613, 125, 330
Sam Murry, 11, 90, 350, 150, 2402
William Young, -, 100, 1000, 75, 1742
Thos. Bell, 50, 590, 1280, 50, 4228
Jas. W. Scott, 50, 400, 1200, 400, 2440
John M. Griffin, 75, 1300, 2000, 200, 3600
F. J. Cox, -, 1200, 2600, -, 3600
John P. Cox, 5, 1400, 4000, -, 2020
Rachael Wilkerson, -, 200, 1600, -, 580
P. G. Scott, 40, 200, 1000, 25, 3500
A. G. Martin, 3, 317, 500, 25, 504

Joseph H. Legem, 30, 130, 802, 50, 890
David E. Steel, 20, 180, 400, 150, 880
H. R. Stembridge, 100, 640, 1280, 50, 1412
Upton Martin, -, 200, 250, 5,424
John Chapman, 150, 170, 3200, 125, 1500
Nelly Wealkerby, 40, 436, 2500, 200, 1800
Agnes Frazier, 40, 600, 2000, 150, 1144
Franklin Winter, -, 100, 250, 100, 250
William Tetman, 6, 94, 500, 100, 360
Michael Summry, 75, 415, 1500, 120, 538
William A. Grehen Jr., 45, 345, 1560, 150, 3900
Benjamin Barnet, -, 40, 160, 125, 341
E. A. McCutchen, 65, 155, 1320, 215, 5930
William O. Bell, 115, 450, 2825, 675, 4372
J. M. Moss, -, 21, 300, 100, 636
B. F. Stewart, 2, 120, 500, -, 60
A. S. Davis, 8, 92, 400, 150, 275
John Fairbanks, 5, 45, 200, -, 108
Samuel Queen, -, 40, 80, -, -
B. J. Griffith, 1, 59, 500, 150, 459
Eliza Locklaer, 15, 35, 225, 15, 170
J. R. Dearman, 50, 94, 1440, 35, 1940
B.C. Williams, 6, 95, 500, 30, 262
John H. Booker, 1, 5, 175, 100, 316
William Swank, 50, 710, 3000, 238, 2120
Thos. Bragg, 100, 587, 5000, 100, 3430
Jas. L. Atchison, 40, 139,700, 50, 6450
W. G. Wadley, 25, 715, 4440, 100, 950
Joseph Cole, 65, 235, 1500, 300, 3638
John R. Nunn, 120, 1100, 6100, 600, 3640
William Craig, 55, 1179, 4000, 285, 4188
A. R. Fansher, 70, 509, 2025, 190, 2255
J. W. Yarbrough, 18,176, 1000, 227, 791
J. H. Yarbrough, 30, 189, 1000, 190, 1050
William M. Nun, 235, 1175, 7500, 400, 6515
Thos. B. Elliott, 23, 150, 1400, 170, 2840
John C. Sneed, -, 120, 410, -, 468
G. D. Kelley, 6, 44, 200, 38, 85
H. T. Downared, 13, 165, 1500, 184, 2370
G. L. Hickey, 64, 388, 2000, 100, 588
L. M. Bateman, -, 37, 200, 10, 1482
C. N. Brooks, -, 50, 200, 300, 6000
Hampton Harvick, -, 40, 200, 60, 1976
Mary A. Able, 70, 554, 3193, 325, 1557
M. W. C. Lovelace, 1, -, 100, -, 100
J. W. P. Doile, 200, 9000, 10000, 1500, 30000
William Price, 25, 200, 1500, 70, 1000
John M. Petty, -, 160, 400, -, 800
Robert Petty, 30, 2645, 1000, -, 222
J. R. Gresham, -, 250, 500, 20, 700
B. F. Clampitt, -, 438, 9760, 50, 5100
Claborne Terry, 19, 95, 600, 180, 754
H. P. Harris, -, 2150, 5017, 280, 2012
J. T. Lanham, 50, -, 1500, -, 75
Amanda Jackson, -, 640, 1800, -, 330
John Ried, 9, 50, 250, 20, 600
E. R. Harvey, 19, 81, 700, 20, 522

Robert Rayford, 50, 350, 4000, 250, 1225
Elijah B. Ried, 50, 210, 1325, 25, 1480
Nancy Prewitt, 20, 440, 1240, 30, 1960
W. J. Collier, 20, 100, 500, 75, 672
L. W. Cato, -, 214, 1013, 30, 8454
David T. Wood, 10, -, 250, -, 400
C. C. Eden, 70, 930, 5000, 30, 746
Alfred Robertson, -, 200, 500, 30, 40
E. T. Coffin, 12, 168, 500, 75, 720
E. P. Vernell, -, 120, 400, -, 3725
Joseph Burris, 6, 60, 400, 20, 600
Monroe Frazier, -, 130, 520, 100, 3032
David Wamack, 100, 220, 2500, 529, 3220
H. T. Harlis, 1, -, 75, 175, 1215
Jas. J. Johnson, -, 320, 320, 30, 100
Partheny Elliott, 75, 45, 800, 50, 242
G. W. Ingram, -, 50, 500, 150, 4938
R. Davis, 33,713, 2000, 300, 1154
J. D. Porter, 130, 436, 4500, 600, 1356
John S. Patton, 39, 1796, 7459, 125, 1005
Henry Young, 40, 425, 2000, 15, 420
C. G. Harris, 19, 225, 1000, 50, 226
A. Foster, 14, 111, 675, 15, 610
Wm. H. Kirkpatrick, 25, 615, 3500, 500, 5192
Jno. S. Scofield, 80, 616, 1680, 540, 2505
M. R. Wood, 40, 280, 1800, -, -
Daniel McCollough, 180, 310, 2200, 50, 1366
Joseph N. Wilson, 150, 450, 3500, 250, 880
John J. Greenwade, 400, 2600, 10000, 500, 2080
N. A. McPhaul, 40, 690, 6000, 20, -
William Delk, 10, 1490, 4500, 25, 525
F. M. Weatherread, 100, 1576, 11500, 150, 2940
Joseph T. Webb, -, 160, 200, 10, 360
Isaac Besye, 100, 300, 3000, 125, 542
Daniel D. Weauge, 56, 264, 2200, 60, 1140
A. J. Pendleton, 1, 7, 250, 50, 220
W. G. Horn, -, 62, 450, 50, 1118
John R. Cherry, 13, 65, 800, 250, 450
H. H. Jones, 25, 325, 1800, 100, 551
J. P. Brown, 20, 266, 1379, 75, 1019
Benjamin Barnett, -, 40, 160, 120, 200
John Tabor, 10, 140, 300, 20, 339
W. P. Henson, -, 160, 300, 50, 125
Ellis Green, 30, 290, 800, 30, 1600
Mary E. Anderson, 6, 144, 300, 25, 1100
John F. Herald, 8, 162, 500, 20, 1900
John S. Wilkerson, 32, 68, 500, 125, 225
Jesse Roberts, 10, 90, 300,-, 300
M. H. Lee, -, 320, 1000, -, 150
R. K. Williams, 75, 225, 1800, 30, 1400
James M. Hys, 90, 347, 2500, 150, 1152
Baley Anderson, -, 515, 1130, 75, 445
Isaac Davis, -, 126, 500, 10, 514
Jefferson Welling, -, 800, 3500, 25, 1127
Jas. Boon, -, 150, 500, -, 746
Jas. Skinner, -, 600, 2000, 25, 4090
M. H. Stephens, -, 550, 1550, 20, 2760
J. B. Wright, 65, 335, 1000, 300, 2070
J. R. Billingsley, 16, 34, 500, 15, 158
J. J. Maxwell, 10, 40, 500, 100, 2850
Jas. Billingsley, 12, 160, 500, 100, 372
Charles Hemsly, 5, 107, 300, 15, 286
Clarissa F. Blair, 4, 44, 200, 15, 230
John Hurst, 20, 440, 1540, 25, 820
John C. Rich, 35, 45, 250, 148, 1110

G. B. Camplin, 60, 280, 500, 220, 6470
A. Peel, 27, 73, 600, -, 100
J. G. B. Scott, 25, 1175, 1200, 125, 3052
Stephen Fargruber, 9, 1849, 3556, 75, 3940
H. T. Tredwell, 10, 90, 300, 125, 4860
John Martin, 6, 332, 700, 100, 616
William B. Martin, 25, 75, 400, 50, 1000
W. W. Glasgow, 50, 505, 3542, 200, 620
John Awtrey, 2, 152, 800, 40, 663
W. J. Hutchison, 12, 203, 500, 50, 214
Russel B. Williams, 2, 65, 100, 40, 1365
Leonard Williams, 15, 115, 520, 25, 700
Aaron Estus, 20, 240, 780, 25, 2045
D. S. Newton, 21, 199, 1300, 50, 730
M. Lamplin, -, 90, 400, 25, 6645
C. C. Middleton, -, 12, 50, 12, 800
Travis Packwood, -, 705, 1480, -, -
Thomas Williams, 40, 330, 1500, 200, 4260
F. Woods, 10, 272, 582, 15, 1800
A. Reed, 5, 95, 200, 50, 560
A. K. Killough, -, 320, 1000,-, 300
John W. Killough, -, 332, 900, 125, 1458
William T. Carlton, -, 80, 600, -, 300
C. J. Clark, 40, 280, 800, 25, 690
Stephen Greenwell, 20, 300, 800, 25, 150
Elizabeth Kornegay, 1, -, 500, 25, 1430
Hiram Brown, 1, 31, 300, 19, 750
B. D. Kimball, 1, 20, 200, 100, 2230
Thos. M. Brisco, 1, -, 65, -, 375
Henry Park, 12, 160, 200, 100, -
Jackson Pucket, 50, 329, 400, 50, 7142
Cyrus Thomas, 1, -, 350, 100, 65

George Williams, 12, 188, 400, 25, 300
W. C. Bankhead, 75, 405, 3350, 100, 3290
John H. Yarbrough, 10, 1995, 6992, 100, 2250
Samuel Caruthers, 250, 710, 9600, 150, 1750
W. J. Payne, 1,-, 100, -, 600
M. B. Hendricks, 100, 540, 5000, 100, 3140
N. H. Cox, 70, 2140, 9400, 400, 1122
J. M. Cox, 65, 1640, 8700, 400, 1570
Samuel Hatcher, -, 10, 150, 70, 750
G. W. Cox, 75, 207, 1500, 300, 790
M. M. Gavin, -, 800, 4800, 250, 1700
R. M. Billingsley, -, 135, 500, 50, 1080
J. H. Smith, 5, 898, 5000, 200, 967
Thos. Yates, -, 50, 200, 25, 1200
W. J. Wright, -, 185, 552, 25, 100
C. M. Speight, 20, 300, 640, 25, 230
Cyrus Spence, 22, 99, 400, 20, 303
William Onstot, 10, 140, 420, 20, 1480
William R. Nettles, 20, 880, 2700, 300, 1165
Purley George, 1, 928, 2120, 225, 960
Peter S. Harris, 40, 160, 1000, 200, 1009
William A. Graham, 70, 570, 3000, 250, 780
David Goodman, 12, 482, 100, 125, 390
William Howard, 30, 610, 1280, 50, 342
Hiram Lee, -, 200, 400, -, 800
Alexander Green, 35, 125, 800, 25, 82
Lewis Hooper, -, 40, 1000,-, -
E. G. Zollicoffer, 225, 1802, 10000, 700, 1750

R. C. Thurmon, 100, 633, 3500, 450, 2000
David W. Cook, 140, 832, 5400, 400, 3000
John P. Robertson, 10, 150, 800, 50, 2300
Jas. B. Shaw, 100, 740, 4000, 150, 4718
Hugh Rodman, 60, 240, 1800, 145, 1172
W. C. McCarther, 12, 148, 1000, -, 125
F. E. Waller, 30, 320, 2000, 50, 175
Allen Griffin, -, 10, 60, -, 200
R. A. Ferguson, 50, 1280, 5000, 200, 13275
H. W. Ward, 170, 2500, 7000, 1000, 54000
John A. Patterson, -, 160, 640, -, 800
Mary Grow, -, 100, 400, -, 1500
P. A. Smith, 32, 290, 840, -, 75
Jas. Eagleston, -, 440, 880, 200, 450
Samuel Queen, -, 40, 80, 1, 75
P. H. Rice, 100, 400, 3000, 275, 1875
P. H. Rice guardian for Dorothy Caruthers, -, 295, 1015, -, 200
B. C. Wilks, 28, 131, 14000, 215, 1378
Bynum Fanchar, 120, 815, 4500, 200, 2000
Jas. H. Bell, 62, 40, 1000, 200, 352
William T. Horne, -, 75, 820, 25, 1068
D. T. Lawrence, 70, 1056, 3378, 500, 1019
William Gentrey, 40, 280, 1280, 130, 1960
N. C. Hodge, 100, 600, 2800, 150, 3535
C. B. Lindsey, 50, 1161, 2080, 150, 1800
B. B. Lingherfoot, 30, 290, 800, 50, 600
D. S. Files, 70, 2827, 5000, 550, 12720
Henry Lyon, -, 320, 1280, 100, 163
Wm. S. Mitchell, 100, 2275, 7122, 1190, 2170
Lewis Hutchens, 250, 410, 1800, 120, 2300
Henry C. Coren, -, 500, 1500, -, -
Jas. McCreight, 20, 300, 800, -, 990
E. Spence, 200, 568, 10828, 100, 518
Joseph Hicks, 190, 1236, 5000, 300, 1200
S. C. Dyer, 200, 2241, 12205, 200, 1730
John Grisham, -, 161, 500, 50, 25
S. S. Totten, 150, 600, 3500, -, 550
Jas. H. Dyer, -, 927, 3708, 400, 13725
Nancy McMaslin, 70, 13263, 15000, 200, 8356
T. P. S. McCowen, -, 300, 1000, -, 480
Jas. Calaham, 1, -, 150, 100, 491
J. T. Eubank, -, 4347, 5400, 75, 4810
A. _. Martin, 250, 445, 3000, 100, 2670
William R. Nunn, 106, 1244, 3000, 150, 1400
W. C. King, 1, 188, 700, 20, 514
J. C. McKenny, 100, 684, 3000, 240, 1230
Susan Cox, 10, 300, 800, 25, 1080
Jackson Waddill, -, 50, 300, 10, 100
John W. Cauble, 66, 434, 4000, 250, 4440
Marther Green, 40, 380, 3000, 40, 4090
Presley Webb, 23, 84, 300, 25, 860
Jas. E. Cook, 6, 101, 300, 10, 577
Henry Hughs, 5, 95, 800, 10, 720
A. C. McClenden, 200, 520, 4320, 250, 4170
E. M. Wilder, 660, 1090, 11800, 250, 19208
Willis Burgess, 150, 525, 2300, 400, 3025
Benj. O. Gee, -, 520, 1560, 200, 270

Philip Gatherings, 220, 2332, 12000, 400, 7601
D. Dolaldson, ½, -, 500, -, 100
John Jackson, 18, 142, 450, 20, 118
Jas. J. Gatherings, 800, 7862, 26910, 500, 13760
Jesse B. Miller, -, 198, 594, 150, 338
Felix Miller, -, 100, 300, 50, 335
J. M. Caruthers, -, 60, 180,-, 332
J. B. Stephens, -, 4, 200, 500, 1450
Jas. Ratcliff, 20, 300, 1500, 75, 264
Jas. Wood, 50, 1338, 4136, 130, 780
Ebeanezor Roberts, 10, 150, 640, -, 2500
Sneed Harris, 60, 475, 1080, 50, -
W. G. Murprey, 26, 178, 1200, 381, 3720
Jas. M. Sanford, 50, 920, 2530, 75,785
B. O. Sanford, -, 100, 800, -, 638
Nancy S. Forman, -, 320, 1200, -, 704
G. W. Sevier, 45, 2855, 5800, 75, 2674
Tanely R. Baley, 40, 130, 900, 100, 900
E. Finch, 60, 448, 2500, 100, 1806
John Vermillion, 30, 130, 500, -, 5600
H. F. Rutherford, 140, 500, 4000, 707, 2298
S. F. Harlem, -, 4000, 5000, -, 2210
J. Rufus Smith, 25, 295, 1640, 300, 3000
William E. Bookout, 14, 111,750, 125, 1082

Richard Frazier, 100, 200, 1500, 250, 295
John W. Wilks, 30, 167, 1400, 125, 1118
C. L. Lee, 2, 18, 1700, -, 196
William H. Burris (Barns), -, 120, 120, 75, 1326
Thos. Bowls, 50, 789, 3000, 300, 4000
H. W. Young, 5, 224, 1000, 25, 385
Wesley Young, -, 160, 480, 15, 1290
Martha Jackson, -, 200, 600, -, -
John Sipe, 40, 60, 400, 75, 1300
Hardy Rich, 60, 90, 800, 100, 558
E. B. Vance, 2, 48, 200, 85, 212
John W. Inclson, 12, 455, 1500, 150, 506
John J. Hagans, -, 52, 600, -, 75
Charles M. Taylor, 50, 205, 1000, 75, 974
William M. Ince, 60, 260, 1500, 450, 1250
William Gibson, 40, 199, 1500, 30, 2400
Thos. T. Taylor, -, 160, 325, 50, 620
P. H. Shelton, 200, 100, 2500, 500, 31760
Martin Jones, 10, 40, 200, 100, 225
William A. Jones, 20, 170, 760, 50, 1000
A. T. Harris, -, 1268, 3437, -, 2524
George Jackson, -, 200,600, -, -
Benjamin Barnett, -, 40, 160, 125, 341

Hopkins County, Texas
1860 Agricultural Census

The University of North Carolina at Chapel Hill filmed the 1860 agricultural census for Hopkins County from originals at the Texas State Department of Archives and History under a grant from the National Science Foundation in 1964.

Columns 1, 2, 3, 4, 5, and 13 represent the following information on the census:
1. Name of Owner, Agent or Manager of Farm
2. Acres of Improved Land
3. Acres of Unimproved Land
4. Cash Value of the Farm
5. Value of Farming Implements and Machinery
13. Value of Livestock

H. T. Walker, 35, 175, 800, 75, 800
Johnson Hill, 12, 60, 250, 10, 100
Benjamin Harris, 20, 140, 600, 20, 350
John Ard, 18, 142, 400, 250, 825
Adam Ard, 12, 148, 400, 12, 160
John Banks, 18, 62, 320, 25, 260
Wm. Harris, 16, 64, 320, 12, 260
Robert McGill, 40, 120, 640, 70, 540
George Gilliam, 15, 101, 350, 10, 450
Johnson Gilliam, 12, 138, 400, 25, 200
Jonathan Huggins, 25, 175, 600, 60, 590
Richard Penn, 75, 475, 2800, 500, 920
Wm. Brown, 17, 63, 320, 12, 480
Syl. Walker, 20, 190, 800, 30, 300
Wm. B. Hardy, 18, 142, 700, 12, 100
Lany Bishop, 21, 118, 300, 30, 295
Muricard Brown, 17, 63, 320, 85, 400
Eli. M. D. Hart, 45, 115, 640, 75, 820
Wm. J. McCleren, 40, 130, 900, 20, 200
B. Gilliam, 20, 140, 640, 20, 120
Lucinda Gist, 20, 40, 240, 45, 600
Crocket Walling, 10, 90, 400, 10, 100
Benj. Lane, 10, 150, 500, 20, 250
Thos. Cannnon, 25, 125, 500, 120, 545
Duncan Sanders, 12, 148, 500, 15,175
John Penn, 9, 151, 250, 15, 290
Jas. B. Brumly, 50, 270, 1600, 90, 1028
Annon Gipson, 15, 145, 640, 55, 300
A. J. Kinney, 30, 290, 1600, 110, 334
A. J. Cochran, 30, 130, 800, 65, 200
William Lain, 55, 105, 1500, 30, 500
Henry Hullowell, 20, 153, 500, 10, 160
Jas. Flippin, 15, 145, 640, 10, 300
R. C. Hamilton, 25, 135, 1000, 100, 275
Milly Cotwell, 15, 145, 300, 10, 140
Jos. Hemby, 35, 604, 2000, 15,453
Wm. Johnson, 21, 132, 400, 15, 150
John Evans, 18, 68, 200, 10, 110
Robert Gilliam, 20, 154, 600, 120, 475
John McMillian, 18, 62, 350, 10, 190

Robert Ashmore, 20, 140, 500, 20, 273
Julia B. Agee, 40, 120, 500, 150, 725
John Agee, 20, 140, 500, 15, 252
Thos. Garner, 80, 240, 1500, 150, 1000
Daniel Agee, 17, 143,400, 10, 115
Jas. M. Still, 25, 95, 600, 100, 514
Wm. Redding, 55, 220, 1500, 125, 1575
Lucy Ghent, 60, 225, 1500, 125, 2000
Mitchell A. Smith, 50, 430, 2000, 100, 2460
H. C. Cavener, 12, 148, 560, 20, 275
Jas. B. Smith, 35, 125, 800, 15, 2375
Harriet Crane, 15, 85, 250, 10, 645
Bluford H. Dodson, 13, 147, 500, 10, 475
Edward Reeves, 20, 1458, 5880, 65, 1030
Auswell B. Bennett, 20, 15, 200, 110, 455
Jackson Runnels, 20, 60, 250, 30, 400
John Hill, 13,147, 400, 10, 320
Ivy Yates, 15, 185, 400, 100, 1055
Washington Thomas, 200, 1080, 5800, 1000, 8000
W. C. Huggins, 30, 110, 1000, 120, 450
F. M. Russel, 10, 80, 1000, 110, 450
Barto. Figures, 80, 450, 3000, 115, 4255
Lucian Vannerson, 16, 144, 160, 60, 2200
Amos H. Griffith, 15, 305, 500, 10, 600
Evan Griffith, 20, 230, 750, 20, 500
David Owens, 18, 82, 250, 120, 500
Wm. Yates, 40, 138, 1000, 75, 1340
H. G. Hatchel, 40, 120, 640, 25, 315
D. M. Hufman, 25, 135, 800, 135, 575
Wolf Hufman, 20, 135, 640, 125, 350
John F. Dodson, 12, 148, 320, 10, 150
Jeremiah Smith, 60, 260, 800, 85, 565
B. S. Clark, 20, 300, 2000, 10, 1909
Joseph D. Abney, 20, 220, 640, 60, 655
Eli Merrill, 60, 940, 3500, 25, 800
J. M. Griffith, 40, 183, 500, 60, 475
Daniel F. Griffith, 35, 264, 1200, 12, 670
Thos. Willson, 50, 110, 1000, 100, 2300
Josiah Smith, 140, 820, 6000, 1000, 4000
L.A. Lollar, 70, 676, 3700, 125, 1600
E. M. White, 135, 185, 1200, 200, 1120
A. B. McCovey, 60, 437, 2500, 100, 400
Hiram Henly, 60 740, 4000, 150, 900
Lewis Crane, 40, 280, 2000, 125, 275
J. H. McDowel, 45, 80, 750, 115, 360
John S. Richey, 35,125, 1000, 20, 340
J. B. Watkins, 16, 144, 1000, 110, 140
Jas. S. Stout, 40, 221, 1300, 100, 1600
Jesse Craft, 190, 360, 2750, 1500, 5200
Wm. M. Hogsett, 22, 68, 500, 10, 500
John Askew, 75, 245, 2000, 60, 717
Benjamin Dawson, 66, 574, 2500, 20, 210
Geo. L. Mathis, 12, 48, 350, 10, 335
J. H. Edwards, 70, 812, 2410, 15, 330
R. P. Alexander, 30, 420, 2250, 10, 646
F. M. Turner, 35,125, 600, 200, 376
G. W. White, 20, 140, 500, 155, 565

L. M. Spears, 16, 144, 600, 15, 185
Ferris L. Banks, 15, 145, 400, 18, 350
B. J. McLaren, 30, 290, 1000, 40, 375
Jos. Matthews, 17, 143, 600, 10, 175
John Pitman, 16, 144, 800, 60, 690
Talbot S. Brumley, 50, 270, 2000, 100, 4800
Wm. Matthews, 18, 142, 640, 10, 510
A. H. Hurly, 30, 130, 640, 125, 825
Jesse Brookshire, 50, 130, 900, 25, 700
Thos. Ramsey, 70, 550, 2500, 100, 694
John Barnett, 25, 95, 480, 10, 150
R. Kinnemer, 50, 150, 800, 20, 260
Benjamin Jones, 65, 255, 1000, 100, 505
Aladin T. Nelson, 45, 275, 1000, 50, 445
J. W. Hargroves, 32, 128, 800, 15, 200
Wm. W. Gay, 22, 138, 800, 10, 180
Jesse M. Simms, 100, 220, 3000, 360, 1030
Richard Askew, 220, 580, 4000, 100, 1176
James Simms, 160, 160, 3000, 315, 2190
Wm. J. Dawson, 14, 136, 650, 50, 540
Wm. Paine, 27, 473, 2500, 25,547
Samuel Sellars, 18, 520, 2200, 125, 4220
J. J. Page, 30, 200, 1200, 135, 580
S. A. Minter, 80, 460, 2500, 105, 1000
Jas. T. Minter, 150, 342, 5000, 350, 3080
John T. Minter, 65, 228, 1500, 25, 750
John Ramsey, 39, 586, 3000, 125, 500

Isaac Ramsey, 75, 260, 1500, 160, 2200
Jesse R. Blount, 80, 560, 2000, 200, 1056
E. S. Luther, 30, 130, 800, 10, 425
Isaac Robertson, 80, 783, 1725, 100, 1220
Mattison Smith, 35,155, 600, 10, 445
John O. Holbert, 60, 360, 1000, 175, 900
Jane L. Landers, 60, 780, 2500, 50, 2780
D. G. W. Robertson, 20, 140, 320, 85, 1250
Asa Barnett, 75, 425, 2400, 100, 1700
C. J. Sullivan, 18, 100, 600, 20, 250
H. M. Houston, 130, 510, 2500, 40, 662
Owen S. Davis, 120, 1400, 20000, 300, 1800
Jas. S. Weaver, 130, 640, 4000, 300, 2050
Saml. E. Tomlinson, 10, 20, 1000, 120, 750
A. P. Fisher, 15, 293, 3500, 125, 500
Jas. M. Mauney, 75, 136, 3000, 100, 1651
Allen Gilliland, 30, 50, 500, 105, 430
Terresa Wells, 100, 350, 1500, 100, 400
Jesse Greer, 13, 27, 200, 50, 275
James Weaver, 90, 230, 2000, 100, 2645
Elizabeth Nelson, 45, 168, 1000, 175, 555
Thos. Gafford, 28, 112, 1000, 130, 230
David Lister, 10, 40, 250, 10, 75
T. G. Cullers, 60, 540, 2000, 100, 400
L. Russell, 30, 170, 800, 120, 400
S. Tucker, 60, 616, 5000, 200, 500
Willis Hunter, 12, 148, 400, 10, 350
Jackson Starr, 14, 146, 480, 10, 850

B. F. Jones, 10, 100, 400, 12, 250
J. C. Blankinship, 25, 455, 1280, 10, 600
David Flanagame, 45, 455, 1000, 10, 500
G. B. Carter, 16, 284, 650, 140, 400
G. F. Wynn, 35, 206, 728, 50, 500
F. E. Finney, 225, 1000, 7000, 350, 1500
Wm. L. Nance, 100, 300, 1600, 100, 965
Marion Ticer, 35, 137, 1000, 10, 1560
Harral Sewell, 30, 610, 3000, 75, 510
Thomas McCorkle, 100, 120, 1760, 35, 350
L. H. McCorkle, 30, 190, 1100, 20, 400
Alexander McCorkle, 29, 71, 600, 15, 350
Eliza Williams, 15, 145, 800, 10, 250
William Stockton, 35, 125, 1000, 25, 500
Elizabeth Ticer, 40, 120, 320, 125, 1420
Moses Starrett, 50, 110, 800, 100, 560
Joseph Wells, 20, 256, 1100, 35, 400
W. S. Petty, 125, 675, 4000, 150, 1270
T. W. Thompson, 40, 235, 1380, 75, 740
Sarah Star, 25, 575, 2000, 125, 1000
Thomas McGill, 105, 535, 2000, 280, 1225
James Hurley, 20, 140, 800, 25, 250
A. G. Hill, 15, 60, 400, 10, 250
Joseph Martin, 40, 110, 800, 15, 250
William B. Miller, 50, 110, 800, 110, 500
William Melton, 120, 280, 1500, 150, 822
William Pride, 45, 205, 1500, 135, 375
Odley Martin, 40, 110, 1000, 25, 525
V. W. Thrasher, 25, 125, 700, 25, 1200
A. P. Thrasher, 43, 237, 1400, 20, 175
Loucinda Tucker, 45, 275, 1500, 60, 960
Virginia Giddins, 30, 190, 1100, 15, 300
S. F. Giddins, 15, 85, 600, 10, 150
S. G. Coyle, 45, 111, 900, 60, 550
Archer Henderson, 20, 80, 500, 15, 300
James Hanna, 40, 60, 500, 15, 300
John Inglet, 20, 128, 750, 12, 220
Martin Dial, 25, 473, 2800, 212, 1125
Isaac H. Seymore, 60, 100, 500, 30, 900
Robert L. Seymore, 30, 120, 600, 120, 210
Wiley B. Shorse, 20, 32, 150, 10, 800
Mary Copeland, 18, 142, 800, 15, 500
Benj. H. Elder, 36, 124, 900, 200, 620
Wm. Elder, 25, 135, 600, 20, 300
Everet Rhodes, 50, 72, 600, 90, 815
C. W. Litchfield, 15, 145, 500, 10, 400
W. H. Litchfield, 18, 142, 500, 15, 300
Thomas Mosely, 18, 142, 320, 12, 200
Benjamin Duncan, 16, 144, 400, 10, 214
Isaiah W. Irons, 40, 160, 800, 15, 225
Thomas D. Garrett, 250, 4178, 10000, 200, 1556
A. W. Frost, 40, 40, 1250, 20, 500
W. J. Goodson, 330, 1034, 8244, 200, 1365
Rominer T. Ury, 100, 700, 3000, 100, 5300
B. Rinnuer, 30, 130, 500, 110, 300

Harris Coffey, 60, 1096, 3000, 100, 1364
Z. B. Goodman, 60, 580, 3200, 75, 3360
Oba. E. Roberts, 300, 400, 2000, 150, 13560
Wm. M. Ewing, 16, 375, 2250, 10, 645
J. V. Logston, 10, 140, 1000, 10, 225
P. L. Smith, 40, 600, 3000, 200, 5000
Leaden Posey, 40, 580, 2000, 150, 2500
W. B. Duncan, 30, 1770, 1800, 100, 780
E. M. Posey, 60, 50, 5000, 200, 5555
Daniel Logston, 70, 130, 1000, 125, 750
Ulysses Auiguer, 40, 280, 1500, 165, 1095
Sans W. Smith, 50, 490, 1600, 160, 6050
Wm. T. Bythe, 100, 540, 3000, 400, 9586
M. Armstrong, 65, 675, 2000, 60, 1575
Martin Kilgore, 15, 145, 500, 10, 168
Joslin Hopkins, 40, 150, 750, 20, 800
Michael Miller, 30, 90, 300, 20, 450
Henry McCauley, 30, 290, 1000, 100, 3840
Jacinda Voss, 20, 300, 800, 30, 490
James Crouch, 60, 100, 1000, 20, 250
W. H. Craig, 18, 142, 500, 20, 660
David Ratliff, 25, 295, 1600, 75, 1700
James C. Pendleton, 55, 105, 1000, 150, 1500
Robert Hamilton, 20, 111, 450, 15, 136
Martha Hampton, 90, 70, 1500, 95, 1550
Luetta Clendenon, 25, 614, 3800, 10, 560
James Currin, 30, 130, 600, 125, 600
Cyrus Johnson, 40, 40, 600, 164, 4350
Westly Johnson, 20, 140, 500, 85, 2200
James Willis, 20, 60, 200, 75, 1117
Thomas Proctor, 50, 590, 1280, 100, 1338
John T. Baily, 30, 70, 200, 25, 350
J. L. W. Bone, 20, 60, 400, 145, 1594
Franklin Mars, 45, 35, 1000, 100, 1890
Alexander Mars, 14, 301, 945, 25, 590
Hiram Boen, 14, 113, 317, 25, 280
Silas Hickman, 20, 20, 250, 15, 160
George W. Bowen, 15, 85, 500, 25, 325
James Darnell, 12, 148, 250, 36, 700
Jason Clark, 30, 170, 500, 15, 250
Elijah Combs, 20, 140, 160, 75, 500
John W. Hill, 40, 240, 700, 200, 1200
Wiley Morris, 20, 80, 400, 15, 380
John Adams, 25, 135, 500, 110, 750
John Tollett, 100, 310, 960, 15, 725
James Clifton, 45, 115, 1400, 85, 1600
T. W.F. Clifton, 30, 250, 700, 70, 900
John Clifton, 20, 30, 500, 50, 600
John D. C. Clifton, 10, 270, 1000, 25, 1050
Zedeciah Barnard, 25, 135, 700, 25, 490
F. L. Clifton, 40, 60, 600, 15, 600
A. W. Jackson, 23, 77, 450, 20, 250
Henry Jackson, 15, 65, 200, 15, 225
William McGaha, 12, 68, 180, 25, 240
J. R. P. Bridges, 30, 226, 1280, 20, 1680
A. J. Bridges, 85, 299, 3072, 285, 5890

Nathaniel Clifton, 75, 245, 2000, 105, 1405
Wm. D. Walker, 27, 173, 500, 10, 225
Green Weaver, 40, 600, 1000, 25, 650
Charles Wise, 15, 145, 320, 75, 130
Levi Welch, 25, 275, 600, 75, 1350
Richard Navens, 25, 135, 320, 15, 210
Stephen Jennings, 30, 270, 600, 65, 450
W. M. Moss, 18, 14, 65, 10, 175
J. H. Smith, 25, 335, 800, 100, 1320
J. B. Moore, 40, 220, 1000, 100, 930
W. E. Merchirson, 45, 914, 3000, 120, 590
Sarah Click, 40, 600, 3000, 110, 1500
Joseph Cloud, 30, 270, 750, 50, 375
Edward McLaughlin, 20, 81, 300, 100, 250
S. P. Bare, 30, 300, 1000, 110, 350
Gilbert Smith, 50, 270, 1000, 60, 3800
Eliza Clark, 100, 590, 2385, 100, 1200
J. H. H. McKee, 100, 701, 2500, 125, 7245
G. Duncan, 10, 150, 500, 25, 290
Thos. Eldrige, 30, 930, 4000, 150, 5890
Elizabeth Hopper, 25, 255, 600, 15, 1000
David Clapp, 40, 460, 2500, 125, 3000
J. T. Beason, 20, 230, 600, 75, 1400
J. C. Dillingham, 50, 210, 800, 225, 2305
Daniel Deboard, 35, 265, 600, 15, 140
W. L. Houghton, 110, 600, 2000, 300, 1700
H. H. Hargraves, 50, 350, 1200, 200, 300

Thos. McLaughlin, 18, 142, 500, 10, 435
Charles Morgan, 40, 600, 1280, 90, 1300
A. Wallar, 60, 260, 1600, 75, 1300
J. H. Barclay, 40, 280, 1000, 50, 400
H. L. Hargrave, 25, 236, 500, 120, 815
Sarah Gilliland, 25, 295, 640, 20, 400
Wm. Hargrave, 75, 405, 1000, 250, 1250
B. S. Leewright, 18, 162, 400, 50, 1500
Nancy Hargrave, 65, 255, 2750, 125, 900
J. G. Brant, 15, 108, 400, 115, 800
E. Glen Hargrave, 12, 88, 300, 10, 200
F. G. Chester, 10, 70, 550, 10, 375
J. K. Morgan, 80, 328, 2160, 260, 3950
John Ringo, 33, 287, 500, 150, 634
C. Burkhart, 35, 665, 2400, 30, 1900
A. G. Barclay, 25, 215, 500, 120, 775
Eli Voss, 32, 288, 1300, 150, 2085
H. C. Campbell, 25, 226, 650, 34, 450
V. T. Colquet, 75, 245, 1200, 250, 584
J. E. McIntire, 30, 740, 3820, 450, 5310
S. T. Withers, 30, 50, 600, 30, 1170
Carroll Crisp, 80, 611, 3500, 125, 2900
Crisp Hudson, 17, 13, 250, 10, 230
W. Jones, 20, 140, 500, 25, 300
D. W. Cole, 125, 911, 4050, 135, 1415
E. W. Tollett, 40, 600, 1600, 10, 1255
James Archer, 16, 144, 320, 10, 387
N. Levins, 30, 240, 540, 20, 450
Jesse Tate, 12, 38, 100, 25, 300

T. B. Chafin, 140, 1300, 3600, 400, 1700
J. J. Logsdon, 21, 59, 200, 20, 270
J. P. Grace, 38, 161, 1500, 25, 550
W. N. Dawson, 500, 900, 8000, 300, 6400
A. B. Hudson, 25, 135, 500, 25, 315
John B. Craig, 70, 570, 3000, 500, 1675
C. S. Nidever, 30, 230, 1720, 250, 2250
F. L. Burnes, 30, 130, 200, 20, 1400
F. G. Jernigin, 40, 280, 1000, 25, 3475
Josiah Hart, 12, 88, 200, 15, 100
Ford Frances, 200, 600, 4000, 400, 2800
David Clark, 30, 290, 1000, 100, 385
A. F. Conner, 90, 643, 2500, 150, 1150
J. B. Simpson, 80, 174, 3000, 150, 700
D. W. Campbell, 40, 304, 850, 150, 725
John McLeren, 25, 135, 1000, 100, 225
A. Ritchey, 40, 280, 1120, 200, 1454
J. J. Derrick, 80, 148, 1350, 150, 3075
A. M. Steen, 12, 148, 500, 15, 200
G. B. Bays, 35, 185, 400, 150, 470
T. C. Clark, 40, 190, 1150, 125, 640
J. N. Hudson, 40, 190, 920, 20, 275
John Terrell, 25, 395, 1600, 90, 10050
James Wood, 50, 633, 2732, 125, 2100
H. F. Conner, 40, 211, 1000, 110, 2080
Jas. Burkham, 60, 780, 1700, 200, 5480
Wm. Brinton, 50, 210, 1600, 100, 650
Robert Hargrave, 50, 596, 2000, 150, 880
Cindarella Gragg, 100, 474, 3400, 120, 5200
Mary Stephenson, 80, 336, 3000, 50, 1650
David Hopkins, 80, 222, 600, 100, 1960
N. Harris, 60, 652, 2500, 90, 3850
W. C. Harris, 40, 312, 1400, 175, 970
M. B. Westerman, 18, 282, 800, 125, 700
J. H. Woods, 50, 270, 1200, 125, 400
James Clifton, 45, 125, 450, 10, 510
Jacob Gragg, 40, 160, 2000, 155, 2470
Josiah Gragg, 100, 860, 4500, 150, 5700
H. H. Hopkins, 20, 140, 320, 85, 330
Julius Mcfall, 30, 270, 1500, 100, 1250
Jos. Shrode, 20, 140, 500, 15, 200
Jas. Neeley, 24, 250, 780, 150, 1100
D. S. Shrode, 20, 280, 1500, 30, 1200
H. M. Hargrave, 25,135, 160, 150, 3600
Agie Smith, 20, 130, 300, 132, 357
Augustus Tarvers, 30, 100, 400, 20, 750
G. W. Gardner, 45, 72, 500, 15, 350
J. A. Moore, 22, 298, 1600, 20, 1800
Lodwick Vaden, 80, 312, 1568, 125, 740
Ramsey Vance, 20, 30, 200, 100, 330
Winston Perry, 30, 130, 400, 25, 400
Henry Strother, 12, 113, 500, 20, 125
Wm. Strother, 80, 190, 1000, 150, 680
Washington Harper, 40, 80, 1000, 125, 750
Jackson Harper, 40, 80, 600, 70, 355
Wm. Sickle, 100, 160, 2000, 125, 700
Wm. Moore, 300, 630, 4640, 175, 4250

Jacob Millhollon, 30, 970, 2000, 140, 2250
Mary Woodard, 20, 1920, 2000, 160, 400
R. Hedge, 47, 273, 640, 90, 1360
James Russel, 30, 290, 600, 200, 50
D. P. Jordan, 18, 142, 500, 25, 620
T. G. Henderson, 50, 290, 800, 10, 670
James Hancock, 20, 140, 320, 15, 501
Isaiah J. Stephenson, 30, 290, 640, 20, 720
Rebecca D. Gragg, 20, 210, 700, 55, 1355
Annis St.Clair, 30, 289, 1000, 125, 310
Martin Gage, 45, 285, 800, 150, 775
Daniel Westerman, 256, 294, 800, 20, 402
W. T. Westerman, 75, 700, 4060, 300, 5760
John Dunghee, 4, 390, 1500, 150, 802
Thos. R. Dunaghee, 35, 345, 2280, 150, 1600
James Locke, 30, 130, 800, 10, 175
George Wells, 20, 140, 500, 10, 200
J. J. Sanders, 35, 425, 1500, 100, 1400
Franklin Pierce, 32, 288, 1260, 10, 1200
W. D. France, 15, 75, 450, 15, 445
James Hargraves, 35, 65, 500, 75, 400
J. R. Hargrave, 30, 199, 1800, 150, 610
Verrin D. Tucker, 10, 30, 1000, 125, 300
Willis White, 20, 145, 400, 12, 500
Samuel Moore, 100, 540, 5000, 350, 4600
E. F. Ringo, 10, 72, 1000, 10, 250
H. T. Barclay, 50, 380, 872, 100, 1330
E. C. Chapman, 30, 190, 666, 95, 500
Wm. Logsdon, 40, 210, 2000, 100, 1220
William Chapman, 100, 350, 2250, 50, 430
E. R. Chapman, 18, 157, 875, 15, 340
W.W. Chapman, 20, 155, 875, 140, 800
J. S. Chapman, 50, 1650, 5000, 150, 1400
W. T. J. Bruckem, 15, 135, 450, 125, 515
Daniel Logsdon 60, 140, 1600, 120, 575
Wm. Vaden, 100, 138, 1000, 75, 750
Jas. D. Houghton, 25, 175, 1000, 25, 250
John Winsor, 24, 125, 600, 20, 300
Joseph R. Horton, 30, 293, 970, 70, 570
Wm. D. Vaden, 18, 353, 700, 75, 2710
James Ward, 50, 540, 1500, 125, 1370
Samuel Lindley, 175, 1600, 5331, 120, 3565
Harriet Fluharty, 26, 74, 400, 15, 450
Daniel Townsend, 100, 300, 2000, 100, 3500
William Townsend, 100, 220, 1200, 120, 4000
B. Lindly, 30, 130, 500, 25, 2050
Elihu Lindly, 20, 87, 400, 15, 1500
Wm. Ingram, 25, 135, 640, 100, 400
Jonathan Lindly, 100, 600, 3000, 150, 9000
B. W. Millhollon, 150, 490, 3200, 250, 3050
A. J. Sturdivant, 50, 590, 3000, 20, 200
Thos. McBroon, 35, 165, 800, 120, 450
Wm. H. Primm, 40, 200, 1000, 100, 300

T. N. Foster, 25, 181, 900, 100, 350
G. H. Primm, 20, 140, 320, 25, 800
J. W. Primm, 30, 290, 1500, 50, 1375
Mark Nidever, 75, 425, 1600, 75, 700
E. N. Page, 40, 870, 2700, 75, 6000
E. A. Rollins, 50, 210, 520, 150, 1045
Mary Curbo, 20, 196, 400, 10, 200
Lavina Williams, 35, 145, 600, 75, 1700
Elias Dorris, 40, 100, 700, 10, 340
William Stuart, 30, 80, 350, 125, 400
David Finley, 50, 445, 1500, 110, 6150
Johnson Wren, 200, 320, 3000, 350, 8390
Wm. H. Allen, 25, 100, 624, 60, 350
J. B. Burnes, 40, 284, 1000, 80, 250
J. M. Agee, 26, 24, 250, 10, 175
Fleming Lynch, 30, 130, 500, 15, 400
A. B. Kouns, 80, 420, 2500, 180, 2180
M. C. Garoutte, 70, 270, 1000, 80, 1000
John Box, 20, 140, 400, 15, 400
M. J. McGhee, 60, 391, 1800, 150, 3500
Esther D. Bowen, 40, 460, 1000, 20, 450
H. C. Dial, 75, 125, 1200, 95, 900
James Akins, 30, 290, 1000, 10, 380
Margaret Walker, 15, 65, 400, 10, 800
Jas. J. Walker, 16, 64, 400, 10, 400
James Ward, 35, 75, 220, 100, 500
Daniel Groves, 20, 30, 300, 65, 400
Claborne Walker, 30, 222, 750, 10, 1600
D. B. Jenkins, 53, 267, 1000, 45, 2485
Margaret Hall, 25, 15, 450, 10, 200
Martin Johnson, 30, 735, 3825, 200, 3810
James Harlow, 40, 120, 800, 75, 700
John Kitchens, 20, 60, 400, 20, 300
Daniel Townsend, 100, 300, 2000, 100, 3500
William Townsend, 100, 220, 1200, 120, 3200
Luther Wagonner, 30, 170, 1000, 50, 3260
Jesse Fisher, 20, 140, 350, 20, 700
Shackleford Glass, 50, 200, 600, 125, 250
Alexander Willis, 30, 280, 1500, 100, 900
W. Mooreland, 36, 164, 900, 135, 750
Thomas Young, 44, 184, 1100, 40, 800
Margaret Young, 45, 155, 1100, 75, -
Jesse Dean, 79, 280, 1500, 150, 1250
John Reed, 70, 530, 1200, 100, 8500
Merrit Branum, 50, 262, 1000, 75, 1300
J. M. Burns, 10, 80, 230, 55, 950
J. M. Halbrook, 55, 1293, 4150, 75, 1300
Enos Higgins, 20, 230, 1250, 80, 200
Matthias Ward, 35, 425, 1500, 120, 1750
H. P. W. Burns, 25, 60, 700, 65, 1050
John Smith, 25, 135, 500, 12, 250
Nathaniel Dial, 20, 80, 400, 15, 400
J. M. Long, 50, 108, 790, 125, 720
Stephen Yewry, 40, 178, 1000, 60, 450
Wm. A. Jones, 36, 274, 1200, 100, 626
W. H. Landrum, 30, 130, 640, 120, 3500
Jesse Johns, 30, 113, 715, 65, 450
John Lawson, 25, 113, 715, 10, 830
H. Y. Box, 100, 568, 3000, 130, 2243
J. S. Alexander, 15, 305, 1000, 75, 580
J. E. G. Waglay, 40, 280, 1000, 15, 1830

Wm. Johnson, 40, 240, 790, 125, 6030
Rebecca Gillis, 25, 215, 800, 40, 350
J. S. Stockton, 25, 175, 600, 20, 550
Henry Russel, 35, 495, 2000, 275, 3000
Mary Crook, 25, 570, 1000, 50, 740
Charles Brownlee, 10, 150, 400, 80, 546
W. M. Clifton, 30, 220, 500, 20, 750
T. W. Weaver, 20, 300, 600, 20, 504
James Garrett, 150, 480, 1800, 300, 4850
John Garrett, 50, 590, 2800, 25, 1000
G. Montgomery, 20, 620, 1280, 15, 1000
Jesse Hughs, 35, 480, 1500, 25, 1288
John Parsons, 40, 120, 800, 20, 3700
A. J. Wheeler, 16, 144, 250, 10, 200
S. B. Dickson, 60, 600, 1280, 125, 3200
C. C. Sheppard, 40, 600, 2000, 130, 2000
John Stephens, 30, 290, 400, 15, 60
Pressly Wilkerson, 40, 60, 300, 13, 300
D. W. Stockton, 20, 140, 300, 20, 350
A. D. Havens, 165, 144, 320, 15, 275
James Rogers, 30, 160, 760, 78, 250
James Hawkins, 45, 255, 1500, 100, 850
James Wallace, 16, 24, 150, 10, 150
William Stephenson, 40, 120, 800, 75, 300
M. D. Chafin, 23, 75, 300, 20, 650
John Cole, 40, 120, 800, 100, 1000
Henry Chapel, 40, 120, 600, 50, 400
B. H. Oleford, 40, 10, 250, 200, 1550
Susanna Hemby (Hornby), 30, 72, 300, 10, 197
John Wood, 75, 355, 1500, 150, 790
Henry Dukes, 10, 150, 800, 100, 286
Gideon Vancil, 25, 91, 700, 85, 681
Elizabeth Foster, 15, 217, 1000, 10, 270
Mary A. Roberts, 20, 276, 600, 20, 550
Wm. Elmore, 55, 289, 1000, 125, 1005
Henry T. Howard, 25, 115, 355, 65, 627
Geo. W. Helms, 80, 200, 950, 20, 3470
Charlotte Helms, 35, 585, 3050, 150, 880
Robert McFarlin, 20, 61, 250, 20, 350
John Wood, 90, 500, 3500, 140, 2100
Leander W. Wright, 24, 115, 500, 15, 315
Wm. D. Shuffield, 50, 160, 900, 150, 590
Jacob Oxford, 20, 30, 155, 10, 100
Peter Viser, 25, 694, 2157, 25, 250
Joel Blackwell, 125, 600, 3000, 300, 5390
Page Blackwell, 43, 175, 1308, 200, 1062
John P. Boyd, 75, 565, 3800, 185, 2390
Joshua Clark, 66, 119, 1250, 250, 2359
Wm. M. Pickens, 22, 368, 1950, 300, 1920
Samuel Dickson, 45, 155, 1150, 25, 320
Charles Kingston, 200, 233, 1600, 250, 809
John C. Noble, 29, 91, 960, 150, 750
Hiram Rattan, 15, 145, 640, 30, 830
Peter H. Viser, 16, 314, 320, 85, 978
James Hemby, 20, 166, 680, 80, 490
Cornelius B. McGuire, 12, 433, 1400, 100, 1170
Thomas McGuire, 16, 185, 1000, 15, 930
George W. Cox, 10, 630, 1200, 150, 2000
Silas Loveall, 25, 295, 965, 20, 140

William Henderson, 30, 222, 605, 200, 1100
Henry Sissel, 45, 135, 450, 50, 550
George Yates, 90, 886, 1952, 350, 2270
Caswell F. Chapman, 12, 60, 125, 10, 365
Jeremiah Kennon, 45, 236, 1000, 100, 1945
Francis Bittick, 65, 296, 1500, 220, 1440
Thompson Garrett, 20, 460, 4000, 250, 540
Wm. A. Moreland, 9, 151, 480, 100, 490
Wilson E. Ewing, 60, 440, 2500, 180, 1040
Robert Hannah, 40, 160, 300, 20, 130
Alexander Sinclair, 35, 135, 580, 200, 1355
Andrew J. Cannedy, 40, 110, 750, 20, 515
Jefferson Dickson, 60, 170, 1380, 250, 1140
Marion J. Portwood, 40, 120, 675, 25, 120
John J. Portwood, 100, 1400, 4800, 10, 3970
Mary Young, 40, 270, 1000, 150, 500
Richard T. Young, 10, 150, 480, 20, 120
Wm. Wheat, 14, 412, 1704, 100, 370
Asa R. White, 30, 137, 485, 10, 450
Thomas Taylor, 26, 174, 1600, 60, 335
John C. Wright, 30, 370, 2000, 85, 380
Zephaniah Dawson, 30, 240, 810, 100, 640
John A. Steele, 45, 170, 1075, 100, 708
John W. Jordan, 35, 145, 880, 75, 1590
Charles A. Harris, 50, 385, 2610, 100, 490
Gilford Smith, 12, 111, 492, 12, 368
Charles H. Smith, 15, 185, 800, 6, 408
Benjamin Smith, 18, 82, 500, 50, 556
Mora Smith, 30, 370, 2400, 100, 1310
Augustine Vaughn, 40, 1933, 10000, 200, 3540
Abel Morgan, 25, 1111, 5680, 98, 520
Amstead Martin, 45, 170, 860, 130, 450
Isaac Morrel, 30, 303, 1100, 85, 795
M. G. Settle, 30, 303, 1100, 150, 1000
Richard Sissel, 15, 145, 960, 50, 1540
Emond Hudson, 20, 140, 480, 15, 800
Jonathan E. Bills, 24, 433, 1228, 145, 878
Daniel B. Bills, 30, 261, 1164, 150, 500
Isaac W. Bills, 22, 328, 1400, 1260, 905
Moss W. Kiser, 30, 283, 419, 60, 383
Aron Allard, 100, 550, 3000, 250, 2730
Elijah Horten, 40, 160, 100, 100, 550
Iron W. Fields, 19, 169, 940, 80, 135
Henry McCombs, 30, 416, 1338, 95, 485
Felix G. Miller, 40, 280, 1000, 50, 485
Richard B. Cathey, 75, 288, 1815, 100, 135
James H. Neal, 16, 85, 300, 100, 525
Thomas Greenwood, 40, 330, 1110, 50, 535
Joseph D. Campbell, 35, 238, 1092, 100, 388

John H. Wynn, 40, 480, 1500, 35, 367
Wm. W. Bean, 15, 295, 925, 10, 80
John G. Henderson, 80, 1144, 6120, 80, 1285
Jeremiah Ashley, 70, 90, 1600, 100, 900
Jacob Wilcox, 40, 150, 380, 20, 300
Joseph Loflin, 40, 131, 685, 40, 455
James Horton, 105, 897, 4000, 195, 1232
John D. Miller, 60, 1240, 5200, 200, 2216
Ephraim Miller, 24, 295, 800, 10, 660
James Littlepage, 40, 480, 2600, 125, 910
Elijah Jackson, 28, 272, 900, 50, 870
Ephraim Williams, 16, 203, 876, 10, 340
Edley A. Chick, 35, 605, 1280, 10, 1200
John F. Gray, 28, 132, 720, 15, 110
Westley Wallace, 35, 275, 1240, 200, 1235
John Travilion, 60, 1015, 3228, 400, 1330
Charles Lyner, 35, 125, 1000, 115, 420
Amos Ashmore, 20, 43, 500, 15, 365
Irby Cannon, 50, 270, 2795, 100, 1450
Davis Whisenhaut, 50, 270, 700, 125, 350
Minter Hedgcock, 40, 253, 600, 100, 800
Thomas James, 40, 160, 1000, 110, 350
J. P. Anderson, 20, 115, 900, 35, 405
Alfred Eaton, 20, 85, 624, 625, 375
B. N. McBride, 100, 300, 3000, 150, 200
James Hill, 36, 275, 500, 25, 200
Willis Richards, 15, 28, 200, 100, 185
Robert Gibson, 40, 280, 1600, 65, 400
E. H. Thomas, 50, 200, 900, 85, 200
Peranda Hodges, 60, 260, 1200, 30, 275
E. G. Lynch, 18, 295, 600, 20, 250
Jesse Williams, 75, 565, 3200, 85, 275
Z. B. Alvis, 90, 550, 3000, 150, 925
Urious Riddle, 20, 80, 600, 135, 275
Jeremiah Riddle, 50, 270, 1600, 100, 350
Benjamin Cooper, 75, 225, 1600, 85, 650
H. J. McBride, 18, 142, 400, 15, 230
G. L. Stacy, 10, 150, 250, 15, 290
Marshal Godwin, 14, 100, 345, 25, 500
John G. Wemms, 30, 130, 500, 20, 200
William Stacy, 20, 140, 700, 120, 300
Wright Townsend, 18, 62, 160, 60, 357
F. M. Floyd, 30, 330, 1100, 125, 685
Stephen Bullock, 60, 260, 1000, 40, 685
William Foley, 35, 285, 2000, 50, 440
G. W. Friddle, 40, 230, 1000, 75, 250
Isaac Friddle, 20, 140, 600, 80, 180
William Teer, 30, 130, 800, 110, 763
R. C. Long, 20, 157, 500, 15, 220
H. T. Long, 45, 75, 1000, 20, 576
George Hay, 30, 150, 900, 25, 185
Jesse Odom, 100, 540, 2640, 125, 1075
J. P. Cooper, 35, 85, 300, 10, 165
M. D. Jackson, 90, 230, 1200, 85, 922
John T. Barrett, 25, 155, 1500, 75, 425
John Fanin, 60, 240, 1800, 85, 400
James Teer, 20, 140, 480, 35, 306
Rufus Teer, 19, 47, 360, 20, 350

John O. Martin, 48, 102, 800, 100, 460
Jonathan Fowler, 45, 275, 1600, 125, 1250
Wm. M. Fowler, 17, 50, 300, 15, 175
Wm. Hanley, 55, 35, 560, 12, 215
Alexander Johnson, 30, 286, 1000, 95, 1055
Jasper L. Blackwell, 40, 280, 1600, 115, 375
F. A. Parks, 65, 331, 1500, 85, 765
Zedakiah Abel, 25, 75, 700, 65, 240
Davis Attaway, 110, 490, 5000, 110, 745
Silas Garvin, 50, 110, 1000, 125, 470
A. E. Ford, 110, 75, 2000, 75, 1650
Sinia Briley, 30, 190, 1000, 15, 165
Mary Byrd, 30, 610, 3000, 654, 350
Samuel Brumley, 20, 160, 620, 25, 300
Simeon Harris, 12, 138, 320, 15, 500
J. P. Harris, 10, 150, 200, 10, 180
Samuel Rowe, 10, 150, 160, 10, 330
Abner Chapman, 15, 125, 350, 8, 160
J. P. Orr, 40, 120, 800, 75, 400
Warren L. Strickland, 50, 110, 325, 95, 1050
H. O. P. Johnson, 40, 120, 320, 25, 325
Larkin Coffey, 40, 280, 640, 85, 375
Robert Lane, 40, 127, 634, 15,275
John McKeehan, 35, 135, 320, 10, 275
John Lane, 15, 65, 100, 80, 174
Newton Rasberry, 25, 135, 480, 100, 320
Ferdinand Carroll, 100, 620, 2360, 150, 2660
Henry Nance, 14, 85, 300, 10, 180
A. J. Lowe, 35, 285, 1000, 150, 700
John Sparkman, 15, 145, 320, 15, 175

Houston County, Texas
1860 Agricultural Census

The University of North Carolina at Chapel Hill filmed the 1860 agricultural census for Houston County from originals at the Texas State Department of Archives and History under a grant from the National Science Foundation in 1964.

Columns 1, 2, 3, 4, 5, and 13 represent the following information on the census:
1. Name of Owner, Agent or Manager of Farm
2. Acres of Improved Land
3. Acres of Unimproved Land
4. Cash Value of the Farm
5. Value of Farming Implements and Machinery
13. Value of Livestock

Mrs. L. L. Hall, 60, 600, 6600, 170, 862
W. B. Stokes, 23, 117, 2000, 375, 300
A. C. King, 25, 50, 6000, 150, 555
L. W. Cooper, 60, 450, 2500, 100, 1290
J. B. Dawson, 75, -, 750, 18, 300
D. M. Coleman, 700, 800, 9600, 1000, 3480
W. F. Corley, 120, 630, 3750, 1000, 9890
J. E. Wooters, 250, 350, 5300, 1500, 225
Jas. T. Heflin, 20, 60, 1200, 175, 665
A. L. Adcock, 135, 75, 2000, 450, 1090
W. R. Matlock, 350, 1640, 7000, 800, 2554
S. A. Miller, 40, 36, 5000, 100, 380
J. P. Colling, 40, 120, 800, 200, 460
A. F. Munroe, 20, 60, 600, 150, 530
W. E. Hail, 250, 450, 7000, 1200, 2400
Ellen Bashears, 42, 208, 750, 75, 425
Margaret Wilson, 50, 189, 239, 250, 950
S. B. Lacy, 205, 20, 1300, 100, 945

Wm. Gossett, 40, 280, 522, 200, 730
Mary Baker, 33, 167, 1000, 30, 664
Rob. Milling, 34, 270, 2000, 125, 596
Jno. G. Wright, 18, 622, 640, 100, 250
Jno. B. Lacy, 30, 300, 990, 125, 200
Sarah Spears, 8, 103, 300, 15, 100
M. Murchison, 30, 130, 800, 25, 852
E. D. Murchison, 60, 200, 1560, 145, 835
W. M. Stubblefield, 30, 70, 840, 70, 233
Isam Parmle, 60, 320, 1200, 125, 860
W. Dickerson, 100, 500, 1800, 175, 1088
Thos. Goolsby, 40, 280, 800, 125, 280
Rebecca Goolsby, 75, 245, 800, 75, 852
Isam Smith, 25, 185, 300, 90, 187
A. J. Dunagan, 35, 120, 800, 150, 612
Jno. C. Dunagan, 25, 135, 800, 30, 914
S. F. Wall, 43, 117, 800, 85, 212
W. H. Mayes, 18, 112, 960, 100, 732

S. R. Roberts, 7, 20, 27, 10, 299
Van Dickerson, 20, 300, 960, 190, 522
J. M. Manus, 22, 138, 800, 25, 550
Elizabeth George, 33, 349, 1910, 100, 1774
Jas. W. Harkins, 25, 200, 1625, 175, 1600
Jas. Platte, 40, 300, 640, 125, 1770
Adeline Hill, 20, 140, 320, 30, 745
W. Taylor, 100, 450, 3300, 150, 1335
Jno. Murchison, 170, 800, 3000, 550, 1778
Jas. Hallmark, 60, 200, 885, 88, 800
Mary Sansome, 40, 600, 1200, 25,400
Wm. C. Davis, 60, 400, 1200, 15, 500
Joe Scott, 173, 404, 1000, 600, 1460
Jno. White, 20, 140, 200, 8, 300
Jno. Huffman, 20, 300, 320, 10, 500
R. N. Reed, 400, 502, 5000, 650, 1560
J. T. Pruett, 40, 456, 2975, 80, 1740
Rush Simpson, 60, 400, 1200, 125, 850
Jno. Box, 112, 888, 10000, 1250, 2058
Wm. Albright, 115, 649, 4020, 150, 1500
Elijah Chears, 15, 135,750, 20, 125
G. W. Albright, 55, 145, 1600, 10, 798
Emily Finch, 23, 77, 640, 15, 350
Jno. Tittle, 20, 140, 320, 12, 150
M. T. Bierhill, 25, 135, 400, 10, 125
Lewis Clapp, 23, 77, 640, 20, 910
Jno. Gordon, 16, 84, 400, 5, 420
Jno. Ramsdale, 50, 640, 2100, 250, 1698
T. G. Townsend, 10, 74, 252, 10, 103
James Hale, 40, 260, 1800, 200, 600
Luther Shivers, 90, 70,640, 150, 1765
E. Hale, 40, 800, 2520, 95, 1100
Jno. J. Barton, 230, 330, 4800, 600, 2362
Mobley Rhone, 60, 700, 1750, 700, 800
Clint Allen, 75, 163, 1428, 150, 1070
Dan Murchison, 125, 225, 3000, 820, 2270
Saml. Long, 200, 1985, 13110, 800, 9893
E. Hazlett, 85, 215, 1800, 200, 758
Kenith Murchison, 55, 30, 865, 115, 450
S. F. Goodman, 40, 75, 1600, 20, 810
Jno. Saxon, 40, 120, 640, 15, 500
B. H. Huckabee, 60, 300, 800, 25, 800
Silwell Box, 200, 1200, 6000, 800, 1200
Jno. Cook, 60, 340, 800, 600, 800
Benj. Goodman, 20, 140, 320, 15,300
Joe Beavers, 500, 950, 7200, 1000, 2840
Milton Gary, 275, 1375, 7000, 600, 975
Jno. Worthum, 160, 1084, 11000, 700, 1600
Sarah Bashee, 10, 177, 2000, 175, 1800
Jno. White, 30, 140, 200, 20, 200
Wm. Albright, 40, 280, 675, 125, 500
Alex. Wetherspoon, 16, 134, 1000, 30, 200
Geo. Ramsdale, 30, 300, 640, 20, 845
J. H. Reagan, 20, 100, 285, 25, 1200
J.W. Cook, 40, 260, 600, 25, 300
Jane Moore, 20, 300, 800, 30, 400
Ed Albright, 32, 282, 942, 50, 631
J. J. Woodson, 350, 860, 6050, 750, 3090
James Cason, 170, 490, 3300, 400, 1330

Louisa Broxon, 50, 510, 1280, 200, 820
H. W. Beason, 290, 510, 4000, 850, 1760
W. D. Low, 40, 60, 400, 15, 200
H. L. Wiggins, 30, -, 300, 125, 600
Andy Gossett, 160, 660, 6560, 250, 2928
Joe Rice, 200, 1200, 5600, 225, 1432
Robt. Dixon, 20, -, 100, 25, 210
G. W. Head, 25, 75, 300, 8, 245
Eliza Cawthorn, 60, 558, 1844, 125, 530
Thos. Monk, 140, 436, 3000, 400, 1168
Rich. Douglas, 40, 210, 1000, 350, 885
Jno. Erwin, 30, 270, 1000, 100, 425
Dave Saddwhite, 18, -, 180, 8, 159
J. H. Burnett, 240, 560, 5000, 500, 2900
Benj. Hancock, 19, 281, 1400, 10, 140
Alfred Hallmark, 35, 135, 1200, 100, 935
Nancy Saddawhite, 15, -, 150, 15, 220
M. D. T. Hallmark, 30, 95, 882, 80, 1928
D. B. Elder, 20, -, 200, 12, 200
Davy Alfred, 50, 270, 640, 160, 785
Jno. Hallmark, 35, 775, 3490, 150, 327
W. W. Williams, 100, 350, 3700, 1300, 1127
R. R. Russell, 100, 1486, 2400, 100, 1006
H. M. McEldgry, 125, 515, 2800, 1200, -
James Clark, 30, 130, 320, 30, 20
J. H. Stewart, 75, 1205, 8500, 200, 1360
Rebecca Chapman, 19, 141, 800, 15, 405
T. B. Roundtree, 20, 140, 320, 50, 347

Abel Hodges, 50, 237, 1148, 100, 475
Sherly Goodwin, 20, 300, 320, 25, 307
M. Brazier, 50, 265, 1570, 75, 200
D. M. Lutvick, 20, 157, 885, 90, 269
W. W. Richardson, 50, 270, 1600, 100, 520
Jno. Brazier, 20, 100, 200, 75, 295
Frost Barzher, 20, 295, 1580, 75, 627
Jacob Busby, 16, 104, 600, 10, 145
Morgan Rye, 50, 750, 1600, 50, 691
D. M. Brown, 60, 260, 800, 120, 733
Vivia Vaughn, 50, 264, 628, 75, 375
Mary Menefee, 15, 265, 800, 53, 200
E. Z. Adair, 40, 600, 1250, 25, 300
Geo. Drennon, 25, 135, 800, 15, 280
Jno. Sides, 43,117, 320, 50, 621
W. C. Catenhead, 20, -, 130, 5, 95
Leroy Sides, 20, -, 100, 3, 33
Levi Sides, 15, -, 80, 7, 195
H. R. Murray, 45, 195, 1000, 35, 375
Isham Morgan, 28, 132, 320, 35, 275
W. D. Harrison, 15, 305, 480, 40, 304
W. Vaughan, 40, 2, 200, 15, 405
Jno. Turner(Tarner), 20, 140, 300, 12, 150
Henry Jordan, 20, 100, 250, 15, 175
J. L. McEloy, 290, 1446, 6462, 250, 1600
Wm. Harkins, 15, 285, 640, 75, 300
Jno. Beavers, 20, 280, 300, 100, 300
D. Tarner (Turner), 20,-, 200, 15, 461
Wm. Dickerson, 20, -, 150, 12, 200
Robt. Hale, 75, 245, 440, -, 475
James English, 65, 570, 2200, 110, 1254
Calvin Morris, 20, 40, 1000, 12, 165
J. R. Hancock, 150, 440, 2550, 790, 1219
R. J. Kennon, 16, 234, 1200, 20, 275
G. W. Hallmark, 65, 1938, 2000, 15, 675

Cummin Hallmark, 20, 320, 1450, 15,435
W. W. Craddock, 33, 167, 640, 10, 125
Capt. English, 120, 280, 2000, 150, 905
Jno. English, 40, -, 200, 25, 400
Thomas Hicks, 40, 160, 800, 130, 520
Jno. F. Arledge, 150, 427, 3500, 200, 1000
S. P. Jones, 175, 280, 2700, 800, 1150
Moses Foster, 50, 450, 800, 20, 340
G. W. Julien, 40, 565, 1210, 200, 540
W. H. Wagner, 60, 278, 1696, 100, 1220
H. E. Kyle, 16, 250, 800, 75, 890
W. G. Brazeal, 35, 360, 1500, 70, 208
W. Foster, 15, 285, 800, 75, 500
Jas. Gaston, 60, -, 200, 20, 348
Mrs. M. English, 40, 260, 900, 200, 620
R. B. Owens, 20, 430, 2500, 750, 945
Wm. Stanton, 140, 946, 3250, 210, 865
R. Z. Stanton, 100, 500, 3000, 220, 800
Thos. Patton, 80, 520, 1200, 200, 460
Samuel Patton, 40, 360, 800, 25, 330
James Arnold, 50, 450, 1000, 300,730
Thos. Shaw, 50, -, 100, 20, 1142
Jas. McLemore, 300, 820, 5600, 1066, 2265
Isaac Adair, 100, 400, 1000, 125, 375
Wm. Adair, 170, 430, 2180, 450, 910
Jno. Cressan, 30, 130, 800, 10, 330
Jackson Bridges, 40, 370, 820, 25, 250
Chas. Odell, 12, 148, 600, 10, 361

J. J. Howell, 60, 440, 2000, 2, 440
J. L. Richards, 25, 130, 640, 120, 581
James Vaughn, 50, 250, 900, 125, 450
Dr. Denny, 80, 268, 1640, 150, 685
Jno. Downes, 50, 250, 600, 20, 275
Dr. Currie, 100, 460, 2500, 200, 1110
James Teague, 18, 302, 640, 100, 835
S.M. Thompson, 36, 364, 1000, 10, 250
N.O. Thompson, 40, 360, 1000, 120, 470
R. D. Thompson, 35, 365, 1000, 75, 500
Jesse Hooker, 20, -, 100, 10, 320
Coleman Arledge, 60, 260, 1500, 60, 607
James Moore, 27, -, 135, 25, 367
Marcus Dowdy, 20, 140, 800, 30, 410
Cowell Warner, 25, -, 150, 25, 230
Ed. Mason, 28, 132, 480, 35, 120
Nelson Wright, 38, 130, 800, 5, 114
Geo. Wilson, 15, -, 100, 8, 100
W. B. McHenry, 150, 200, 782, 125, 1285
Henry Adair, 30, 94, 186, 6, 595
Jacob Gregg, 28, 472, 1140, 40, 485
E. C. Brunston, 21, -, 100, 7, 150
R. L. Stubblefield, 34, 125, 800, 15, 370
Noah Looning, 30, 5, 175, 5, 163
Eliza Stubblefield, 40, 120, 800, 35, 450
Jno. Smith, 40, 372, 1560, 25, 230
Dave Childers, 60, 300, 1080, 200, 450
Pleas Thomas, 17, -, 100, 7, 118
Geo. Hooper, 60, 100, 800, 25, 478
Wyley Wells, 20, 140, 320, 40, 368
Jno. E. Wells, 20, 40, 120, 15, 320
H. C. Varner, 30, 130, 800, 100, 490
G. G. Oliver, 60, 260, 950, 150, 460

W. B. S. Hall, 67, 513, 3000, 200, 665
Felix Denman, 20, 300, 640, 125, 230
M. H. Denman, 118, 180, 1472, 350, 1895
Jack Denman, 40, 600, 1280, 100, 583
W. Jones, 50, 300, 700, 150, 330
Frances Saddawhite, 16, -, 120, 25, 210
Jno. Fambro, 20, -, 130, 30, 280
Jno. Flanagan, 18, -, 140, 20, 225
M___ Holley, 100, 440, 5400, 120, 786
Jno. Saddawhite, 43, 160, 1000, 75, 360
Daniel Dailey, 250, 1350, 16000, 1283, 2848
Sidney Hennis, 36, 404, 2200, 120, 648
Wm. Erl, 50, 236, 1430, 45, 1498
Dave Ashworth, 20, 160, 800, 175, 2140
Josh Ashworth, 30, 310, 1700, 150, 4010
Bryant Bace, 20, 140, 600, 125, 285
W. Ashworth, 10, -, 100, 125, 200
Jacob Perkins, 18, 165, 500, 72, 400
M. Lynch, 48, 354, 1600, 20, 471
Jno. S. Carlton, 50, 200, 750, 20, 375
Elvy Lee, 20, 140, 4080, 40, 154
J. T. Catenhead, 20, 130, 500, 40, 175
Benj. Bray, 11, 89, 500, 5, 165
J. H. Bain, 40, 100, 1700, 125, 750
T. G. Hallmark, 30, 130, 600, 25, 218
Elias Aikin, 40, 160, 400, 30, 395
T. W. McCall, 20, 140, 600, 75, 215
W. B. Conner, 40, 1960, 2000, 125, 690
Jno. Gregg, 45, 325, 835, 25, 1145
B. F. White, 50, 100, 450, 165, 1150
Jos. Luce, 18, 142, 350, 15, 390
Jos. Luce, 20, 340, 540, 223

Jesse Dodson, 60, 260, 1600, 125, 2294
Fred Raines, 20, 140, 320, 110, 291
Joe Warner, 35, 280, 1575, 75, 175
Joe. Armstrong, 20, 300, 1340, 25, 185
Robert Holecombe, 50, 110, 500, 25, 450
Evan Morgan, 20, 140, 800, 217, 220
J.G. Ivy, 40, 620, 1600, 200, 670
Alex. Clarke, 100, 217, 2500, 150, 3550
W.G. Mitchem, 43, 117, 800, 50, 516
Tom Dodson, 100, 700, 2000, 125, 2145
D. C. Kersey, 23, 137, 400, 212, 2000
Rebecca Shirley, 20, 146, 400, 125, 230
John Kilgore, 30, 130, 300, 125, 350
John Caroway, 40, -, 160, 15, 225
Bradford Hilner, 20, 140, 320, 10, 315
Jno. Manning, 30, 130, 800, 17, 480
J. O. Wells, 24, -, 200, 10, 305
H. C. Sides, 20, 87, 555, 125, 485
J. W. Sides, 15, 182, 555, 12, 190
Jno. H. Simpson, 20, -, 200, 15, 175
W. O. McKenney, 23, 137, 500, 15, 560
Joe Bowman, 35, 300, 800, 120, 380
Rebecca Rymes, 15, -, 75, 10, 608
G. G. Walker, 60, 650, 700, 100, 4323
Abner Allen, 30, -, 200, 70, 285
Lewis Herrold, 18, -, 150, 112, 612
Alex. Menefee, 17, -, 185, 13, 230
Fred Connor, 130, 977, 2000, 330, 1110
D. S. Higginbotham, 38, 375, 3288, 80, 520
R. S. Patton, 150, 1537, 8435, 1050, 1870
Aaron Sykes, 25, 130, 400, 90, 530
Jno. Sykes, 18, 142, 350, 10, 200

Wm. Dowdy, 20, 140, 320, 25, 350
Allen Smelly, 40, 120, 640, 100, 312
Garrett Smotherman, 100, 280, 1000, 125, 945
A. D. Smotherman, 60, 160, 640, 175, 330
Richard Matchell, 40, 600, 3200, 75, 570
Isabella Price, 20, 300, 900, 25, 210
Wm. Smelly, 40, 120, 320, 75, 585
James Hagar, 75, 405, 2400, 500, 1250
L. D. Masters, 20, 140, 400, 75, 295
J. L. Angel, 30, 300, 640, 125, 530
Lou Stroud, 30, 290, 960, 75, 720
Jno. Davenport, 30, 330, 800, 15, 840
Jno. Davenport Jr., 20, 340, 800, 110, 230
Curtis Tiers, 35, 142, 320, 125, 502
S. D. Sullivan, 60, 260, 640, 75, 620
Abner Luce, 40, 280, 800, 25, 780
James Johnson, 20, 175, 475, 5, 200
Wm. Frazier, 25, 135, 320, 7, 85
Lucinda Westbrook, 13, 147, 640, 250, 523
Henry Payne, 18, 142, 340, 12, 559
T. G. Payne, 25, 55, 200, 100, 383
Isaac Goodwin, 20, 140, 320, 12, 230
Silas Gregg, 40, 424, 1494, 135, 1160
D. J. Burton, 120, 520, 1920, 425, 1020
H. G. Adair, 12, 148, 360, 20, 375
Jas. Helton, 35, 155, 800, 35, 461
Jno. Wallace, 25, 185, 640, 10, 275
R. G. Smith, 25, 575, 3200, 125, 550
E. T. Wingate, 30, -, 150, 150, 4400
Benj. Hodges, 20, 180, 800, 35, 460
Jno. Rogers, 40, 198, 576, 120, 248
Isaac Hodges, 10, 150, 480, 75, 575
Andy Spears, 20, 300, 800, 200, 680
David Gant, 75, 100, 200, 6, 964
W. H. Williams, 30, 130, 320, 108, 440
G. W. Winslow, 20, 140, 600, 25, 340
A. B. Rooker (Rookes), 20, 140, 600, 25, 230
J. R. Williams, 15, 145, 600, 125, 356
C. G. Wooten, 130, 20, 960, 150, 1450
Sam Harrison, 11, 149, 600, 15, 230
Vincent Harrison, 20, 300, 1000, 100, 380
Jas. Nevills, 30, 2752, 2788, 200, 968
R. W. Goger, 20, 140, 640, 75, 270
M. W. Gayle, 100, 900, 2000, 600, 1550
Robt. Johnson, 10, 310, 900, 60, 325
Thos. Liddle, 75, 241, 750, 65, 2300
Jno. Liddle, 13, 147, 320, 75, 475
Granberry Liddle, 20, 140, 320, 25, 180
Elihu Jones, 15, -, 100, 60, 260
Seaborn Jones, 15, -, 125, 25, 350
Geo. Smith, 20, 140, 250, 100, 385
J. C. Burnes, 18, -, 200, 10, 250
Allen Sweed, 10, 150, 300, 8, 180
L. B. Hicks, 24, 300, 800, 75, 175
Wm. Huntsman, 14, 156, 700, 12, 675
Wm. Calloway, 34, 125, 640, 120, 890
Wm. Owens, 16, 85, 200, 215, 275
T. C. Fear, 20, 300, 640, 75, 1025
G. L. Smith, 50, 350, 2800, 125, 4080
Jno. Harrell, 20, 300, 640, 260, 3462
Wash. Tumlinson, 10, -, 100, 35, 270
John Wright, 80, 495, 3430, 145, 2280
Mary Wright, 120, 1100, 6100, 100, 1475
Robt. Wills, 20, 140, 700, 73, 380
J. D. Wills, 15, -, 200, 10, 275
Elias Atkerson, 100, 1180, 6480, 400, 1570

Wm. Atkerson, 30, 400, 860, 100, 400
Jno. Jordan, 25, 275, 600, 50, 300
Jas. Stewart, 25, 175, 320, 60, 250
A. G. Stewart, 20, -, 200, 75, 655
Henry Ford, 18, -, 200, 12, 880
Josiah Seale, 26, 134, 640, 50, 296
Saml. Sanford, 20, 140, 300, 75, 525
Wm. Ferguson, 40, 120, 640, 35, 300
Bell Barbee, 50, 270, 1500, 100, 610
J. H. Laron, 50, 275, 1000, 125, 1100
Cas. Goolsby, 50, 270, 960, 20, 950
Josh Monday, 40, 1085, 3455, 120, 325
J. C. Milligan, 12, 358, 980, 134, 940
Enoch Broxon, 20, 380, 960, 75, 340
W. R. Robbins, 18, 789, 2421, 10, 325
Moses Robertson, 20, 140, 320, 175, 575
Rich. Crowson, 18, 142, 350, 12, 135
J. H. Moore, 10, 310, 650, 8, 387
J. W. Willingham, 15, -, 150, 7, 175
H. Massingale, 40, 280, 1000, 150, 1125
Dave Robinette, 50, 270, 1600, 75, 700
Philip Alston, 500, 1525, 17350, 1175, 4605
A. D. Hitchings, 127, 1415, 9242, 250, 1825
R. E. Hyde, 60, 4168, 34524, 1200, 2850
Wm. Haddox, 20, 300, 2460, 70, 420
Jas. Bartee, 20, 140, 640, 75, 375
R. H. Saxon, 15,-, 200, 25, 920
Reuben Westmoreland, 130, 240, 1500, 150, 5867
Thos. Hallmark, 12, 308, 600, 125, 520
Wm. Morrow, 30, 162, 510, 20, 608
R. M. Gibson, 25, 55, 400, 10, 872
Joe Gibson, 25, 140, 800, 120, 730
A. B. Cooke, 20, 135, 320, 75, 420

Mary Goodman, 40, 220, 500, 175, 675
Chas. Robertson, 15, 295, 1240, 75, 1650
C. M. Denton, 15, 295, 1200, 115, 360
H. Coburn, 30, 270, 1000, 200, 995
David Houston, 20, 280, 600, 100, 420
A. Clingelhoffer, 10, 290, 1500, 25, 290
John Robertson, 20, 244, 488, 125, 1200
A. J. Frisby, 20, 140, 400, 30, 315
P. E. Bent, 45, 585, 2725, 20, 1001
W. A. Hennis, 12, 88, 125, 10, 200
Saml. Gardner, 18, 382, 640, 50, 1000
Willis Thomason, 12, 90, 326, 15, 500
Robert Thomason, 20, 140, 200, 25, 315
C. Richardson, 20, 180, 600, 35,410
K. M. King, 20, 140, 320, 12, 320
Stephen Bynum, 12, 148, 640, 15, 1225
Sarah Robinson, 18, 351, 1280, 15, 475
M. V. Landrum, 10, -, 100, 8, 525
Joab Gormon, 12, 788, 1600, 75, 1420
W. T. Furlow, 37, 300, 800, 125, 595
J. T. McKenzie, 15, 145, 320, 10, 412
C. W. Roberts, 50, 150, 640, 125, 820
Joe Munger, 10, 250, 800, 30, 375
S. P. Hallmark, 25, 175, 400, 200, 1100
Harvey Gray, 40, 170, 800, 450, 1830
Barton Clark, 60, 50, 1400, 100, 890
J. C. Manson, 20, 140, 375, 75, 460
Wm. E. Lewis, 13, 137, 200, 100, 591
Mary Bartee, 15, 305, 1600, 17, 275

T. Steadham, 65, 232, 1000, 125, 857
Sarah Box, 25, 175, 1000, 125, 400
L. B. Ross, 20, -, 15, 15, 500
James Craddock, 45, 360, 1500, 75, 416
M. Kinman, 100, 700, 4000, 475, 820
Squire Calhoun, 300, 1833, 4266, 825, 1360
John Pearson, 20, 300, 600, 15, 360
S. G. Hammond, 10, 150, 320, 25, 295
Lewis Dest, 20, 300, 640, 75, 200
Eleanor Haddox, 20, 300, 640, 15, 375
Eli Chaires, 18, 140, 158, 10, 326
Dave Hallmark, 21, 139, 500, 15, 640
Wm. Hallmark, 170, 888, 2780, 645, 3140
James Bynum, 20, 280, 600, 75, 650
Tom Long, 30, 290, 1600, 100, 500
Wm. Marsh, 20, 140, 320, 25, 230
Wingfield Webb, 25, -, -, 30, 265
W. J. Raines, 18, -, -, 10, 275
Elijah Broxton, 20, 140, 320, 30, 360
Chas. Ellis, 160, 404, 1888, 1236, 1556
Bearth Ellis, 14, 111, 600, 10, 405
J. C. Stribbling, 12, 88, 300, 85, 215
Joel Sanders, 12, -, -, 10, 271
J. J. Ellis, 75, 245, 1280, 400, 1149
James Hart, 38, 592, 1860, 85, 450
Wm. Goolsby, 25, 140, 300, 125, 950
A. W. Bledsoe, 30, 290, 1060, 100, 500
Asa Hartgrave, 15, 323, 338, 12, 275
Jno. Albright, 20, 140, 160, 15, 500
Abe Crowson, 25, 332, 582, 25, 406
Ben Ellis, 35, 253, 576, 85, 1570
John Fridge, 22, -, 150, 15, 360
Wm. Winfrey, 25, 175, 500, 7, 475
J. M. Huddleston, 15, 470, 1200, 8, 216

Thos. Nelms, 400, 1530, 64500, 450, 3035
J. J. Barron, 60, 400, 2300, -, 1420
John Tyler, 20, 780, 4940, 250, 3515
B. Y. Freeman, 70, 130, 800, 50, 975
Wm. Freeman, 70, 130, 800, 50, 975
A. M. Hall, 25, 120, 300, 75, 240
J. H. Dill, 20, 140, 400, 125, 435
Jane Dillard, 40, 1240, 2000, 40, 375
J. J. McKenzie, 380, 15870, 29350, 600, 2335
J. C. Hagan, 43, 600, 1280, 20, 1050
Sam Hale, 80, 1200, 3560, 150, 1125
David Moore, 40, 60, 500, 10, 225
B. F. Swann, 100, 400, 2500, 175, 1000
Geo. Hallmark, 30, 300, 640, 15, 775
Wm. Dupree, 35, 125, 340, 25, 975
Asa McKenzie, 35, -, 175, 140, 710
T. D. Neil, 35, -, 175, 120, 550
Geo. Click, 30, -, 150, 115, 1850
J. L. Click, 35, -, 175, 10, 560
Noah McManners, 35, -, 175, 30, 750
James Trice, 20, -, 100, 15,400
E. Briggs, 18, -, 90, 10, 420
P. A. Plasters, 70, -, 350, 100, 1290
Gray Booker, 30, -, 150, 125, 560
P. M. Mathews, 30, -, 150, 125, 550
M. Swank, 40, 280, 1600, 15, 475
M. Click, 40, 120, 640, 75, 2500
Thos. Warren, 200, -, 1000, 435, 1640
Jacob Ash, 60, 1940, 5000, 200, 1080
Isaac Ward, 12, -, 60, 15, 265
Rebecca Murphy, 120, 1300, 5600, 450, 1875
W. P. Bowden, 20, 300, 1280, 15, 630
W. T. Toney, 18, 142, 800, 12, 340
J. Robertson, 20, -, 100, 20, 630
G. .W. Pruett, 55, 283, 1352, 175, 3007
Jno. Lynch, 40, 120, 320, 15, 1080

Thos. Jones, 30, 290, 1280, 100, 1820
Solomon Albright, 25, 275, 600, 125, 405
J. T. Chandler, 150, 170, 1280, 100, 730
Wm. Gibson, 75,-, 450, 50, 925
Jno. Murchison, 265, 685, 3850, 750, 2310
D. D. Sheflett, 20, 140, 800, 10, 275
Sam Murphy, 15, 160, 75, 12, 350
Ed. Murphy, 22, -, 360, 10, 425
Jacob Albright, 100, 2900, 20000, 1040, 4900
Mrs. E. Clapp, 120, 2620, 8400, 300, 6560
W. Kennedy, 75, 405, 1740, 200, 1825
Elijah Dorsett, 20, 488, 1500, 150, 559
Thos. Stanton, 80, 920, 3000, 200, 1500
J. M. Porter, 100, 220, 960, 115, 790
Caroline Meredith, 30, 157, 354, 25, 875
Lucy Knight, 50, 227, 831, 125, 1780
W. H. White, 170, 155, 2400, 995, 2552
Ed Purvis, 50, 328, 1500, 100, 765
J. J. Goolsby, 35, 65, 400, 25, 425
Cris Goolsby, 40, 250, 675, 175, 1500
Jno. White, 70, 178, 1210, 150, 570
Thos. Bynum, 40, 600, 2560, 125, 1200
T. B. Henderson, 70, 250, 1920, 250, 1100
Geo. Thomas, 80, 185, 1325, 200, 805
Jno. F. Beavers, 600, 1400, 14000, 2000, 3950
Jno. T. Smith, 250, 1138, 4165, 400, 2700
R. L. Goodwin, 185, 2265, 12275, 850, 1675
James Daniels, 30, -, 150, 100, 2890
Jane Smith, 100, 600, 3500, 650, 2194
L. W. Driskill, 60, 140, 1000, 100, 610
Ira Parker, 60, 340, 1600, 125, 860
H. W. Allen, 20, -, -, 12, 241
Geo. Grounds Sr., 70, 250, 320, 100, 1168
Mary Rice, 40, 600, 1920, 125, 500
D. V. Johnson, 40, 400, 1500, 20, 649
Walter Ashmore, 40, 160, 700, 25, 480
W. H. Cundiff, 140, 2415, 10220, 125, 1810
J. C. Moffett, 40, 1240, 1280, 25, 340
Jno. Bradley, 20, 300, 640, 15, 205
J. R. Bracken, 40, 137, 531, 200, 1600
Lawson Jackson, 30, -, -, 26, 150
Wm. McLane, 140, 1410, 8000, 750, 1134
Jas. McLane, 130, 2180, 5000, 150, 1172
J. A. Bodenhamer, 120, 1680, 7820, 1000, 1046
W. A. Murchison, 70, 1930, 5000, 125, 575
J. C. Kennedy, 400, 2929, 9981, 750, 2750
C. Maloy, 35, -, -, 10, 212
R. W. Mitchell, 75, 752, 8200, 350, 755
Thos. Graham, 54, 400, 1000, 75, 696
Peter Young, 25, 119, 432, 20, 449
Ryley Scot, 30, 130, 480, 20, 520
Eliza Wall, 200, 600, 2400, 1000, 1080
Dan. Jones, 42, 234, 400, 125, 487
A. Harden, 35, -, 200, 25, 560
Jno. W. Bodenhamer, 60, 1840, 4510, 150, 1476
J. M. Richy, 20, 263, 789, 40,720

Thos. Cutler, 60, 275, 800, 130, 865
W. J. Pinnock, 50, 1950, 2000, 150, 765
L. C. Sheridan, 30, 290, 1000, 200, 1540
Larkin Bunyan, 40, 380, 1300, 200, 2125
D. H. Edens, 26, 1494, 3040, 175, 1010
J. S. Edens, 50, 400, 1600, 50, 500
J. M. Davis, 40, 292, 1500, 50, 675
Stephen Kennedy, 45, 480, 1500, 60, 580
D. C. Lewis, 40, 400, 1000, 125, 1370
W. C. Davis, 80, 500, 7000, 750, 1275
B. E. Madden, 45, 385, 4000, 200, 845
Chas. Butler, 125, 475, 4000, 200, 1450
Ann Cartwright, 50, 112, 810, 25, 510
J. S. Cartwright, 75, 250, 975, 500, 1345
G. W. Wilson, 80, 1405, 4365, 150, 860
Jake Sheridan, 70, 330, 1500, 150, 1040
Lucinda Murchison, 100, 100, 400, 150, 1150
Eliza Long, 120, 380, 1500, 825, 1065
B. R. Wilson, 220, 380, 4000, 1000, 1740
Jas. Birdwell, 30, 270, 1200, 90, 430
L. N. Bobo, 35, 165, 1200, 10, 529
Mary M. Anderson, 16, 149, 620, 15, 871
Jno. Long, 35, 165, 1200, 125, 355
W. S. Newman, 45, 275, 1000, 125, 560
Nancy Dorety, 30, 200, 300, 25, 465
Hugh Long, 60, 580, 1200, 125, 550
Thos. Davis, 50, 400, 890, 150, 680
D. Wrester, 20, 180, 800, 15, 420
M. G. Kyle, 150, 377, 2138, 525, 1785
Wm. Cunningham, 75, 225, 1500, 150, 825
Wm. Murchison, 90, 388, 1500, 100, 1680
J. R. Jones, 200, 440, 1920, 445, 1508
S. E. Kennedy, 35, 622, 1314, 50, 715
E. J. Pierson, 70, 330, 700, 100, 575
Wm. Lago, 40, 280, 6450, 25, 660
Mike Davis, 60, 160, 960, 50, 950
Thos. Lively, 40, 275, 315, 25, 458
W. C. Jones, 40, 120, 320, 20, 330
J. J. Collins, 25, 315, 320, 30, 755
Alfred Hudson, 25, -, 75, 12, 348
Joe Pennington, 20, 300, 350, 10, 350
D. W. Gentry, 20, 140, 300, 12, 325
Josh Hollingsworth, 50, 590, 1280, 50, 650
Jno. Denson, 32, 285, 1040, 100, 624
Joe Denson, 26, 145, 620, 75, 880
Mary Denson, 60, 640, 2100, 125, 390
J. R. Bird, 18, 150, 420, 15, 325
A. F. Luce, 23, 145, 480, 20, 460
P. R. Hefley, 50, 110, 480, 260, 935
Joel Stowe, 600, 900, 4800, 250, 1100
Robt. Earls, 55, 265, 800, 125, 975
Lewis Whitaker, 28, 290, 800, 125, 630
M. W. Fitchell, 20, 160, 600, 20, 300
Manda Brown, 40, 860, 1400, 25, 380
Benj. Davis, 120, 480, 2000, 750, 1700
Nathan Mitchell, 60, 340, 1600, 125, 3000
Abram Harden, 50, 600, 650, 125, 450
J. Montgomery, 70, 250, 1280, 175, 475

R. R. Parker, 30, 1150, 2560, 200, 390
Jno. Kirkpatrick, 100, 220, 640, 125, 370
Thos. Kirkpatrick, 15, 65, 240, 10, 1000
Jos. Ludley, 27, 133, 320, 20, 425
Jno. Smith T. R., 700, 2000, 15000, 1100, 4920
Jno. H. Kyle, 40, 800, 2420, 100, 245
Isaac D. Adams, 130, 977, 5335, 220, 1253
M. D. Daily, 60, 440, 1500, 200, 672
T. R. Daily, 200, 2000, 6000, 700, 1320
J. B. White, 44, 156,600, 20, 324
Wm. Keen, 140, 180, 800, 75, 270
Rich Pennington, 75, 600, 1971, 125, 875
R. S. Pridgen, 300, 124, 3392, 1000, 1899
Thos. Strother, 60, 540, 1280, 201, 530
Ben. Carpenter, 18,-, 200, 10, 275
Rich. Fores, 20, 140, 320, 25, 350
Joe Herod, 50, 110, 480, 10, 368
Doc. Herod, 30, 130, 480, 15, 945
Green Evans, 30, 130, 400, 20, 150
J. R. Yarborough, 12, -, 150, 12, 200
Matthias Wicker, 60, 700, 4620, 200, 350
Jno. A. Wicker, 15, 200, 430, 10, 325
H. K. Kirkpatrick, 20, 300, 600, 15, 537
Clayton Skidmore, 20, 140, 640, 125, 614
Jonathan Oliver, 25, 140, 640, 25, 336
Ruck May, 16, 308, 320, 15, 420
M. M. Brashears, 20, 300, 320, 10, 235
Thos. Mills, 22, 125, 800, 25, 474
James Malone, 20, 300, 500, 10, 563
Wm. J. Herron, 15, 190, 800, 12, 340
J. Herron, 15, 125, 800, 25, 304
Sam. Hudson, 20, 80, 800, 135, 201
H. C. Phillips, 26, 800, 500, 10, 400
E. M. Morehead, 35, 1600, 1000, 20, 425
D. R. Herron, 80, 1800, 2820, 405, 1715
W. B. Taylor, 600, 892, 7640, 500, 4215
F. L. Meriwether, 330, 950, 5120, 600, 4578
J.J. Hall, 300, 980, 5000, 400, 1490
Mary Neely, 125, 880, 2050, 525, 2980
James Walling, 100, 500, 2100, 150, 1379
Wm. Sheridan, 75, 1225, 4550, 150, 1030
S.A. Peacock, 100, 560, 3000, 125, 1125
Jane Diggs, 20, 300, 320, 10, 235
E. P. Wells, 25, 135, 800, 25, 474
J. A. Clark, 16, 300, 158, 10, 563
A. G. Wilkins, 35, 145, 800, 25, 450
Wm. Beasly, 40, 600, 3000, 125, 523
Duncan Clarke, 20, 140, 320, 15, 584
Jno. Williams, 40, 120, 800, 225, 430
Gaines Pennington, 20, 300, 640, 12, 372
J. H. Leaverton, 200, 400, 2500, 1400, 2070
James Hall, 50, 590, 3200, 1250, 1120
W. J. Chaffin, 40, 280, 320, 150, 1615
Jno. A. Davis, 90, 610, 2100, 950, 900
Reuben Matthews, 100, 900, 3000, 950, 1750
John McElroy Sr., 100, 977, 1954, 150, 1070
Wm. Whitley, 53, 165, 320, 620
J. S. Kyle, 18, 142, 310, 15, 453

D. M. Herod, 100, 1007, 1100, 900, 1950
J. W. Thomas, 25, 315, 1290, 75, 336
Jno. Jones, 35, 165, 400, 100, 900
Willis Parker, 18, 142, 320, 25, 394

James Clinton, 25, 135, 480, 30, 1375
M. Wysinger, 60, 200, 1200, 110, 1700
J. H. B. Kyle, 60, 260, 640, 125, 1127
Balis Edens, 34, 430, 1392, 60, 1250

Hunt County, Texas
1860 Agricultural Census

The University of North Carolina at Chapel Hill filmed the 1860 agricultural census for Hunt County from originals at the Texas State Department of Archives and History under a grant from the National Science Foundation in 1964.

Columns 1, 2, 3, 4, 5, and 13 represent the following information on the census:
1. Name of Owner, Agent or Manager of Farm
2. Acres of Improved Land
3. Acres of Unimproved Land
4. Cash Value of the Farm
5. Value of Farming Implements and Machinery
13. Value of Livestock

Fisher Wright owner, 25, 135, 800, 75 800
Richard Harrall owner, 70, 1511, 5178, 400, 7370
Nathan Walls owner, 14, 306, 640, 5, 331
John L. Wixom owner, 50, 119, 1014, 20, 500
William H. Butler owner, 25, 150, 800, 50, 600
James H. Butler owner, 25, 150, 800, 50, 400
Lorenzo D. Fitchenor owner, 70, 401, 3768, 200, 4770
Israel T. Moore owner, 15, 286, 1600, 15, 500
Mat. Waters owner, 22, 900, 5000, 110, 1000
George W. Gober owner, 40, 135, 990, 85, 425
William C. Gober owner, 40, 120, 1000, 5, 200
James H. Arnold owner, 10, 130, 500, 100, 500
James Walls tenant, 10, 60, 500, 100, 150
David Phipps owner, 60, 365, 2000, 100, 900
John Marshall owner, 100, 515, 1975, 250, 2550
Robert R. Lane owner, 50, -, 500, 250, 4200
Shadrach E. Enmer owner, 15, 95, 600, 12, 100
John P. Burrell owner, 20, 160, 340, 100, 275
Niell Caminon owner, 30, 130, 600, 20, 100
Guzan L. Brown tenant, 15, 190, 700, 150, 240
Mary Monday owner, 44, 10, 300, 25, 300
George R. Foster owner, 40, 55, 1000, 125, 400
Henry Snow owner, 50, 100, 750, 125, 300
John Havmas owner, 25, 125, 750, 15, 600
Alfred Peoblen tenant, 23, -, 230, -, 40
James Moore owner, 20, 630, 1300, 80, 640
William C. Foster owner, 40, 260, 1200, 250, 1200
Isaac Myres owner, 18, 38, 200, 70, 400

Robert Petty tenant, 15, 305, 800, 100, 800
Thomas Marshall owner, 22, 78, 400, 20, 150
George M. Tatom owner, 15, 285, 200, 100, 450
Benjamin Carpenter owner, 26, -, 130, -, 40
William A. Allen owner, 90, 280, 2000, 50, 925
Mary A. Allen owner, 40, 300, 2000, 50, 500
Andrew Terry owner, 30, 50, 400, 50, 3000
George W. Henslee owner, 30, 170, 1000, 61, 1600
James J. Taylor, owner, 30, 120, 750, 100, 200
James C. Moore owner, 20, 185, 800, 50, 300
Joel D. Webb owner, 65, 200, 3000, 250, 1550
John B. Simons owner, 30, 240, 2700, 40, 1270
John L. Davis owner, 35, 445, 2000, 125, 1606
Daniel Kizer owner, 15, 155, 500, 10, 250
Letita Flippin owner, 35, 145, 1000, 150, 1000
William H. Moss owner, 23 278, 2100, 15,-
John J. Alexander owner, 20, 140, 400, 100, 400
Maybon K. Patterson owner, 45, 595, 3000, 175, 2000
John Stubbs owner, 50, 109, 1590, 100, 910
Samuel G. Calver owner, 33, 421, 3000, 100, 1000
Phillip A. Brucen, 20, 94, 800, 100, 100
Daniel Smith tenant, 8, -, 80, 6, 150
John Oneal owner, 18, 62, 300, 100, 500
Elbert Pinney owner, 150, 545, 5000, 300, 3250
Joseph T. Kimbro owner, 40, 389, 2000, 125, 1685
Barton Hale tenant, 25, -, 250, 20, 75
Minerva Sullivan owner, 30, 130, 1000, 125, 500
James F. Terry owner, 40, 560, 3000, 300, 3000
Jordan R. Balthorp owner, 75, 172, 1235, 75, 550
John D. Nicholson owner, 70, 370, 3900, 150, 1800
Felix G. Tatom owner, 17, 77, 450, 100, 275
William Massey tenant, 20, 300, 1560, 100, 100
Levi Brawley owner, 20, 180, 1000, 150, 240
Sabart J. Sproongmore owner, 25, 125, 900, 75, 600
Jacob H. Dean owner, 90, 190, 480, 10, 240
George F. Harris tenant, 14, -, 140, 50, -
Daniel A. Hefner owner, 40, 280, 2500, 150, 1300
James C. Merrick owner, 12, 171, 900, 50, 500
John Askay owner, 25, 270, 2500, 50, 1500
John Merrick, 75, 350, 1800, 500, 900
Jem_ica L. Pennell owner, 30, 110, 800, 100, 350
John T. Hale owner, 26, 142, 1200, 25, 200
John Smith owner, 30, 70, 600, 2, 200
John C. King owner, 20, 89, 650, 40, 300
Isaac Slack owner, 90, 400, 1680, 300, 810
Robert McCombs owner, 60, 825, 2000, 100, 650

John A. Franklin owner, 40, 169, 1400, 100, 150
Albert G. Pace owner, 40, 312, 1600, 150, 6800
Virginia B. Stevens owner, 50, 250, 3000, 150, 900
Henry E. Arnold owner, 100, 512, 3500, 200, 3600
Benjamin F. Oldham, 80, 240, 1500, 40, 4600
Ephraim Hopkins, 80, 1020, 5500, 150, 1120
Thomas J. Taylor, 10, 115, 500, 34, 1155
Wm. F. Pratt, -, -, -, 20, 1110
Eleanor Stewart, 75, 245, 1600, 50, 2160
Alex. S. Hackler, 30, 237, 1000, 150, 732
Thomas W. Kimbell, 30, 612, 2568, 100, 1019
Nie: Gillentine, 40, 160, 1000, 100, 2002
W. M. Gillentine, -, -, -, 100, 2516
W. R. Hail, 70, 367, 2185, 150, 2161
W. F. Summers, -, 40, 200, 20, 82
Wiley J. Sorrell, 200, 800, 10000, 100, 7350
J. M. Christian, 60, 140, 1000, 100, 925
John P. Wilkerson, 20, 180, 1200, 100, 247
Legrand Pratt, 20, 59, 920, 15, 175
Elizabeth Keith, 15, 58, 250, 15, 390
Nimrod Bearden, 20, 90, 660, 120, 337
John M. Watson, 30, 1846, 1200, 75, 1342
Nancy Pratt, 50, 100, 1200, 15, 651
Wiley B. Brigham, 50, 1500, 4650, 150, 725
William M. Patterson, 50, 410, 2300, 50, 871
James Woods, 25, 295, 1600, 100, 1308

Henry P. Palmer, 60, 104, 820, 125, 2150
William C. Gillespie, 25, 135, 800, 200, 1870
Abraham Odell, 15, 39, 270, 60, 502
John V. Gillespie, 15, 35, 500, 10, 226
William T. Flippin, 16, 44, 500, 100, 387
Elisha P. Gaines, 35, 105, 1000, 50, 1543
Tipton Denton, -, 109, 275, 115, 370
Calvin S. Brumley, 25, 45, 600, 25, 1208
Joshua E. Woods, 30, 139, 845, 110, 408
Louis Tinley, 55, 145, 1000, 100, 5602
William P. Rippey, 80, 240, 1600, 100, 2370
George W. Keith, 30, 182, 900, 120, 512
Thornton Elezant, 40, 135, 540, 40, 733
Elias T. Glenn, -, -, -, 10, 110
James J. Box, 30, 161, 764, 20, 323
Newton Lynch, -, -, -, 27, 400
Godrey G. Smith, 120, 225, 1725, 150, 2552
Henry Banta, 38, 112, 1000, 125, 237
Henry Brumley, 12, 38, 250, 25, 465
Asberry H. Kinman, 17, 33, 480, 10, 346
Wm. Pennington, 35, -, 680, 125, 2594
Johnathan F. Guice, 50, 150, 1000, 50, 210
John Rimmer, 25, 275, 800, 100, 404
Asher G. Hardin, 35, 168, 1000, 75, 900
Mrs. Almira George, 20, 480, 2500, 75, 546
Henderson Onstot, tenant, tenant, tenant, 25, 373

Oliver W. Spradling, 53, 257, 1600, 150, 2840
William Cosby, 40, 195, 3000, 100, 1515
William L. Williams, 30, 195, 1500, 100, 410
William Stone, 40, 105, 1200, 100, 4042
John D. Williams, 40, 185, 1575, 75, 1018
Jason Wilson, 60, 2900, 18100, 200, 2240
A. Boone Williams, 20, 180, 1000, 75, 465
Isaac Newton, -, -, -, 120, 1175
Patrick H. Olds, 21, 177, 2000, 40, 875
Albert McFarland, 40, 160, 2000, 175, 595
Chas. & Jas. Cissna, 60, 235, 3000, 175, 1132
Pleasant C. Roberts, 5, 103, 325, 50, 426
Greenbury Murphy, tenant, tenant, tenant, tenant, 125
Jack G. Murphy, 20, 195, 645, 20, 322
Benjamin R. Wilson, 30, 70, 500, 75, 359
Bazil J. Williams, 12, 118, 600, 10, 484
George Williams, 60, 140, 1000, 50, 975
Abner Cosby, 30, 130, 960, 100, 1305
James H. Hanna, 20, 147, 835, 20, 175
John P. Mills, 60, 456, 2580, 125, 3100
Jonas Williams, 14, 232, 1230, 75, 616
Thomas C. Hill, 65, 558, 4000, 75, 2420
John C. Hill, tenant, tenant, tenant, 25, 763

John Spurlock, 25, 83, 1000, 175, 270
Green W. Cox, 12, 338, 1750, 100, 733
Ferdinand Herrin, 30, 313, 1020, 75, 1170
Harvey B. Cobb, 100, 195, 2360, 125, 1046
David J. Jones, 60, 60, 1200, 250, 900
David Partlow, 40, 180, 2000, 100, 955
William G. Miles, 90, 95, 1850, 150, 747
Wm. P. Buzan, 30, 294, 1200, 25, 1275
John R. McMahan, 20, 140, 800, 100, 500
Wm. McBride, 28, 252, 1300, 75, 1200
John H. Wallace, 100, 400, 1400, 125, 1350
Benj. C. Childers, 30, 370, 1400, 110, 1100
Robert W. Raby, 9, 135, 480, 15, 850
Joseph Finley, 14, 115, 200, 75, 800
Thos. Spears, 40, 230, 1080, 200, 4000
Humphrey R. Blakeway, tenant, tenant, tenant, 10, 190
John Odell, 25, 265, 1500, 50, 1300
George R. N. Harris, 35, 700, 2500, 140, 2100
William Lynch, 14, 85, 200, 100, 600
Joel Odell, 30, 89, 600, 100, 1200
Wm. D. Crabtree, tenant, tenant, tenant, 50, 300
A. G. Birdsong, 22, 172, 600, 95, 1500
Edward B. Earley, 20, 80, 500, 75, 300
Thomas Earley, 35, 325, 1100, 100, 800

John A. Grisham, 10, 404, 1250, 10, 75
Jonathan W. McMahan, 60, 1300, 3500, 125, 850
Mary Buzan, 11, 160, 500, 25, 500
Wm. E. Gunter, 30, 450, 900, 150, 450
Wm. A. Harris, tenant, tenant, tenant, 150, 600
Thomas Hooker, 140, 113, 600, 30, 330
Wm. C. Casey, 20, 80, 600, 30, 400
Oliver A. Fortenbury, 28, 229, 1000, 100, 2600
Daniel Shackelford, 20, 250, 600, 125, 250
Miller Brittenham, 25, 250, 500, 125, 600
Samuel Hooker, 20, 237, 1200, 150, 850
Thos. T. Walker, tenant, tenant, tenant, 125, 830
Byrd B. Walker, 24, 626, 1400, 150, 1250
James W. Kitching, 13, 27, 160, 100, 450
James Hooker, 175, 785, 1240, 624, 5450
James P. Morrison, tenant, tenant, tenant, 25, 700
Wm. Harris, 50, 410, 2200, 300, 2500
John L. Winston, 22, 198, 1100, 50, 550
Thomas D. Kitching, tenant, tenant, tenant, tenant, 375
Wm. M. Kitching, 35, 378, 2000, 200, 850
Christopher C. Neal, 15, 145, 480, 10, 150
Benj. S. Neal, 30, 110, 800, 10, 350
James H. Hughs, 30, 930, 1920, 350, 2000
Sam McElroy, tenant, tenant, tenant, 10, 250
Micajah Ivy, 50, 110, 800, 20, 1000
John F. Shook, 50, 160, 1200, 150, 1200
Wm. D. Parris, 50, 270, 1000, 25, 100
Lavinia DuBose, 25, 325, 1000, 25, 575
Jesse R. DuBose, 30, 290, 1300, 150, 2325
James W. Lake, 10, 210, 600, 1200, 300
Absolem G. McElroy, tenant, tenant, tenant, 10, 175
James Lynch, 170, 200, 3000, 100, 8000
James B. Rabey, 25, 155, 350, 151, 400
James H. Flowers, 34, 2609, 1500, 60, 839
Wm. M. Williams, 30, 332, 1000, 20, 900
Elisha A. Mackey, 4, 156, 500, 60, 250
Elbert K. Patrick, 6, 100, 400, 12, 175
Richard Brown, 33, 289, 1500, 25, 425
Alex. J. Hefner, 30, 187, 1000, 150, 900
Joshua Maberry, 19, 301, 700, 10, 290
James L. Moore, 30, 235, 1500, 150, 640
Wm. T. Welden, 30, 470, 700, 150, 750
John M. Hawkins, 100, 860, 4800, 350, 9250
Amasa H. DuBose, 55, 192, 1500, 150, 624
George H. Mackey, 10, 88, 350, 25, 400
Allen Bellah, 75, 95, 2000, 75, 8450
Wm. Clark, 30, 340, 2000, 15, 1100
Jonathan Elliott, 40, 120, 800, 20, 500

Stephen D. Hunter, 20, 120, 240, 20, 200
Elijah B. Shepperd, 37, 100, 600, 20, 150
David Orr, 15, 145, 500, 10, 300
Sample Orr, 30, 130, 600, 20, 900
Asa C. Frasier, 20, 300, 600, 10, 450
Randolph Couch, 15, 235, 600, 75, 600
Nathan Newsom, 75, 225, 1500, 25, 700
Andrew Hurly, 23, 297, 1200, 75, 1400
John Landon, 25, 160, 800, 25, 680
John C. Dial, 30, 290, 1000, 25, 1120
Wm. P. Landrum, 60, 260, 1000, 250, 7500
Hardin Hart owner, 20, 800, 5840, 350, 100
Charles A. Warfield owner, 80, 320, 2600, 350, 800
Andrew McDonald owner, 80, 263, 1569, 100, 640
Burnhart Bollinger owner, 150, 535, 3000, 40, 1700
Asberry F. Hamilton owner, 30, 310, 2000, 25, 1200
Andrew M. Hale tenant, 28, -, 280, 25, 300
Samuel N. Hefner owner, 25, 136, 800, 25, 100
Ruben DeJernett owner, 50, 355, 2430, 100, 300
Fields Prevett owner, 33, 760, 3400, 55, 500
Thomas P. Garrett owner, 35, 445, 1920, 80, 775
Benjamin Anderson owner, 70, 230, 3000, 300, 1000
Nathaniel Parker owner, 40, 370, 1000, 100, 400
Alex. E. Hulse owner, 70, 288, 800, 440, 1054
Henry F. Wall owner, 70, 240, 3100, 400, 600

James J. Peters owner, 25, 600, 3150, 300, 8000
William W. Robey owner, 40, 200, 2400, 200, 1000
Leonard Robey owner, 65, 350, 1900, 150, 960
Samuel P. Boysel owner, 30, 135, 640, 60, 1025
Vincent S. Payne owner, 70, 1230, 3000, 175, 700
James Warrenburg owner, 35, 137, 1200, 120, 200
Charles Dougherty owner, 65, 567, 3000, 300, 1000
Mary E. Horton owner, 60, 407, 4760, 200, 2000
Alexander F. Merrill, 25, 215, 1120, 150, 820
Horace B. Simonds owner, 40, 290, 2000, 200, 500
Samuel L. Martin, owner, 34, 545, 1500, 15, 350
Hugh C. Hale owner, 60, 186, 1800, 110, 800
Marietta Christie owner, 45, 250, 1600, 75, 1100
John Manns owner, 16, 944, 1400, 110, 629
Isaac Staley owner, 50, -, 250, 120, 295
Bailey Ashmore owner, 20, 180, 600, 5, 530
Dixon Allen owner, 250, 598, 5088, 200, 1135
Patrick Sullivan owner, 30, 290, 960, 100, 2138
Sarah Downing owner, 20, 360, 980, 150, 1572
William G. Lee owner, 25, 295, 960, 150, 730
Lewis W. Moore owner, 50, 590, 3200, 100, 2680
Peter J. V. Horton, 200, 353, 5000, 125, 850
Bartlet S. Smith owner, 60, 240, 3000, 150, 2180

Lewis H. Perkins owner, 60, 227, 2870, 150, 704
Stephen M. Hale tenant, 75, 232, 1535, 150, 960
Andrew J. Hale owner, 200, 400, 4000, 300, 2970
McQuimmey H. Wright owner, 125, 4575, 23500, 200, 2500
Alexander S. McCamant owner, 100, 208, 3000, 100, 1000
Jorima C. Gardner owner, 65, 155, 1500, 200, 750
Michael St.Clair owner, 30, 782, 1600, 60, 225
William H. Moore owner, 55, 275, 1200, 65, 195
James C. Cowling owner, 75, 325, 4000, 350, 1502
Lewis Starr owner, 75, 300, 2000, 150, 1585
Edward J. Head owner, 41, 304, 1750, 125, 964
John B. Norris owner, 55, 195, 1305, 65, 370
Harman Husband owner, 75, 175, 1600, 150, 600
John Summers owner, 10, 140, 750, 200, 500
Samuel Davidson owner, 30, 170, 1200, 125, 800
John Garrison owner, 50, 160, 1000, 100, 400
Martin D. Hart owner, 40, 240, 1800, 200, 6000
James Galbreath owner, 25, 355, 1140, 25, 75
Money Weatherford owner, 20, 375, 1250, 50, 300
Joseph Dodd tenant, 6, -, 30, -, 100
Samuel Williams owner, 15, 156, 320, 75, 557
Prior Hart owner, 40, 280, 2000, 80, 1000
William Elam owner, 55, 584, 2500, 100, 500
Charles Hart owner, 40, 600, 1500, 40, 750
George Fannin owner, 40, 10, 1000, 75, 100
Jesse _. Kuykendall owner, 50, 590, 2000, 150, 3800
Nehemiah Odle owner, 30, 360, 1000, 100, 1800
Hezekiah Taylor owner, 63, 559, 1200, 150, 2600
Abigill Marshall owner, 40, 280, 1000, 150, 1500
Harmon Calhoun owner, 12, 250, 300, 10, 100
William B. Teague owner, 43, 287, 990, 150, 1000
Sherwood McBride owner, 54, 254, 930, 100, 400
Andrew Caro owner, 48, 272, 800, 125, 4390
William Wilson owner, 40, 120, 600, 100, 400
Littleberry Harrison owner, 75, 535, 3000, 125, 400
Wyatt Rainy owner, 20, 150, 850, 10, 1200
William Lewis owner, 50, 270, 1600, 100, 1200
Murray Bateman tenant, 20, 290, 620, 250, 2000
Hillory Williams, 13, 187, 1000, 25, 600
Alfred P. Lowrie, 35, 265, 1500, 25, 1400
Wm. Williams, 10, 75, 500, 20, 400
James Williams, 15, -, 150, 20, -
Sam. W. Turner, 67, 270, 1000, 75, 700
Masten S. Ussery, 100, 285, 1500, 100, 1400
Roberson A. Renfro, 30, 170, 600, 20, 275
Gibson H. Dyer, tenant, tenant, tenant, 20, 200
John J. Hurst, 40, 600, 2000, 75, 1750

George H. Ramey, tenant, tenant, tenant, 10, 400
Wm. H. Torbit, 46, 276, 2000, 125, 1200
Joshua Hodges, 40, 80, 700, 50, 1150
Goodman Deweese, 35, 65, 1000, 100, 850
Margarine Henley, 24, 133, 400, 10, 450
Wesley Crabtree, 85, 144, 2000, 100, 1265
George H. Bayne, 18, 191, 700, 150, 800
Jesse A. Jackson, 20, 157, 900, 500, 650
John R. Fulgham, 7, 34, 165, 110, 260
Wm. Taylor, 10, 110, 800, 20, 350
Lovel Trammel, 6, 134, 320, 10, 275
Elisabeth Fenley, 30, 300, 330, 30, 250
Jackson Williams, tenant, tenant, tenant, 20, 600
Mathew Good, tenant, tenant, tenant, 15, 1200
Ben F. Lindsey, tenant, tenant, tenant, 75, 1750
George. A. Watson, tenant, tenant, tenant, 70, 780
Wm. Odell, 20, 80, 500, 20, 500
Wiley A. Mattox, 80, 1035, 4001, 100, 334
Hector Darling, 50, 400, 1600, 100, 750
Albert McCart, 10, 60, 500, -, 770
Jesse A. Asbury, 75, 289, 2600, 125, 1900
James M. Huey, 40, 247, 1400, 100, 800
Jasper McFarland, 55, 245, 1500, 150, 1550
Daniel Waddill, 80, 280, 1500, 100, 3235
James Gilbreath, 30, 220, 750, 25, 1325
Granville K. Gilbreath, tenant, tenant, tenant, -, 200
W. B. Boyle, 45, 595, 1900, 100, 380
Julia Ann Jenks, 75, 85, 1600, 150, 788
Elizabeth Abernathy, 25, 135, 800, 75, 455
William W. Kelly, 75, 245, 1600, 125, 2093
T. Jeff Mayo, 60, 240, 2400, 150, 2330
Henry Click, 80, 447, 1844, 100, 2434
James Dunaway, 30, 150, 9000, 150, 869
James A. Winton, 80, 40, 500, 20, 311
Marion Smith, -, -, -, 50, 155
Joshua L. Ashford, tenant, tenant, tenant, 15, 208
Olivia Daniel, 50, 250, 1500, 75, 1222
Wesley C. Walker, 15, 92, 835, 25, 107
DeLisle Durham, 15, 85, 500, 100, 631
John Hargus, 40, 170, 1050, 110, 1575
Milton Abernathy, tenant, tenant, tenant, 150, 510
Valsain G. C. Wright, 50, 350, 2000, 150, 880
Joseph Caldwell, 40, 440, 2400, 250, 3001
Henry A. Riddle, 20, 100, 600, 150, 425
Anna Fry, 15, 181, 980, 75, 608
James Spradling, 32, 68, 500, 50, 552
Alexander Byars, 25, 75, 500, 125, 479
Barton Traylor, 2, 98, 300, 100, 272
Creed T. Wortham, 200, 553, 4500, 200, 1555
Robert Harrell, 40, 120, 800, 125, 4410

Francis M. Hail, 20, 113, 532, 75, 175
Richard Crunk, 30, 110, 1000, 50, 226
David E. Byrd, 40, 175, 1075, 175, 733
Samuel N. Malony, 230, 270, 4000, 350, 3323
L. Wiley Napier, 50, 138, 1504, 25, 54
James Word, 30, 110, 700, 100, 300
Nathaniel A. Piper, 50, 350, 2000, 100, 638
Jesse Lincoln, 25, 135, 800, 25, 347
William Gore, 40, 160, 1000, 125, 1302
Nicholas P. Lawson, 23, 137, 800, 25, 200
William R. Lane, 60, 260, 1000, 150, 631
Jesse Lane, 50, 110, 800, 150, 845
William W. Hinton, 35, 115, 800, 30, 712
A. Moulton Williams, 30, 101, 655, 30, 416
Henry G. Clinton, 60, 130, 950, 30, 427
James A. Boyle, 50, 365, 1800, 125, 1025
Abraham Watson, 14, 224, 1380, 50, 870
John Copeland, 40, 560, 2500, 100, 350
Wm. Brooks, tenant, tenant, tenant, 100, 50
Burgess Clark, 15, 60, 500, 125, 400
Sam. H. Word, 25, 195, 1000, 100, 850
Ducallen W. Yeager, 12, 78, 400, 100, 900
Stephen G. Hendricks, 55, 371, 640, 100, 300
Thomas Coleman, tenant, tenant, tenant, 60, 550
Archibald C. Anderson, tenant, tenant, tenant, 25, 600
Daniel Wagoner, 40, 140, 1500, 100, 4500
Lewis Corzine, 163, 797, 3900, 250, 4100
Wm. R. Corzine, 40, 160, 1000, 100, 2460
Thomas Hurt, tenant, tenant, tenant, 10, 200
John Carmichael, tenant, tenant, tenant, 100, 850
James C. Cheney, 36, 136, 1662, 50, 3390
Stokeley R. Cheney, 30, 250, 1830, 100, 950
Tipton Denton, 18, 192, 850, 150, 1520
Robert Fox, 13, 132, 300, 85, 250
Francis M. Fry, 10, 110, 250, 10, 75
Wilburn Fry, 20, 285, 1000, 125, 300
Isaac Allen, 15, 355, 600, 175, 700
Thomas Allen, 6, 125, 600, 125, 400
Wm. Downing, 60, 420, 2000, 100, 700
Wm. Chafin, 30, 290, 500, 75, 1000
Andrew J. Blankenship, 15, 305, 500, 100, 700
Wilson Hefner, 12, 118, 800, 100, 600
Austin Glenn, 75, 285, 1000, 150, 600
Wm. A. Allman, 30, 310, 800, 25, 550
James P. Williams, 35, 345, 2000, 100, 6000
Elisha English, tenant, tenant, tenant, tenant, 300
Louisa Anderson, 20, 90, 400, 20, 525
Robert S. Patterson, tenant, tenant, tenant, tenant, 2050
Wm. C. Bryant, 40, 340, 1900, 80, 2100
James Simpson, 22, 280, 1000, 125, 550
Charles A. Featherston, 65, 375, 2000, 60, 1400

Absolem D. Hunt, 50, 250, 1200, 150, 1000
Eliza A. Allman, tenant, tenant, tenant, 10, -
John C. Mathews, 22, 163, 925, 40, 765
James Couner, tenant, tenant, tenant, 100, 1200
Wm. Cole, 44, 164, 1200, 75, 700
Nathan Payne, 25, 638, 2200, 75, 1275
Madison Reynolds, 30, 277, 1000, 150, 750
Joseph Morris, 25, 140, 360, 100, 700
James M. Stedman, 10, 238, 800, 10, 550
John R. Duncan, tenant, tenant, tenant, 20, 300
David Hall, tenant, tenant, tenant, 10, 60
James McColskey, 12, 88, 500, 50, 1200
Danl. McColskey, 20, 200, 500, 20, 450
James A. Jones, 75, 565, 3500, 350, 3400
Lewis H. Newell, 17, 138, 700, 105, 800
George L. Hurst, 20, 150, 1000, 200, 2650
Edmund J. Newell, 17, 101, 350, 75, 1050
John Dennis, 85, 935, 3000, 100, 3500
J. Carrol Williams, 25, 165, 950, 100, 416
Booker P. Carter, 14, 86, 500, 75, 243
William Scott, 20, 283, 1515, 100, 453
Jesse Armstrong, 20, 72, 460, 20, 206
Archibald Dill, 15, 165, 720, 141
John Walls, 41, 155, 980, 100, 758
Samuel O. Richardson, 25, 125, 900, 15, 202
Bernardo G. Norvill, 25, 197, 462, 100, 2101
Joseph Riley, 15, 153, 210, 90, 440
Jefferson C. Maynard, 25, 925, 960, 75, 640
William J. Anisson(Anderson), 20, 140, 1000, 75, 834
James W. Wortham, 23, 137, 800, 130,750
Isaac W. Riley, 30, 279, 1595, 15, 788
Robert Sayles, 80, 160, 1600, 250, 2362
Isaac Verhine, 12, 308, 1600, 100, 552
Freeman Little, 14, 428, 1320, 100, 1770
John S. Winton, 30, 290, 1600, 50, 340
Thomas Sayles, 30, 212, 1452, 125, 770
Elijah Green, 60, 284, 1720, 100, 805

Jack County, Texas
1860 Agricultural Census

The University of North Carolina at Chapel Hill filmed the 1860 agricultural census for Jack County from originals at the Texas State Department of Archives and History under a grant from the National Science Foundation in 1964.

Columns 1, 2, 3, 4, 5, and 13 represent the following information on the census:
1. Name of Owner, Agent or Manager of Farm
2. Acres of Improved Land
3. Acres of Unimproved Land
4. Cash Value of the Farm
5. Value of Farming Implements and Machinery
13. Value of Livestock

J. B. Earhart, 25, 400, 1500, 120, 6000
A. H. Hancock, 25, 233, 1000, 200, 2110
J. A. Spier(Speer), 15, 205, 1000, 70, 1900
A. Henly, 5, 136, 500, 125, 1500
P. S. Spier, 30, 290, 1300, 100, 2700
A. H. Hensly, 12, 148, 500, 70, 1300
R. H. Rowland, 60, -, 600, 120, 1750
James Spencer, 20, -, 200, 85, 550
A. W. Vancleve, 10, 100, 1000, 100, 2500
Peter Lynn, 30, 130, 320, 100, 6400
W. Farmer, 40, 120, 1000, 120, 4800
E. Saunders, 40, -, 400, 160, 750
J. W. Reasoner, 30, 130, 400, 60, 350
John Reasoner, 10, -, 100, 10, 400
C. McQuerry, 24, -, 240, 50, 700
A. Barker, 6, 154, 600, 654, 700
B. L. Keith, 12, 148, 400, 10, 570

D. Keith, 35, 125, 1000, 150, 3500
W. C. Keith, 12, 148, 500, 10, 320
S. Graves, 60, 160, 1000, 100, 3900
F. H. Medearis, 12, 148, 120, 10, 650
C. W. Kutch, 7, 153, 70, 10, 550
J. L. Moore, 65, 420, 2100, 100, 250
Ira Gray, 40, 498, 1100, 200, 5900
J. M. Armstrong, 14, 145, 500, 125, 2200
C. C. Hays, 12, 148, 400, 20, 1300
James Lanly, 6, -, -, 40, 150
Danl. Gage, 33, 79, 560, 40, 1370
J. Fowler, 12, -, 120, 30, 4350
C. Adair, 16, 144, 800, -, 3300
J. Lawrence, 12, -, 120, 125, 125
C. M. Snodgrass, 16, 144, 640, 25, 350
J. M. Hale, 25, 135, 480, 40, 700
J. Richardson, 36, 147, 600, 50, 800
B. L. Ham, 50, 160, 1000, 175, 2500
J. Hudson, 15, 1600, 900, 300, 3000
R. Bean, 39, 211, 800, 50, 1600

Jackson County, Texas
1860 Agricultural Census

The University of North Carolina at Chapel Hill filmed the 1860 agricultural census for Jackson County from originals at the Texas State Department of Archives and History under a grant from the National Science Foundation in 1964.

Columns 1, 2, 3, 4, 5, and 13 represent the following information on the census:
1. Name of Owner, Agent or Manager of Farm
2. Acres of Improved Land
3. Acres of Unimproved Land
4. Cash Value of the Farm
5. Value of Farming Implements and Machinery
13. Value of Livestock

H. Clark, -, -, -, -, 75
Solomon Asheim, -, -, -, -, 75
J. C. Beezley, -, 150, 300, -, -
M. Green, -, 157, 700, 5, -
W. H. Snow, -, -, -, 50, 75
J. A. Anderson, -, -, -, -, 200
J. R. Whitenlow, -, -, -, 25, -
P. Aurelis, -, -, -, -, 60
B. Danzey, 31, 1108, 2000, 75, 200
E. A. Garnett(Garrett), 10, 1640, 2000, 100, 400
T. S. Garrett, -, -, -, -, 500
F. F. & M. Wells, 350, 4640, 25400, 275, 1014
Nannie Brugh, 1, 2973, 4000, -, 200
J. T. Brackenridge, 1, 3036, 5000, -, 40
Jas H. Bates, 1, -, 1500, -, 40
R. J. Brackenridge, -, 850, 6000, -, 750
G. T. Kastenburg, 1, -, 2100, -, 2
A. Dorsheimer, -, 1280, 640, -, -
H. McDonnell, -, -, -, 1, 100
W. P. Heron, -, -, -, -, 1500
N. McNutt, ½, -, 1000, 1, 700
T. S. Drelin, -, -, -, 1, 65
R. A. Sanford, 12, 988, 1250, 25, 700

John M. Bronaugh, -, 569, 1800, -, 150
D. R. Coleman, 40, 563, 7000, 25, 416
Jas. A. Woolfolk ¼, -, 500, 200, 5730
N. W. Nealy, 135, 615, 5000, -, 390
J. W. Swing, -, -, -, -, -
S. Harter, -, -, -, -, -
J. Reneshelf & Co., -, -, -, -, 30
H. D. Starr, ¾, -, 800, -, -
H. D. Starr agent, -, 2207, 2207, -, -
Z. Bankhead, ¼, -, 800, -, 32
P. Madden, ¼, 1553, 3205, 30, 257
M. K. Simons, ½, 3000, 4000, -, 1000
J. A. Simons, 25, 640, 2000, 25, 200
G. F. Simons, -, 2000, 4000, -, 400
M. T. Simons, -, 2000, 4000, -, 300
W. H. Simons, -, 2000, 4000, -, 290
M. S. Simons, -, 2000, 4000, -, -
Aquilla Carr, -, 320, 800, -, 500
Joseph Graber, -, 960, 400, -, 150
Jno. Sanduskey, -, -, -, -, 75
B. J. White, 1, 8245, 17275, 50, 200
G. W. Seibert, -, ¼, 100, -, 40
Z. Appenheimer, -, -, -, 60, 125
F. Zenelin, ¼, -, 600, 100, 92

R. Rollin, -, -, -, -, 1500
J. D. Cheek, -, 160, 1500, -, -
J. J. Story, 2, 5, 700, 125, 705
J. R. Sanford, 30, 970, 1000, 100, 375
Matilda Sanford, 20, 82, 2000, -, 4200
W. M. Armstrong, 10, -, 1500, 10, 288
Jas. W. Allen, -, -, -, -, 40
J. N. Baylor, 1, 17, 1200, 5, 430
W. Probst, ¼, -, 400, -, 50
R. S. F. Rogers, 2, 6000, 8000, -, 640
Genario Roualia, ¼, -, 400, -, 2400
C. Rotezeun, -, -, -, -, 800
C. E. Rogers, 10, 100, 3500, -, 400
Ronalder Orties, 50, 50, 100, 125, 400
U. A. Clany, 120, 240, 3600, 100, 990
E. P. Clany, -, -, -, -, 183
Victor Sabaury, -, -, -, 10, 335
Dominque Sabaury, -, -, -, 25, 265
Alford Smith, 60, 155, 7000, 100, 1405
W. G. Ford, 1, 3, 1200, 175, 593
Geo. Flayne, -, -, -, -, 250
W. B. Gayle, 770, 2650, 25000, 1500, 4790
Jas. A. Garnett, 35, 265, 3000, 60, 16600
Jas. Wear, 30, 1637, 2433, 100, 6114
Jas. Haynie, 150, 150, 6000, 350, 714
A. B. Dodd, 200, 730, 15000, 630, 1885
Geo. Baylor, -, 1480, 7400, 250, 1700
R. M. Forbes, 100, 1000, 3000, 200, 1677
L. R. Cockron, 25, 275, 1500, 80, 730
J. H. Willson, -, 200, 200, 250, 2196
F. S. Stockdale, 1200, 5614, 20000, 2000, 5000
T. F. Royster, ¼, -, 1000, 75, 284

J. Rinehert, ¼, -, 500, 50, 200
A. McChesney, -, -, -, -, 1500
D. C. Sea, -, -, -, 200, 185
R. C. Dickey, 18, 137, 685, 50, 284
C. M. S. Gayle, 150, 6385, 19200, 800, 8500
N. M. Kellet(Keller), 18, 3180, 8000, 50, 8815
J. P. Dufey, 75, 6567, 26528, 500, 2210
J. A. Brackenridge, 50, 15950, 30000, 200, 1225
Jno. Horton, -, -, -, 250, 1478
Sarah Wiseman, 1, 199, 1000, 100, 1125
A. B. Fleury, 20, 800, 8000, 200, 1460
J. W. Chivers, 200, 4078, 20000, 900, 1275
W. Brown, 1, 249, 900, -, 435
J. B. Markee, 4, 235, 1000, 25, 175
E. Arrington, 15, 135, 1000, 25, 690
E. G. Branch, 1, 193, 600, 100, 145
M. J. Sellers, 60, 1047, 3821, 200, 2015
R. J. Smith, -, -, -, -, 100
E. J. Logan, -, -, -, -, 100
J. L. Logan, -, -, -, -, 330
W. H. Kirk, 8, 193, 2000, 25, 225
J. Jordan, 17, 303, 1500, 150, 4570
L. B. Beckam, -, 600, 1800, 600, 1280
C. D. Strange, 15, 185, 400, 93, 275
Isaac Dawess, -, -, -, -, 200
Jane Dawess, 100, 3228, 6656, 700, 50
J. L. Dabney,-, -, -, 300, 450
T. C. Kimbrough, -, -, -, -, 400
J. Culpepper, 60, 240, 1000, 150, 1650
Benj. Fisher, 20, 49, 400, 25, 345
C. Knap, 40, 460, 1500, 100, 2010
A. T. Keller, 10, 430, 1000, 10, 175
Levi Miller, 20, 395, 830, 65, 480
M. Eaves, 25, 285, 1000, 80, 735
Joe. Hayes, -, -, -, 10, 280

F. G. Keller, 75, 3928, 15712, 50, 1445
J. F. C. Webb, 400, 900, 4000, 400, 2150
J. McHenry, 175, 3653, 3493, 250, 1940
T. Douglass, -, 1798, 10000, -, 1430
J. D. Whitty agent, 70, 1025, 3500, -, -
Jno. Stephens, -, -, -, -, 860
T. Haynes, 400, 4500, 25000, 200, 6500
J. M. Stanton, 70, 2030, 1900, 50, 1207
Bridget Baurk, 50, 400, 1000, 125, 2450
J. R. Harrison, 14, 386, 400, 75, 1110
P. A. Allen, 35, 3965, 7000, 181, 5266
G. B. Kees, -, -, -, -, 30
J. T. Duprey, 1,700, 2100, 20, -
W. Keizer, 60, 555, 3575, 50, 3079
Alex. Willson, -, -, -, -, 295
T. W. Menefee, 200, 1000, 4200, 50, 3420
Q. M. Heard, 75, 1525, 6000, 100, 8420
J. Moore, 40, 260, 1500, 50, 1920
Neal Williams, 30, 1173, 3545, 50, 3210
M. Burnett, 180, 1120, 6500, 1500, 2270
J. Evans, 18, 322, 1000, 25, 1500
F. A. Rogers, 16, 486, 5000, 50, 1140
B. B. Pearce, 45, 1801, 3738, 1025, 8031
J. M. White, 55, 6500, 18000, 100, 7700
C. F. Loomes, 50, 326, 1880, 100, 1042
T. M. Cox, 2000, 6000, 50000, 100, 840
F. Sutherland, 50, 6588, 13666, 3600, 1047
F. A. Gayle, -, 7026, 11254, -, 17620
T. S. Southerland, 350, 4211, 14723, 320, 24208
J. S. Menefee, 170, 10212, 25500, 600, 1200
G. W. Cottinghaied, 50, 295, 2000, 25, 1475
R. J. Raughley, 150, 957, 5000, 600, 4546
Jobes York, 20, 330, 1600, 100, 5261
R. L. Snodgrass, 6, 206, 2500, 100, 3370
J. R. Robertson, 30, 50, 1000, 155, 155
J. M. Heard, 18, 259, 1108, 65, 551
James Dever, 20, 2336, 4712, 50, 680
M. McFarland, 35, 460, 2475, 25, 719
W. C. Edwards, 60, 1187, 3600, 150, 510
R. Elliott, 45, 635, 27600, 300, 2140
J. R. Bordan, 10, 390, 1400, 125, 10730
J. M. McChesney, -, -, -, 130, 4300
R. McChesney, 30, 350, 1000, 15, 450
Geo. W. McChesney, 10, 1048, 2500, 125, 9820
J. H. Lewis, 10, 90, 600, 15, 1810
Abram Babcock, 15,185, 1000, 10, 505
J. D. Whitley, -, -, -, 100, 250
W. G. & J. W. Randall, 12, 408, 606, -, 23586
Jno. Hayes, -, -, -, -, 1256
J. J. Banham, 50, 258, 2000, 156, 456
S. G. Keer, 500, 2500, 15000, 200, 2350
N. B. Thompson, 100, 144, 1000, 200, 2625
Peter Salido, -, -, -, -, 100
Russell Ward, 50, 1652, 8510, 200, 1630

Robt. Milby, 125, 775, 5400, 2000, 2310
B. P. Burwell, 110, 155, 3000, 200, 900
Willis Ewing, 1, 179, 700, 125, 2447
Jno. Nolan, 53, 1727, 8850, 100, 3600
C. J. Dutart, 160, 940, 2000, 75, 16483
J. A. Bolling, 150, 1597, 3000, 200, 4170
W. B. McDowell, -, -, -, -, 9500
J. A. Bolling, -, -, -, -, 105
R. H. Randolph, 150, 1350, 3000, 125, 164
C. B. Burwell agt., 50, 4950, 5000, -, -
C. B. Burwell, -, -, -, 50, 3300
Ann Keller, -, 880, 440, -, -
H. Snodgrass, 100, 2114, 3000, 125, 1120
Snodgrass & Fulton, -, -, -, -, 27000
L. Ward, 200, 2014, 5000, 150, 25690
B. Q. Ward, 45, 795, 1500, 200, 19620
Ellina Ward, -, -, -, -, 1800
H. Hensley, -, -, -, -, 1000
A. Pybus agent, 150, 738, 2000, -, 18725
A. Pybus, -, -, -, 250, 543
J. McIver, 17, 160, 1500, 50, 500
W. Menefee, 100, 880, 3000, 200, 850
J. W. Pumphrey, 50, 1057, 3000, 125, 999
E. A. Matthews, 150, 957, 3000, 25, 727
E. L. Mills, 60, 1516, 3369, 200, 2550
W. B. Davenport, 700, 2300, 40000, 1500, 5760
C. M. Flournoy, 900, 3528, 50000, 800, 3114
Sextus Garnett, 80, 1492, 15000, 150, 25910

John Garnett, 200, 750, 10000, 1500, 4850
A. S. Chivers, 25, 152, 2000, 50, 775
D. L. Matthews, -, -, -, -, 420
G. R. Billups, 80, 2000, 10000, 130, 32200
M. Matthews, 300, 3021, 33000, 2500, 5135
R. A. Porter, 4, 1103, 6000, 500, 6319
D. Hudler, -, -, -, -, 585
M. Miller, 10, 390, 400, 10, 700
M. Decker, 50, 1050, 3000, 420, 1364
C. B. Hubble, 100, 1100, 2000, 350, 2284
Joseph Able agent, 115, 17597, 20000, -, -
Joseph Able, -, -, -, 50, 1495
S. C. A. Rogers, 37, 3591, 7256, 50, 3210
A. B. Evans, 15, 485, 1000, 10, 1370
O. Hearn, -, -, -, -, 431
A. Killingsworth, 40, 310, 1750, 150, 984
B. McDonnell, 12, 38, 250, 12, 106
E. Beaty, 65, 2933, 17988, 150, 2614
Clabon Hill, -, -, -, -, 214
N. Fike, 40, 48, 1000, 50, 640
J. S. White, 80, 1250, 4000, 100, 1940
Jno. T. Pearce, 14, 740, 2700, 50, 2427
O. P. Preston, 100, 403, 1509, 150, 820
Geo. F. Pitts, 100, 403, 1509, 150, 350
L. C. Preston agent, 40, 1160, 3500, -, -
L. C. Preston, -, -, -, 150, 1150
R. T. Baylor, 30, 115, 1500, 100, 1110
H. S. Evans, 6, 38, 400, 35, 238
Jesse Evans, 15, 25, 400, 50, 570
Jas. Strain, 16, 64, 1000, 45, 664

Geo. Menefee, 200, 2014, 17712, 600, 4200
W. S. Vardeman, 300, 500, 5000, 250, 968
M. H. Laughters, 300, 500, 5000, 350, 553
Jno. F. Cook, 50, 620, 8000, 1000, 2770
M. Berryhill, 5,155, 800, 100, 340
R. H. Berryhill, -, 150, 750, -, 350
Edward Berth, 24, 176, 2000, 100, 360
William Alley, 30, 370, 2000, 100, 720
C. S. Ross, 125, 713, 5000, 300, 410
J. M. Faught, 20, 80, 1000, 100, 795
J. O. Ferrell (Fernell), 20, 318, 2000, 100, 336
Alford King, 23, 777, 5000, 50, 738
Newton Cannon, 58, 532, 6000, 200, 2905
J. P. Stern, -, -, -, -, 60
Jno. T. White, -, -, -, 50, 841
C. L. Owen, 140, 1860, 7000, 400, 40940
F. M. White, 60, 383, 3200, 100, 9640
A. S. Gresham, 20, 480, 2500, 100, 300
C. F. Bunker, 12, -, -, -, 228
C. F. Bunker agt C. N. 20, 678, 5000, -, -
R. Rogers, 22, 478, 1500, 80, 305
Geo. Speaks, 15, 435, 1350, 12, 2250
Geo. Speaks agent, -, -, -, -, 1800
E. P. Gains, 50, 700, 2250, 100, 1259
H. B. McNeelan, 5, 550, 1100,-, -
Tignal Jones, 300, 2652, 15000, 600, 3000
H. Reynolds, -, 238, 500, 50, 3310

M .H. McCullock, 10, 340, 700, 60, 710
Jane Gray, -, 638, 1300,-, 850
Rose Ann, 40, 310, 3000, 200, 3000
L. G. Winfield, 20, 193, 1200, 25, 565
R. J. Nalon(Nolan), 10, 203, 1109, 25, 245
J. H. Winfield, 6, 207, 1109, 25, 215
Sophia Winfield, -, -, -, -, 60
Isaac Sealy, 50, 650, 3500, 100, 150
J. R. Etheridge, -, -, -, -, 300
J. H. G. Frethey, -, -, -, 60, 315
R. H. Andrews, 28, 575, 3000, 10, 679
Geo. W. Harper, -, -, -, -, 100
A. Baker, 15, 450, 2335, 100, 620
S. P. Fernell, 60, 434, 3000, 100, 3200
Jno. Sheppard, 4, 495, 3000, 400, 1925
J. J. Loudermilk, 5, 135, 1200, 50, 490
T. Z. J. Millard, 1, 99, 500, 50, 60
C. H. Andrews, 35, 300, 3350, 20, 584
Jno. Andrews, 19, 931, 4150, 50, 490
G. Merchant, -, -, -, 50,175
J. Waggner, 20, 300, 160, 45, 606
R. Cravy, -, -, -, -, 450
W. Cravy, -, -, -, -, 612
S. Cravy, -, -, -, -, 490
H. Cravy,-, -, -, -, 1300
Mrs. Manuel, -, -, -, -, 800
Surman Deens, -, -, -, 100, 550
E. A. Coleman, 8000, 36, 8540, 150, 6000
A. J. Culpepper, 40, 610, 3900, 150, 617

Jasper County, Texas
1860 Agricultural Census

The University of North Carolina at Chapel Hill filmed the 1860 agricultural census for Jasper County from originals at the Texas State Department of Archives and History under a grant from the National Science Foundation in 1964.

Columns 1, 2, 3, 4, 5, and 13 represent the following information on the census:
1. Name of Owner, Agent or Manager of Farm
2. Acres of Improved Land
3. Acres of Unimproved Land
4. Cash Value of the Farm
5. Value of Farming Implements and Machinery
13. Value of Livestock

Sam A. Swan, 40, 67, 500, 175, 491
J.E. Armstrong, 300, 200, 3000, 300, 816
T. W. Causey, -, -, -, -, 365
F. Holloman, -, -, -, -, 413
W. C. Gordon, -, -, -, -, -
W. W. Maund, 16, 16, 2000, 280, 626
John R. Darsey, 1, 12, 1500, -, 400
C. G. Fillwaw, 400, 651, 5500, -, 52
John Dubose, 30, 330, 700, 50, 451
H. D. Sells, 30, 90, 3000, -, -
W. L. Maund, -, -, -, -, 15
Thos. Gillbreath, 2, -, 175,-, -
A. N. Perkins, 2, 40, 2000, 200, 250
M. C. Moulton, -, -, -, -, 250
John Huston, 1, -, 1000, -, 45
D. W. Steele, 5, 9, 600, -, 20
G. P. May, 75, 1125, 2500, 250, 1482
R. Sinclair, 4, 475, 1275, 75, 80
Mrs. Neyland, 585, 753, 13330, 1500, 3256
J. Gilchrist, 30, 132, 1600, 15, 279
P. F. Renfro, 125, 8318, 30000, 400, 1560
Wm. Byerley, 60, 4538, 9000, 700, 1105

Joseph Glenn,-, -, -, 25, 200
A. L. Hadnot,-, -, -, 100, 300
Jonathan Black, 100, 200, 300, 100, 765
Edward Black, -, -, -, -, 500
A. Merrell, -, -, -, -, 452
Wm. C. Sanders, 68, 232, 2000, 75, 622
Thos. Wilson, 18, 302, 1800, 10, 192
R. K. Radcliff, 10, 296, 1500, 150, 200
David Glenn, 80, 1459, 4000, 75, 940
Franklin Maness, 15, 244, 1000, 50, 69
Wm. Smith, 30, 334, 1500, 250, 850
Joseph Glenn, 60, 670, 2000, 150, 300
Jesse Choat, -, -, -, -, 150
C. C. Glenn, 56, 400, 2000, 20, 400
Sally Glenn, 150, 960, 1070, 150, 750
Wm. Allen, 130,700, 3000, 200, 500
Nathaniel Allen, 60, 90, 800, 10, 300
Emily Huffman, 40, 600, 1280, 40, 100

F. Wigley, 70, 107, 500, 100, 350
Wm. A. Rimes, 200, 2500, 9000, 363, 3350
H. A. Black, 50, 130, 800, 230, 500
Jas. R. Orten, 55, 701, 1500, 300, 350
P. B. Pry, 50, 1950, 2000, 100, 800
H. H. Thomas, 100, 200, 600, 15, 350
M. Turner, 20, 30, 500, 150, 300
D. B. Haines, 43, 157, 400, 25, 375
Joseph Jones, 30, 290, 990, 100,400
Joseph Kelly, 100, 1080, 5000, 125, 350
Kezia Kelly, -, 150, 750, -, 100
H. H. Wamack, -, -, -, 20, 150
R. B. Clark, 70, 480, 2000, 200, 175
J. M. Traylor, 250, 703, 400, 200, 750
W. C. Horn, 60, 340, 800, 20, 600
Wm. Traylor, 100, 1577, 1700, 200, 300
Jas. W. Ward, -, -, -, -, 275
B. Singltary, 31, 289, 650, 20, 1300
G. W. Masshaw, 25, 297, 1000, 30, 225
R. B. Curtis, 80, 280, 2500, 75, 500
Albert Nantz, -, -, -, -, 125
J. C. Traylor, 500, 1450, 3500, 300, 1650
L. H. Hadnot, 400, 200, 3000, 500, 1600
G. W. Hadnot Est., 315, 225, 3000, 500, 1400
Eliza Glenn, 40, 60, 1000, 20, 200
M. Middleton, 24, -, 5000, -, 280
B. Brooks, 40, 120, 800, 10, 250
J. T. McQueen, 10, 335, 200, 150, 275
Wm. King, 40, 8960, 9000, 100, 500
M. Vaught, -, -, -, 70, 275
M. L. Kelly, 35, 265, 1500, 75, 300
M. T. Hart, 150, 1027, 2500, 200, 500
J. T. Armstrong, 70, 315, 1000, 100, 300
Wm. Shipp, 100, 787, 2400, 200, 2250
Wm. Grigsby, 75, 2008, 18000, 150, 500
Dicy Williams, 8, 312, 320, 20, 200
Wm. Singletary, 30, 130, 400, 10, 200
Eliza Boske, 100, 1850, 4000, 400, 750
R. P. Sholders, 400, 600, 8000, 660, 2075
John Smith, 20, 260, 1200, 15, 500
F. F. Smith, -, 160, 160, -, 100
S. Brouen, 30, 120, 100, 40, 950
O. Denman, 20, 80, 200, 50, 750
D. A. Lee, -, -, -, 75, 50
Robinson Bean, -, -, -, 100, 500
A. H. Rease, -, -, -, 50, 50
Jesse Trull, 40, 270, 310, 150,700
John Richards, 30, 500, 2000, 200, 1125
Washington Frazer, 15, 801, 1000, 15, 225
L. Richardson, 14, 96, 100, 25, 350
H. L. Reese, 50, 270, 500, 50, 400
Allen B. Reese, 10, 410, 420, 100, 250
James Craig, 30, 390, 420, 15, 2677
J. J. Taylor, -, -, -, -, 50
Aaron Pearce, 5, 172, 200, 10, 60
J. M. Martin, -, 400, 400, -, 150
Oliver Mahaffy, 25, 135, 160, 15, 77
Wm. Turner, 30, 157, 177, 20, 300
Ephraim Harrell(Howell), -, -, -, -, 75
J. G. L. Wyett, 170, 160, 177, 5, 200
Jacob Mason, 12, 148, 160, 5, 30
Wm. Brown, -, -, -, -, 75
Wm. Spicer, -, -, -, 100, 200
Wm. Smith, 3, -, 50, 100, 100
S. Y. Wies, 10, 10000, 150000, 200, 400
S. J. Smith, -, 700, 700, 100, 600
A. J. Taylor, 40, 2150, 10000, 100, 800
Q A. Cole, 177, 1423, 1600, 100, 1200

Thos. W. Hart, -, 5, 250, -, 300
Wm. Richardson, -, -, -, -, 150
David Cole, 16, 150, 160, 60, 900
Joshua Cole, 8, 152, 160, 50, 1000
J. L. Galaspi, 16,144, 300, 100, 300
Elias Whitmire, 18, 142, 160, 50, 470
Isaac Fish, 8, 950, 960, 10, 150
Elijah Kelly, 12, 148, 160, 10, 150
L. E. Shepherd, 15, 145, 160, 15, 225
Bird Williams, 25, 135, 160, 25, 590
Andrew Richardson, -, -, -, 10, 200
Benj. Richardson, 20, 300, 320, 50, 200
John Richardson, 25, 130, 320, 30, 400
Jas. Richardson, 50, 430, 1600, 75, 1400
Wm. S. Webb, 45, 107, 320, 175, 500
A. D. Crockett, 30, 450, 240, 125, 800
J. D. Foster, -, 1840, 800, 100, 400
John Frazer, -, 160, 1560, 10, 200
W. L. Willett, 20, 300, 160, 6, 120
Thos. Durrett, 35, 285, 160, 150, 500
John Moss, 28, 292, 500, 70, 600
J. G. Rutherford, 17, 143, 160, 20, 75
J. E. Rutherford, 16, 144, 160, 40, 250
Asa Z. Day, 20, 140, 160, 14, 125
W. B. Hartgroves, 10, 40, 200, 10, 275
J. M. Richardson, 15, 145, 160, 75, 450
G. B. Gandy, 65, 35, 500, 50, 1450
Hardy Richardson, 18, 82, 350, 10, 250
R. A. Richardson, 55, 365, 920, 100, 2000
J. T. Morrison, 75, 5125, 5200, 200, 700
J. J. Choat, -, -, -, 100, 375
Jas. A. Haney, 10, 150, 600, -, 15
Jas. Denman, 30, 113, 200, 10, 150
Wm. Beane, 20, 140, 160, 15, 600
R. D. Easton, 70, 330, 800, 20, 400
Thos. Smith, -, -, -, -, 400
T. W. Day, 15, 265, 560, -, 400
J. Westbrook, 30, 970, 500, 40, 350
L. J. Rutherford, -, -, -, -, 300
W. W. Perkins, 40, 137, 400, 75, 300
Benj. Williams, 55, 105, 1200, 120, 500
W. Noisworthy, 200, 333, 6545, 582, 1200
E. Noisworthy, 150, 650, 6000, 400, 1200
Wm. N. Grant, 300, 412, 4000, 500, 1500
L. T. Foster, 200, 10000, 20000, 100, 200
W. H. Truitt, -, 400, 800, 25, 300
Jas. D. Brown, 45, 132, 500, 150, 400
Jas. P. Childers, 2, 14, 500, 25, 120
M. P. Good, 52, 1708, 5000, 30, 300
John Allen, 230, 10785, 20000, 300, 800
Stephen Williams, 50, 1910, 1900, 125, 250
A. F. Bishop, 22, 198, 300, 10, 162
Robert Zigler, 30, 90, 320, 120, 782
Jesse Birde, 2, 8, 100, 105, 250
J. Delany, -, -, -, -, 200
John Beoil(Bevil), 75, 1855, 9650, 100, 740
J. M. Forward, -, -, -, -, 430
Wm. Freeman, -, -, -, -, 970
D. B. Seale, 25, 175, 600, 20, 190
H. Good, -, -, -, -, 340
Abel Adams, 300, 10610, 22620, 710, 1800
Hardy Pace, 80, 4560, 9000, 350, 1285
Eli Pace, 30, 127, 1000, 5, 184
Hardy Hancock, 50, 250, 900, 15, 527
P. Sapp, -, -, -, 200, 600
A. J. Shelby, 50, 142, 1200, 50, 666
J. M. Childers, 50, 450, 2500, 100, 466

J. Dubose, 50, 227, 1000, 50, 723
W. J. Coward, 100, 420, 3000, 125, 755
A. Breed, 60, 540, 1500, 100, 680
Austin Musick, -, -, -, 5, 227
L. B. Cameron, 8, 291, 1000, 100, 350
James D. Good, 75, 1275, 3624, 25, 441
M. Primrose, 40, 160, 400, 200, 738
Wm. Chapman, 9, 181, 1500, -, 280
H. Green, 50, 270, 1600, 10, 60
John Hamilton, 44, 400, 2000, 75, 473
Henry Ralph, 10, 960, 3000, 5, 215
John K. Lewis, 15, 105, 2000, 10, 252
W. P. M. Dean, 22, 298, 320, 60, 504
Mary Delany, 40, 280, 320, 100, 358
Adam Byerley, -, 3887, 3887, 115, 668
J. A. Bohler, 45, 495, 640, 100, 502
Sina Lynch, 30, 510, 640, 30, 670
A. H. Alley, 175, 322, 1200, 125, 885
D. S. Henderson, 125, 1025, 5750, 2000, 754
W. W. Nelson, 20, 125, 1500, 100, 430
John Blewitt, 125, 3545, 6000, 200, 1351
W. H. Kyle, 250, 1000, 5000, 250, 1770
W. D. Crawford, 350, 2000, 6000, 500, 1669
J. W. George, 40, 247, 2000, 125, 524
James L. Noble, 25, -, 150, 10, 150
F. T. Letney, 20, -, 150, 10, 200
N. Addison, 60, 100, 80, 150, 1259
L. Letney, 100, 6670, 8000, 80, 1620
John A. Powell, 17, 232, 500, 10, 268
J. A. M. Horn, 75, 825, 1800, 75, 690

Allen Bishop, 70, 470, 1600, 75, 1200
A. F. Crawford, 775, 4225, 40000, 375, 3696
S. B. Willborne, 10, 170, 360, 50, 75
M. D. Pearce, 20, 15, 175, 20, 125
J. B. Everett, 125, 355, 2000, 200, 400
A. F. Smyth, 50, 1347, 4580, 100, 945
Z. A. Barrow, 70, 330, 1000, 75, 1000
J. W. Good, 150, 3345, 3000, 800, 1374
J. W. Good guar. for 2 minors, 30, 3117, 5000, 100, 500
Joshua Grant, 280, 1523, 4130, 450, 1185
J. F. Trotti, 105, 310, 3500, 200, 375
J. T. Roberts, 50, 1150, 4000, 60, 420
Wm. Williams, 150, 2657, 5000, 100, 910
C. R. Beatty, 12, 1688, 3400, 500, 762
G. W. Rose, 50, 4000, 10000, 150, 230
J. Adams, -, -, -, 150, 245
K. L. Walker, 50, 4409, 3943, 200, 310
J. H. Trotti, -, -, -, 75, 262
A. D. Stnager, 20, 140, 480, 107, 151
B. Shepherd, 40, 60, 1000, 10, 279
L. P. Seale, 240, 578, 4090, 400, 1992
J. G. Masterson, 30, 67, 300, 10, 90
Joshua Seale, 30, 70, 500, 75, 300
M.T. Hart, 200, 977, 5850, 125,700
Z. B. Yeates, 95, 439, 4272, 50, 713
W. B. McAlister, 20, 190, 1000, 10, 300
Wm. N. Williams, 23, 699, 2000, 10, 416
E. N. Williams, 14, 219, 500, 5, 50
J. T. Morris, 16, 84, 1000, -, 540

Elizabeth Chapman, 36, 241, 1380, 25, 300
Uriah Chapman, 10, -, 200, 10, 440
H. M. Smith, 10, 310, 640, 80, 240
F. Freeman, 35, 705, 1200, -, 500
M. Jordan, -, -, -, 50, 392
Wm. H. Jordan, 20, 280, 300, 10, 200
Lewis McGee, -, -, -, 30, 453
L. J. Erwin, -, -, -, 5, 150
Burd Zigler, 10, 150, 160, 5, 160
Roan Jarrel, -, -, -, 10, 250
Saml. Gillispie, -, -, -, 40, 210
K. A. P. Hardy, 30, 157, 442, 10, 250
Jas. F. Erwin, 70, 244, 1500, 15, 1525
J. T. Erwin, 40, 120, 1500, 110, 790
F. W. Woods, 12, 148, 200, 10, 695
Furny Hill, 40, 260, 600, 110, 130
R. M. Dubose, 20, -, 200, 5, 90
J. E. Bird, 50, 450, 1500, 25, 440
Jno. Henderson, 100, 540, 3000, 100, 1229
Z. Wms. Eddy, 250, 600, 15000, 750, 2095
Wm. J. Peacock, 75, 459, 2685, 100, 992
A. Kelly, 20, 140, 160, 10, 307
R. L. Morgan, 10, 150, 160, 4, 300
James Bean, 160, 1010, 2500, 125, 1085
J. Youngblood, 35, 285, 600, 10, 267
Thomas Jones, 25, 135, 100, 5, 191
B. F. Seale, -, 160, 480, 20, 200
O. G. Horn, 60, 500, 960, 25, 42
L. H. Hoard, 80, 1105, 5200, 120, 425
John Bean, 240, 1060, 7800, 350, 1400
J. L. Smith, 80, 122, 808, 75, 472
A. Wright, 16, 280, 600, 100, 3160
M. Morgan, 8, 152, 400, 100, 869
Daniel Morgan, 25, 135, 160, 10, 288
Solomon Wright, 45, 355, 1200, 100, 2008
D. Morgan, 60, 580, 640, 15, 420
W. H. White, 40, 120, 500, 75, 522
J. R. Davis, 16, 144, 160, 6, 404
J.B. Roger, 125, 195, 1200, 125, 959
James Morgan, 25, 135, 600, 10, 320
D. Kelly, 30, 130, 1600, 10, 318
Wm. Morgan, 24, 136, 300, 10, 120
Wm. Taylor, 125, 345, 4000, 500, 1040
George Smith, 120, 400, 2000, 120, 744
S. T. Woode, 70, 851, 2500, 100, 215
J. M. Wilson, 40, 260, 450, 50, 200
J. E. Bean, 9, 151, 160, 10, 250
Nicy Wright, 20, 140, 160, 10, 885
Ellen Horn, 40, 1737, 1777, 50, 559
W. R. B. Hester, -, -, -, -, 100
Sarah McDonald, 65, 1235, 1300, 100, 930
Martha Hawthorne, 20, 180, 400, 100, 360
W. B. Griner, -, -, -, 50, 54
Ballad Adams, 215, 1185, 10000, 200, 2250
M. A. Prewett, 15, 85, 1000, 100, 451
A. F. Carruth, 25, 589, 1842, 100, 264
Moses Knighton, 110, 450, 1360, 125, 800
J. B. Powell, 100, 775, 1750, 75, 550
M. W. Claud, 40, 334, 1870, 50, 434
B. P. Powell, 250, 900, 9200, 200, 1226
R. E. Powell, 300, 500, 10000, 300, 1480
Wm. Wilson, 20, 1500, 1500, 10, 100
Henry Williams, 35, 365, 400, 25, 350
Saml. Williams, 15, 185, 150, 25, 200
E. N. Williams, 20, 195, 216, 20, 100
G. W. Smith, 200, 6800, 15000, 700, 1500

Enoch Grigsby, 80, 2800, 9265, 200, 500
Thos. Holton, 30, 290, 100, 20, 75
E. Bates, 25, 225, 300, 15, 175
John Haines, 70, 373, 1600, 150, 400
John H. Blount, 175, 1825, 10000, 3, 400
Silas M. Chapman, -, 6, 1000, -, -
J. S. Sexton, 10, 190, 400, 10, 150
J. L. Warde, -, -, -, -, 250
R. C. Doom, 18, 24100, 54534, 180, 750
Sarah A. Everett, -, 3627, 6181, -, -
B. P. Nichols, 22, 953, 4500, 20, 20
David Goodman, -, -, -, -, 350
T. P. Lanier, 80, 760, 2000, 25, 400
Z. Riols, 225, 1138, 5089, 300, 1741
Henry Arline, -, -, -, 150, 1100

Jefferson County, Texas
1860 Agricultural Census

The University of North Carolina at Chapel Hill filmed the 1860 agricultural census for Jefferson County from originals at the Texas State Department of Archives and History under a grant from the National Science Foundation in 1964.

Columns 1, 2, 3, 4, 5, and 13 represent the following information on the census:
1. Name of Owner, Agent or Manager of Farm
2. Acres of Improved Land
3. Acres of Unimproved Land
4. Cash Value of the Farm
5. Value of Farming Implements and Machinery
13. Value of Livestock

William Mcfaden, 40, 1010, 600, 30, 16400
John Herring, 10, 250, 100, 20, 1800
Luanza Calder, 50, 120, 600, 25, 2850
J. K. Robertson, 13, 10, 650, 25, 210
James Ingalls, 12, 7, 500, 25, 600
Clementone Patrage, 12, 3, 180, 10, 1970
Thomas Jackson, 23, 47, 805, 27, 2525
John Wettaz, 16, 144, 200, 100, 550
Christian Gantz, 10, 150, 120, 50, 425
Mikiel Stephen, 8, 152, 100, 50, 920
H. Windling, 12, 88, 120, 40, 472
Eliza Cheshon, 35, 51, 700, 50, 7925
Joseph Jeron, 10, -, 200, 10, 1930
Patsey Jeron, 30, 20, 600, 30, 6868
George W. Cox, 28, 157, 420, 15, 250
Biddle Langham, 83, 827, 1085, 1150, 1680
Kisiah Lewis, 15, 375, 225, 20, 460
John Lewis, 10, 150, 100, 10, 210
Mary A. Daniels, 40, 460, 280, 50, 604
George W. Lewis, 20, 708, 500, 60, 1090
Sollomon Landrum, 10, 65, 100, 25, 700
Sterling Spell, 20, 80, 200, 75, 1100
Edward Prater, 35, 497, 350, 215
John S. Marble, 40, 1320, 1200, 20, 772
Joseph Traughon, 30, 4190, 300, 25, 4612
Richard L. Ware, 15, 85, 200, 45, 320
Ralf West, 20, 220, 250, 50, 420
Travile Thebodeau, 15, 195, 150, 40, 835
Joseph Pevito, 25, 125, 250, 30, 5510
Levi Cars, 9, 175, 90, 20, 914
Seonne Bresarb, 15, 420, 150, 75, 9000
George Burrel, 8, 290, 80, 15, 330
Joseph Gallier, 25, 75, 250, 25, 752
George Hartgroves, 15, 624, 150,100, 2155
William Horington, 10, -, 100, 40, 444
William Carr, 60, 2702, 900, 40, 8180

Alex. E. Blasanchat, 40, 356,500, 50, 4484

Joseph Harburt, 60, 1140, 1000, 200, 20224

A. J. Levis (Tevis), 12, 438, 250, 10, 417

Johnson County, Texas
1860 Agricultural Census

The University of North Carolina at Chapel Hill filmed the 1860 agricultural census for Johnson County from originals at the Texas State Department of Archives and History under a grant from the National Science Foundation in 1964.

Columns 1, 2, 3, 4, 5, and 13 represent the following information on the census:
1. Name of Owner, Agent or Manager of Farm
2. Acres of Improved Land
3. Acres of Unimproved Land
4. Cash Value of the Farm
5. Value of Farming Implements and Machinery
13. Value of Livestock

W. S. Quynn, 25, 155, 720, 150, 1500
Granville Criner, 130, 1200, 7200, 250, 2300
A. H. Files, 60, 310, 1480, 125, 1400
Simeon Odom, 142, 1120, 3800, 100, 1095
David M. Smith, 5, 1000, 3190, 105, 1854
Saml. Nelson, -, 494, 494, 220, 1950
John E. Odom, -, -, -, 80, 196
W.T. B. Howard, 48, 282, 1600, 40, 1500
A. S. Tindle, -, -, -, -, 1000
John C. Barnes, 200, 640, 4500, 700, 5300
J. S. Surlock, 85, 1500, 6000, 800, 2000
Louis Goen, 100, 683, 2778, 230, 2300
A. J. Higgins, 60, 1280, 3880, 75, 520
L. H. Richards, 20, 500, 1500, 125, 380
Seaborn Robinson, 20, 310, 1600,-, 1566
Jacob Morrow, 170, 284, 9339, 360, 3525

Danl. J. Boatwright, -, -, -, 100, 800
A. D. Kinnard, -, 7212, 10818, 400, 16645
Gabriel Rogers, -, -, -, 5, 129
John R. Yarborough, 30, 170, 1000, 100, 50
Maryman Cooper, 12, 118, 650, 23, 289
Job Cooper, 10, 120, 650, 160, 995
U. C. Childers, -, 600, 1200, 115, 435
John M. Gentry, -, 135, 270, 10, 255
Rev. A. Black, 15, 60, 262, 65, 372
Jas. C. Anderson, -, 100, 600, 120, 440
Robert Tippett, 15, 585, 2400, 150, 590
Charnel Hightower, 15, 135, 600, 50, 440
A. L. Whitsett, -, -, -, 125, 200
Chas. Gilmore, 36, 289, 800, 130, 3765
T. Wier, 15, 85, 300, 15, 265
John D. Cheney, 25, 230, 900, 125, 1000
H. T. Shomaker, 25, 103, 640, 60, 269
Delila Shoemaker, -, -, -, -, 15

Charles Dixon, 18, 302, 1000, 90, 260
Colonel Larimon, 60, 340, 2000, 175, 780
James Delaney, -, -, -, 60, 350
Butler Duncan, -, -, -, -, 100
Jehu Sinclair, -, 250, 625, 150, 975
C. Billingsley, -, -, -, 140, 1120
Mark Billingsley, -, 133, 400, -, 193
Geo. W. Austin, 33, 285, 960, 65, 500
A. C. Hoyle, 140, 1180, 5000, 200, 10815
J. J. Ligon, 100, 268, 2800, 200, 2780
Elizabeth W. Turpin, 100, 292, 3000, 25, 445
John Barnes, 45, 175, 4000, 155, 9508
Jas. M. Shropshire, -, -, -, -, -
Wm. Powell, 250, 1390, 12000, 875, 1555
Saml. T. Pines, -, -, -, -, 300
Elijah B. Pines, -, -, -, 50, 531
John Inmon, 20, 555, 2000, 160, 1064
Geo. A. Mills, 20, 580, 900, 85, 624
Saml. Tucker, -, -, -, 100, 125
John L. Duke, 3, 277, 350, 10, 3988
C. H. Hurst, 50, 260, 1160, 100, 458
W. L. Combs, 60, 125, 1500, 50, 453
Wm. Billingsley, 30, 125, 1085, 25, 462
James Hurst, -, -, -, -, 2200
John G. Mitchell, 60, 140, 1400, 200, 525
Wm. C. Billingsley, -, 19, 500, -, 441
Edmund N. VanHoy, -, 17, 100, 10, 393
Robert Pines, -, -, -, 150, 1000
Moses Barnes, 20, 110, 300, 75, 10316
Charnel Hightower Sr., 70, 90, 1000, 90, 2090
J. Easterwood, 40, 280, 800, 60, 314
J. L. Elam, -, -, -, 68, 754
A. J. Rucker, -, -, -, -, 1445
Wm. Cooper, 35, 125, 640, 5, 343
Geo. Patton, 20, 500, 1000, -, 700
James Jackson, 25, 135, 800, 50, 1348
J. M. Holford, 30, 130, 800, 40, 717
Mary Cathey, -, -, -, -, -
Lemuel Chambers, 45, 115, 800, 85, 2673
Wm. H. Shelly, 75, 252, 1685, 100, 2160
John Jameson, -, -, -, -, 126
A. M. Long, -, -, -, -, 556
A. Gregory, 20, 144, 1200, 75, 2071
Robt. S. Profit, 30, 254, 734, 100, 1520
James D. Gilpin, 15, 145, 640, 40, 583
Martin Walker, 18, 142, 640, 10, 370
J. M. Washburn, 20, 980, 5000, 95, 620
James Haly, 80, 146, 1130, 100, 1200
Joshua Hightower, 40, 280, 1280, 105, 1180
John Morrison, 20, 140, 800, 45, 1498
Charles Wells, -, -, -, -, 1550
John W. Mitchell, -, -, -, 60, 1122
Thos. Taylor, -, -, -, -, 1838
David W. Williams, -, -, -, -, 836
James R. Richardson, -, -, -, -, 659
Saml. Kinman, -, -, -, 65, 296
G. F. Perkins, -, -, -, 40, 1321
James B. Jackson, -, -, -, 85, 485
Richd. Blevins, -, -, -, 120, 2338
Esquire Blevins, -, -, -, 45, 1745
Pleasant Tharp, 75, 13429, 46284, 380, 2796
F. M. Edens, -, -, -, 100, 2111
Claiborne Arrington, 100, 540, 950, 325, 345
James Arrington, 4, 156, 160, -, 464
John Calvin, 12, 148, 160, 34, 1268
Ebenezer Millican, -, -, -, 3, 42

Jas. E. Norton, 40, 120, 1000, 50, 2140
John Martin, -, -, -, 60, 346
J. J. Norton, -, -, -, 70, 624
Robt. H. Mills, -, -, -, 85, 595
N. S. Clardy, -, -, -, 190, 150
A. J. Berry, 16, 144, 480, 30, 2676
Richd. Young, -, -, -, -, 582
John Muks, 50, 270, 100, 140, 3885
Frederick LeFore, -, -, -, 200, 261
Wm. R. Burton, -, 283, 566, 10, 1333
John Scarborough, -, -, -, 25, 1568
Jas. P. Wray, -, -, -, -, 100
John Nickell, -, -, -, 115, 2195
Wm. Montgomery, -, -, -, 80, 579
Reuben Herndon, 40, 729, 3210, 225, 1100
James M. Herndon, 10, 359, 1500, 230, 1176
Eli E. Magee, -, -, -, -, 650, 2736
Jason E. Magee, -, -, -, -, 125
J. B. Powell, 45, 115, 800, 105, 480
John B. Cope, -, -, -, 60, 405
Wm. O. Menifee, 30, 220, 500, 92, 1068
Nancy Page, -, 125, 310, 129, 759
John Stephens, 40, 240, 840, 50, 410
W. P. Lawson, 65, 735, 4645, 100, 660
B. S. Harrol, 10, 150, 480, 10, 402
Isaac E. Donoho, -, -, -, -, 90
Wm. A. Hyden, -, -, -, -, 150
C. C. Alexander, -, 1000, 1000, 15, 405
J. A. Murphy, -, -, -, 5, 1762
Charles E. Barnard, 425, 23000, 50000, 3500, 24300
Danl. Phillips, 30, 241, 1640, 175, 677
Allen Haley, 80, 1194, 6320, 125, 1191
J. Q. Sewell, 10, 347, 734, 115, 2863
V. D. Johnson, -, -, -, 12, 976
Thos. J. Blythe, -, -, -, 100, 1255
Danl. McBride, -, -, -, 60, 1753
S. A. Jinks, -, -, -, -, 1309

John Stewart, 10, 150, 240, 70, 60
Larkin Prestridge, -, -, -, 200, 369
John L. Bryant, -, -, -, -, 686
John Bargiley, 15, 135, 320, 70, 336
Joseph Winter, -, -, -, -, 255, 1218
Elbert Day, -, -, -, 110, 3313
John F. Day, 30, -, 800, 250, 4900
Wm. Neesbit, -, -, -, 60, 200
Armstead Jackson, -, -, -, -, 125
W. H. Garrett, -, -, -, 110, 785
Mary Mitchell, -, -, -, 20, 65
Thos. Lambert, -, -, -, 10, 241
Wm. Atwood, -, -, -, 70, 1298
Reuben Maxwell, -, -, -, -, 110
W. R. Gafferd, -, -, -, 8, 115
Henry Bond, -, -, -, 25, 604
A. W. Haslow, -, -, -, 3, 160
Danl. Thomas, -, -, -, 125, 1460
Amon Bond, -, -, -, 40, 478
Saml. G. Powell, -, -, -, 65, 753
Abel Landers, -, -, -, 150, 4625
David Nutt, -, -, -, 5, 60
R. G. Peters, -, -, -, -, 20
F. M. Landers, -, -, -, -, -
Simpson Breedlove, -, -, -, -, 419
Logan Landers, 45, 115, 500, 120, 6325
Y. J. Riley, 65, 413, 2448, 85, 707
John Edwards, 100, 638, -, 250, 3798
A. J. Woods, -, -, -, 250, 4785
J. N. Rash, -, -, -, 110, 942
J. C. Harper, -, 50, 150, 80, 714
John A. McCreary, 33, 127, 800, 80, 1716
Isaac M. Eaton, -, -, -, 50, 365
G. B. Dillahunty, 15, 105, 400, 105, 2051
Thos. J. Dillard, -, -, -, -, 1564
J. C. Patton, -, -, -, -, 400
John McKee, -, -, -, 70, 975
R. P. Crockett, 6, 144, 750, 80, 414
Joseph Rash, -, -, -, 70, 258
Isaac Nolen, 28, 212, 720, 95, 1305
Newton Goodwin, 50, 270, 1500, 208, 3416

Hiram Steed (Steel), 10, 150, 800, 10, 1930
John R. Sikes, 18, 114, 800, 255, 4382
Wm. Jones, 30, 298, 950, 165, 5844
Henry G. Cason, 15, 145, 800, 95, 330
Isaac Souther, 60, 194, 1200, 230, 800
Wm. R. Shannon, 50, 450, 2500, 50, 8475
Henry Campbell, -, -, -, 25, 91
John G. Glous, -, -, -, 50, 275
J. L. Allison, -, -, -, 212, 1216
Miles Hinstey, -, -, -, -, 404
Saml. Long, 18, 142, 600,-, 792
James McCoy, 60, 260, 1280, 25, 644
Wiley Long, 125, 388, 2500, 130, 1550
G. W. Biles, 20, 100, 500, 80, 56
J. C. Cornelius, -, -, -, 90, 393
John Morris, 30, 130, 720, 15, 238
Thos. Carnes, 60, 100, 600, 75, 375
J. W. Nance, 65, 95, 2825, 100, 975
J. W. P. Johnson, -, -, -, 80, 941
John H. Allison, -, -, 1000, 110, 784
Jacob Furry, 30, 130, 350, 50, 319
John L. Trimble, -, -, -, 8, 75
Emeline Manly, 40, 440, 1450, -, 3848
James Ward, 30, 120, 1000, 100, 2945
J. B. Holland, 10, 250, 1000, 55, 404
Jas. H. Brown, 40, 135, 1000, 7, 120
Saml. A. Rash, 60, 300, 1000, 210, 1070
Wesley Rogers, 20, 150, 870, 100, 1888
Eli Vickers, -, -, -, 110, 932
R. G. Thompson, -, -, -, 40, 390
Wm. O. Wright, 10, 50, 300, 170, 895
Lyman Matthews, -, -, -, 15, 40
Geo. W. Matthews, 40, 410, 2400, 80, 1287

Wm. C. Manly, 25, 212, 1000, 190, 870
John P. Edwards, -, -, -, -, 149
Elijah B. Crouch, 50, 125, 1000, 70, 420
David Hull, 75, 85, 800, 50, 825
Saml. S. Hull, 40, 120, 800, 50, 523
James M. Hull, -, -, -, 150, 300
Mary A. Leadbetter, -, -, -, 40, 3470
G. R. Edgar, 80, 1280, 3700, 175, 945
W. J. Culberhouse, 20, 140, 640, 15, 550
A. Valentine, -, -, -, 7, 1920
W. J. Roberson, 12, 148, 800, 53, 293
John C. Eidom, -, -, -, 10, 1290
Wiley E. Jones, 65, 573, 1118, 70, 336
Geo. W. Quick, 21, 235, 765, 34, 452
Joseph Combs, 40, 177, 2170, 47, 256
B. Blanton, -, -, -, 110, 544
G. Willbanks, 65, 1550, 2846, 285, 920
Hiram Willbanks,-, -, -, 100, 820
B. F. Vincent, -, -, -, -, 958
J.S. Wilshire, 12, 308, 800, 15, 230
Wm. Brown, -, 100, 200, -, 158
Nancy Willshire, 65, 303, 2211, 45, 696
Mary Carter, 80, 480, 2000, 115, 860
Wm. Logan, 34, 243, 1390, 115, 330
Wm. S. Harrell, 25, 87, 600, 110, 280
Gideon Conway, -, 92, 300, 70, 200
T. W. P. Wright, -, -, -, 12, 787
F. L. Kirtley, -, -, -, -, 150
Wm. Balch, 150, 950, 4000, 300, 602
J. T. Faires, 60, 260, 640, 125, 970
Green Shropshire, -, -, -, 50, 315
Thos. Seal, -, -, -, -, 300
Jonathan Burk, 50, 260, 2000, 175, 480

G. H. Sigler, 40, 638, 2500, 150, 1266
Ann Bell, -, -, -, -, 700
John M. Burnes, -, 350, 800, 140, 260
G. P. Shannon, 33, 135, 1500, 110, -
Louisa Fathey, 50, 270, 1600, 50, 418
J. M. Burk, -, -, -, 80, 250
E. R. Balch, -, -, -, 100, 167
F. M. Ross, -, -, -, 180, 300
John B. Bales, 70, 45, 1000, 146, 656
Saml. Myers, 260, 1460, 6000, 600, 1445
James M. Tatum, -, -, -, -, 270
A. C. Renfro, 26, 134, 300, 5, 135
J. M. Stout, -, -, -, 70, 32
W. J. Brown, -, -, -, 150, 100
Isaac W. Renfro, -, -, -, 150, 470
J. A. Renfro, 20, 488, 762, 55, 265
D. R. Jackson, 24, 276, 1200, 65, 430
J. G. Woodson, 28, 102, 600, 96, 472
John W. Rawls, 25, 185, 880, 105, 315
Wm. Wise, -, -, -, 50, 122
J. P. Rawls, 8, 62, 350, 58, 140
S. C. Myres, 5, 154, 800, -, 560
E. G. Billingsley, -, -, -, 18, 205
R. H. Brown, -, -, -, 15, 360
Wm. G. Jackson, 12, 148, 250, 10, 157
John Armstrong, 40, 440, 2400, 60, 845
Jesse Faulk, -, -, -, 110, 450
M. M. Knight, 60, 568, 2140, 250, 1638
J. J. Mills, 75, 565, 1600, 225, 119
G. R. Shannon, 40, 280, -, -, 750
Jesse Evans, 40, 460, 1140, 140, 220
B. Bransom, 30, 290, 1600, 155, 1335
John P. Bailey, 60, 1002, 8570, 185, 650
James G. Hix, 80, 230, 2500, 220, 1215
James Bartley, -, -, -, 100, 258
J. R. McKinsy, 90, 650, 3000, 125, 450
Mason Pendleton, -, -, -, 290, 270
R. B. Torbett, -, -, -, 75, 290
H. G. Brice, 60, 740, 2400, 140, 405
J. M. Shreves, -, 80, 800, 90, 298
Wm. Murry, -, -, -, 100, 715
John Hunter, 60, 260, 1800, 100, 820
J. M. James, 40, -, -, 60, 240
Hiram Rluis (Dluis), 40, 600, 1000, 100, 769
Margarett Ridde, 35, 285, 960, 75, 378
J. B. Hudson, 200, 760, 4480, 400, 300
J. T. Magee, 45, 275, 1600, 30, 134
W. B. Barnett, 40, 150, 608, 95, 505
Geo. M. Wakefield, -, -, -, 105, 380
John J. Snider, 210, 2350, 9500, 300, 810
J. A. Collins, 30, 290, 1000, 100, 990
E. Crouch, -, -, -, 185, 586
E. C. Hull, 60, 407, 2285, 100, 630
John Berry, 60, 580, 3200, 50, 370
J. H. Reynolds, -, -, -, 12, 225
M. Graham, 18, 992, 2840, 85, 2860
John Brumbelves, -, -, -, 100, 205
Thos. Haley, 150, 550, 3150, 225, 1810
J. S. Fairley, -, -, -, -, 267
J. H. Pyatt, -, -, -, -, 390
Ransom Ship, -, -, -, -, 390
John Ship, -, -, -, -, 200
Jacob Nickless, -, -, -, -, 100
Meridith Hart, 75, 1205, 4000, 290, 450
Wm. R. Jackson, -, -, -, 10, 268
Wm. F. M. Green, -, -, -, 15, 289
Wm. Boatwright, 42, 2304, 3522, 150, 840
J. B. Wren, 50, 270, 2000, 15, 428
J.A. Parson, -, -, -, 150, 4450

Isaac Killough, 30, 451, 2121, 112, 805
Wiley Murphy, -, -, -, 85, 630
John L. Dillard, 30, 548, 2000, 90, 505
T. D. Lorance, -, -, -, -, 325
A. McAnear, 40, 1000, 5000, 380, 1487

Karnes County, Texas
1860 Agricultural Census

The University of North Carolina at Chapel Hill filmed the 1860 agricultural census for Karnes County from originals at the Texas State Department of Archives and History under a grant from the National Science Foundation in 1964.

Columns 1, 2, 3, 4, 5, and 13 represent the following information on the census:
1. Name of Owner, Agent or Manager of Farm
2. Acres of Improved Land
3. Acres of Unimproved Land
4. Cash Value of the Farm
5. Value of Farming Implements and Machinery
13. Value of Livestock

F. Thompson, 100, 625, 4000, 150, 2360
A. M. Shockley, 60, 318, 1134, 150, 4270
L. Birdsall, 30, 130, 160, 30, 2260
J. Hutchinson, 30, 270, 300, 15, 3900
N. C. Wilson, 2, 98, 300, 5, 950
W. E. Belding, 20, 80, 1000, 20, 3966
R. L. Lemon, 15, 185, 2000, 250, 3270
E. H. Winfield, 25, 125, 800, 100, 1430
T. N. Mud, 20, 402, 1000, 50, 4550
A. Hagan, 15, 129, 144, 15, 370
Wm. H. Cochran, -, -, -, -, 6000
Wm. A. Droomgoole, 30, 301, 900, 100, 380
W. Hutchinson, 45, 239, 800, 75, 390
H. H. Gorum, 20, 300, 1500, 50, 3025
M. A. Tyler, 60, 362, 1000, 150, 2494
A. Newman, 12, -, 60, 20, 7730
Jas. Brown, 40, 280, 1000, 50, 850
A. Holdridge, 27, 403, 430, 30, 360

R. Asher, 10, 190, 190, 15, 900
N. B. Oran, 10, 150, 500, 20, 1820
P. Cain, 20, -, 100, 10, 80
A. O. Strickland & Bros., 50, 430, 2400, 150, 6390
A. Strickland, 20, 140, 1200, 50, 1700
W. G. Roark, 15, 45, 300, 15, 316
F. B. S. Cox, 12, -, 60, 30, 12020
L. B. Wright, 34, 125, 160, 30, 1950
E. Day, 30, 70, 200, 20, 2100
W. Eckford, 50, 350, 1050, 100, 5600
B. Reed, 25, 195, 1000, 50, 3300
J. G. Smith, 30, 170, 1000, 60, 2810
Jno. Wofford, 50, 50, 1000, 100, 9410
J. W. Risinger, 14, -, 70, 15, 2740
R. G. Roebrick, 25, -, 100, 20, 1100
Jas. Sullivan, 20, -, 100, 15, 14680
Geo. M. Reese, 10, 95, 525, 25, 1070
D. C. Lyons, 25, 154, 1000, 100, 4450
Geo. Williams, 10, 167, 500, 15, 3240
P. Marell, 10, 167, 600, 15, 870
M. B. Stockton, 18, -, 90, 15, 1351

Danl. Hodges, 5, 79, 200, 15, 3300
H. C. White, 10, -, 50, 15, 2890
Jno. Falk, 25, 5975, 6000, 25, 7110
T. P. Chesner, -, -, -, -, 2400
Thos. Tumlinson, 20, 80, 200, 20, 4530
Jno. Ratcliff, 23, 137, 800, 20, 2000
Wm. Park, 15, 145, 500, 20, 1290
Jno. H. Paschal, 25, 135, 160, 20, 6360
J. B. Borum, 15, -, 75, 20, 19010
Saml. Perryman, 40, 430, 3500, 150, 3060
Thos. B. Malone, -, -, -, -, 2900
W. Scoggin, 8, 152, 160, 20, 1400
Wm. Butler, 5, -, 25, 10, 2942
O. Hargraves, -, -, -, -, 2000
E. Ray, 25, 252, 534, 50, 4000
W. McCutchen, -, -, -, -, 4000
G. H. Nichols, 12, -, 60, 15, 3400
C. Liles, 20, -, 200, 15, 1100
J. W. Bayler, -, -, -, -, 2800
J. H. Rose, 6, -, 60, 5, 2050
J. M. Elair, 50,-, 500, 50, 6300
G. W. Richard, -, -, -, -, 4400
L. T. Tucker, -, -, -, -, 1810
S. W. Burrass, 50, 270, 1600, 75, 16000
Jas. Coker, 40,-, 200, 20, 370
A. Rutledge, 15, -, 150, 30, 300
Wiley Carr, 80, -, 800, 60, 5000
Z. Canfield, 100, 125, 675, 100, 2260
W. E. Canfield, 125, 315, 2185, 150, 5000
E. M. Bennett, 5,-, 50, 10, 9600
W. P. Bennett, -, -, -, -, 10650
Thos. J. Barfield, -, -, -, -, 1800
A. Lewis, -, -, -, -, 4750
W. Hawhorn, -, -, -, -, 1600
J. H. Barfield, 8, 252, 600, 15, 600
C. J. Barfield, 6, 101, 107, 10, 500
H. D. Forde, -, -, -, -, 1900
Thos. Shoat, -, -, -, -, 6100
W. J. J. Scoggin, -, -, -, -, 2600
D. C. Scoggin, -, -, -, -, 3500
H. R. Pullen, 25, -, 250, 5, 300
J. M. Shoat, 30, 130, 160, 25, 7460
P. Shoat, -, -, -, -, 1160
Jno. Summer, -, -, -, -, 270
T. H. Puckett, 22,-, 110, 20, 2260
J. C. Barfield, -, -, -, -, 1160
Jno. R. Trammel, -, -, -, -, 1600
C. Collins, -, -, -, -, 1500
N. Surrett, -, -, -, -, 1000
L. Barfield, -, -, -, -, 600
C. Forbes, 25, 135, 800, 20, 10526
L. D. Puckett, 25, 295, 640, 25, 5540
E. Knight, -, -, -, -, 4260
M. Lawson, -, -, -, -, 14640
S. Little, 6, -, 60, 5, 260
G. Little, -, -, -, -, 440
A. Donley, 5, 995, 800, 10, 2440
G. Race, 15, 485, 500, 15, 3200
T. Luckett, -, -, -, -, 2800
Ira Henton, 8, 192, 200, 10, 960
A. O'Niel, 10, -, 50, 5, 300
J. Saunders, 10, -, 50, 8, 240
Wm. McLane, 130, 330, 2000, 150, 20100
J. Archer, 12,-, 60, 15, 3760
J. L. Calvert, 70, 230, 3000, 75, 18420
T. Coy, 14, 286, 1702, 50, 1600
J. A. Ferg, 10, 990, 5000, 20, 9550
J. R. Skyler, 10, 160, 480, 100, 1800
J. L. Shoat, -, -, -, -, 4120
Wm. Atwood, 10, -, 50, 5, 900
W. C. Bishop, 20, -, 100, 15, 13200
D. D. Whitston, 20, 80, 2500, 150, 4230
Saml. Caligapa, 5,-, 25, 10, 136
John Gabalik, 5, -, 25, 10, 360
M. Ubrangik, 30, 120, 750, 60, 380
J. Mosa Kimber, 35, 40, 385, 75, 380
J. Deeck, 50, 100, 850, 90, 450
A. Deagn, 35, 40, 380, 65, 270
Jno. MosKimber, 35, 40, 380, 80, 400
Thos. MosKimber, 35, 40, 380, 68, 420
M. Brit_, 30, 20, 250, 38, 296

D. Caler, 25, -, 125, 25, 270
A. Labas, 25, -, 15, 10, 135
J. Rabsteen, 50, 50, 500, 100, 300
F. Bela, 50, 50, 500, 95, 500
L. Muehler, 5, -, 25, 15, 600
C. Finkler, 5, 20, 125, 15, 450
C. A. Ballard, 8, 152, 1800, 15, 800
H. Lorton, 40, 4565, 4605, 80, 450
J. B. Deds, 25, 65, 240, 75, 2900
W. G. Kelley, 24, 384, 1224, 80, 7840
H. Silrins, 35, -, 165, 20, 400
C. C. Campbell, 50, 500, 2750, 100, 1130
W. P. Finlay, -, -, -, -, 1826
Jas. C. Nowlan, -, -, -, -, 7060
J. G. Callison, 10, 190, 600, 15, 688
B. Griffin, 18, 32, 100, 20, 1450
Saml. Edmunson, 12, 208, 860, 60, 1510
R. A. Lackey, 25, 375, 800, 15, 1380
L. Navarro, 10, 490, 2000, 30, 2400
R. W. Cosley, 25, -, 125, 15, 4250
J. J. Wickett, 15, -, 75, 20, 2000
H. H. Brockman, 30, -, 150, 15, 2850
F. Beula (Benla), 15, 35, 100, 15, 175
J. Rabsteen, 15, 35, 100, 15, 200
A. Middlebrook, 25, 175, 1000, 25, 400
Wm. H. Mayfield, 300, 656, 6000, 500, 8340
J. Rhyme, 6, 154, 800, 15, 1900
J. Wickett, 15, 145, 800, 15, 2150
Geo. Rhyme, 20, 130, 600, 20, 5500
A. J. Williams, 100, 2349, 9796, 200, 24760
Jno. Littleton, 30, 1370, 2800, 50, 720
J. L .King, 35, 65, 800, 20, 1620
Jas. Chamberlson, 35, 65, 800, 20, 890
Rm. Rush, 30, 20, 250, 20, 2118

J. A. Tippen, 100, 500, 2000, 75, 1240
J. D. Campbell, 30, -, 150, 20, 600
J. D. Cooper, 40, -, 200, 20, 430
C. Renfro, 75, -, 375, 50, 3700
B. Butler, 60, -, 300, 50, 3320
Jas. Butler, 10, -, 50, 10, 250
Robt. Rix, 35, -, 165, 10, 4540
J. A. McLane, 15, -, 75, 10, 600
B. Case, 110, 120, 2000, 20, 870
C. M. Smith, 22, -, 110, 15, 14
W. B. Reagan, 20, 130, 750, 25, 4350
Simon Yanta, 10, -, 50, 15, 300
Jas. Catcksha, 10, -, 50, 10, 250
Jas. Varslick, 6, 25, 100, 15, 300
A. Austin, 30, 220, 500, 20, 2900
W. B. Lockhart, 30, 170, 600, 30, 11550
O. H. P. Scanland, 25, 75, 1000, 20, 457
T. Weide, 15,-, 75, 10, 4140
H. A. Garger (Gasger), 12, 98, 260, 10, 3750
C. W. Shultz, 20, 340, 800, 25, 700
Thos. Rabb, 16, 885, 3000, 30, 24640
Jno. Osman, 12, 165, 177, 20, 3850
B. Forde, 12, -, 60, 15, 2600
Thos. Webb, 100, 300, 1500, 100, 4710
G. F. Harper, 20, 598, 360, 30, 1100
Chas. Horn, 8, 52, 200, 10, 300
A. B. Moores, 50, 950, 2000, 75, 1800
Thos. J. Wheeler, 8, 325, 500, 10, 6440
J. Asher, 15, 157, 344, 20, 1320
L. J. Lipscomb, 300, 1612, 6000, 600, 12980
D. J. Johnson, 20, 55, 750, 20, 470
H. R. Ammons, 33,-, 330, 25, 2040
J. J. Clark, 45, -, 450, 30, 600

Kaufman County, Texas
1860 Agricultural Census

The University of North Carolina at Chapel Hill filmed the 1860 agricultural census for Kaufman County from originals at the Texas State Department of Archives and History under a grant from the National Science Foundation in 1964.

Columns 1, 2, 3, 4, 5, and 13 represent the following information on the census:
1. Name of Owner, Agent or Manager of Farm
2. Acres of Improved Land
3. Acres of Unimproved Land
4. Cash Value of the Farm
5. Value of Farming Implements and Machinery
13. Value of Livestock

This county had a number of entries where lines were drawn through the entry; although the data in the columns was readable it was not counted in the column totals by the census taker. There was no explanation given for this.

H. Bird, 10, 150, 395, 20, 540
Wm. Nash, 200, 800, 3000, 400, 12000
M. Stephenson, 30, 601, 1200, 40, 1000
S.W. Crouch, 200, 440, 2240, 1000, 3500
Wm. Kimble, 13, 185, 378, 100, 528
F. A. Massey, 60, 300, 1060, 100, 600
J. W. Love, 60, 997, 4593, 500, 3385
Cary Cobb, 50, 590, 3100, 100, 1310
T. E. Noble, 30, 290, 950, -, -
A. Johnson, 45, 2000, 4000, 200, 1750
N. Daugherty, 20, 373, 1000, 450, 2550
Thos. Kell, 18, 112, 250, 150, 742
A. J. Harden, 60, 240, 900, 350, 3796
C. C. Stovall, 32, -, -, 30, 400
J. K. Love, 40, 500, 2700, 275, 2101
E. Forester, 15, -, -, 50, 950

Geo. Barnett, 150, 590, 3700, 3000, 7145
Jno. Harden, 50, 271, 1200, 130, 256
J. C. Mitchell, renter, renter, renter, 25, 110
J. C. Gillaspie, 60, 240, 1500, 150, 1700
J. H. Hill, renter, renter, renter, renter, -
E. Fleming, -, 254, 508, 250, 965
Jas. Forsith, 15, 235, 150, 160, 202
David Sharp, 23, 195, 500, 50, 872
Geo. Seitz, 25, 295, 1000, 200, 757
Thos. Seitz, 25, 935, 1500, 50, 2016
H. Hobbs, 12, 70, 400, 30, 220
S. E. Pyle, 20, 300, 1000, 30, 6045
J. K. Pyle, 12, 288, 750, 15, 1365
W. G. Burrill, 5, 53, 250, 10, 1410
W. T. Stubbs, 30, 293, 1000, 125, 1245
Geo. Buckhannan, renter, renter, renter, renter, 340
Geo. Ortry, renter, renter, renter, 80, 370

O. Vanpool, 35, 185, 1000, 85, 1050
Thos. Bullard, 14, 66, 250, 5, 175
J. Bullard, renter, renter, renter, 10, 190
J. Kimble, 20, 310, 640, 10, 198
John Pyle, 60, 1500, 2500, 250, 3600
L. Pickirm, renter, 50, 200, 60, 110
Jas. Smith, 10, 310, 800, 70, 1400
C. B. Lunts, renter, renter, renter, -, 125,
J. Pyle, 16, 304, 960, 30, 400
E. Guthery, 100, 540, 3000, 30, 1250
A. McDougal, 10, 310, 640, 30, 890
E. E. Goodwin, renter, renter, renter, 10, 290
Wm. Nutt, 48, 102, 800, 15, 240
Wm. Guthery, 2, 98, 300, 10, 314
S. Carroll, 1, 99, 300, 10, 325
C. M. Murdock, 10, 310, 640, 10, 359
M. A. Woodward, renter, renter, renter, 10, 246
J. M. Luton, 35, 808, 1686, 165, 4455
G. W. Brock, 35, 345, 760, 15, 322
J. S. Dameron, 35, 295, 1000, 20, 840
J. S. Crumm, renter, renter, renter, -, -
G. B. Morris, 30, 110, 100, 10, 435
M. Stephenson, 40, 600, 1920, 100, 2868
J. G. Kimble, renter, renter, renter, 10, 90
J. Davenport, 12, 68, 160, 10, 1050
Wm. Kimble, 15, 145, 320, 10, 450
C. Howard, 60, 570, 1260, 75, 961
J. M. Kinchen, 10, 630, 1600, 25, 100
W. B. Dashiell, 90, 1572, 8310, 500, 7450
S. G. Hays, renter, renter, renter, -, 140
D. A. Badgley, 10, 310, 640, -, 1397
J. Johns, 30, 610, 1920, 50, 1460
W. L. Burchford, renter, renter, renter, -, 115
L. Modlin, 25, 300, 640, -, 100
Wm. Turney, 40, 460, 2500, 85, 1465
J. M. Carter, 35, 535, 750, 20, 1305
Jas. Shaul, 125, 435, 2000, 75, 1814
J.H. Boyd, -, 320, 640, 15, 1348
J. Laroe, 10, 311, 1280, 75, 275
W. C. T. Frazure, renter, renter, -, -, -
T. R. Anderson, 60, 210, 1500, 322, 7059
Jas. Agin, 60, 260, 1600, 50, 1565
P. A. Smith, 90, 410, 2500, 75, 980
P. Paschal, 35, 605, 2000, 250, 640
R. S. Willson, 50, 350, 1600, 250, 1585
J. T. Dickey, 20, 624, 1280, 80, 1427
A. T. Burton, 200, 1530, 2595, 200, 6420
J. W. Gardner, 25, 175, 1000, 60, 1610
W. R. Brown, 100, 500, 30000, 250, 2920
H. R. Fleetwood, 40, 160, 600, 55, 1760
G. R. Paschal, 45, 275, 1200, 250, 3080
A. L. Paschal, 25, 93, 1200, 5, 216
G. A. Norll, 12, 254, 798, 80, 2366
T. A. Waldrip, 40, 120, 500, 5, 833
S. Rayner, 15, 185, 500, 75, 915
L. D. Kaufman, 10, 310, 640, 110, 294
D. Moore, 40, 497, 1038, -, 1090
D. Wells, renter, renter, renter, -, 200
J. D. Hurst, renter, renter, renter, -, 360
W. Irvin, 110, 505, 300, 350, 4260
Thos. Hudson, 25, 295, 600, 50, 1060
M. Alexander, 21, 299, 960, 80, 1526
R. McSwain, 27, -, -, 65, 400
A. M. K. Sourel, 8, 192, 375, 225, 800

J. E. Peel, 20, 435, 62, 8, 976
S. W. Shettman, 34, 286, 960, 15, 577
S. Uphrgraff, renter, renter, renter, 15, 735
W. A. Carter, 45, 557, 2785, 25, 910
J. Luce, 30, 290, 950, -, 575
Thos. Sewell, 30, 290, 640, 45, 291
J. Sewell, 12, 658, 320, 10, 155
J. A. Wave, 15, 145, 480, 10, 234
D. Murphy, 40, 165, 820, 130, 3402
S. M. Saunders, renter, renter, renter, 80, 970
A. A. Love, 20, 140, 6450, 34, 221
J. F. Hendricks, 40, 120, 640, 135, 260
A. Renshaw, 35, 285, 1000, 90, 760
W. P. Howard, 18, 2301, 3451, 90, 265
B. Daugherty, 4, 1225, 4896, 275, 3140
D. Munk, rented, rented, -, 10, 195
T. W. Ritter, 25, 615, 1000, 75, 497
F. Jones, 20, 830, 9000, 12, 478
J. G. Lewis, rented, rented, rented, 7, 95
J. Shettman, 80, 560, 960, -, 1095
M. C. Akill, renter, renter, renter, -, 205
E. S. Cotharp, 45, 1105, 2000, 50, 1351
Jas. Biggs, renter, renter, renter, -, 117
J. M. Brisco, 12, 196, 800, 8, 52
R. Lucky, 80, 296, 1504, 130, 1033
R. K. Brisco, 35, 141, 880, -, 106
J. Chisum, 150, 437, 4000, 550, 4465
J. A. Tibbs, 20, 97, 468, 60, 1260
A. Thornton, renter, renter, renter, -, 40
E. Cannon, 20, 80, 700, 150, 1986
L. Fendley, 12, 52, 300, 40, 92
T. Crittenden, 15, 29, 300, 110, 2733
Wm. Eagin, 12, 98, 330, 65, 234
Jno. Gardenhire, 72, 568, 3840, 550, 5215
J. H. Carroll, renter, renter, renter, 60, 900
R. F. Gardenhire, 35, 285, 1920, -, 2685
J. Dewers(Drivers), 40, 330, 1500, 112, 320
Wm. Briskley, 11, 171, 1000, 15, 630
J. Shearwood, 40, 200, 1000, 650, 1072
M. McCrary, 46, 316, 1800, 325, 619
C. M. Nailor, 25, 75, 1000, 15, 130
E. Malone, renter, renter, -, -, 472
Jas. Smith, 25, 95, 1000, -, 333
H. Malone, renter, -, -, -, 311
C. C. Blake, renter, renter, -, 10, 319
J. Thompson, 60, 100, 2120, 9, 900
A. J. Phillips, renter, renter, -, 10, 90
C. Rubles, 30, 114, 800, 15, 404
Geo. Harry, 20, 20, 400, 15, 411
John Orr, 10, 190, 100, 10, 116
M. A. Barrett, 40, 280, 1600, 10, 381
R. T. Raynes, 220, 480, 4000, -, -
S. R. Barrus, 50, 835, 8500, 440, 1298
M. Simmons, 15, 305, 4000, 60, 560
Jas. Truett, 70, 250, 3200, 180, 1283
E. Chisholm, 25, 497, 1500, 300, 6245
A. W. Hedges, 47, 165, 2120, 10, 755
A. Hannah, 13, 138, 1500, 25, 318
J. Thompson, 20, 320, 1250, 25, 1200
J. Gardenhire, 25, 345, 2000, 450, 1170
Wm. Adams, 16, 304, 960, 12, 415
J. E. Sheaswood, 60, 353, 3000, 425, 1883
H. W. Wade, 30, 290, 1500, 80, 770
W. B. Boles, 50, 50, 1000, 80, 550
Jas. Lee, 55, 145, 2000, 25, 556
J. M. McReynolds, 185, 485, 6700, 865, 1480

B. L. Williams, renter, renter, renter, -, -
C. Dunkin, 25, 155, 1800, 125, 420
E. W. Lancaster, 160, 160, 3000, 175, 455
R. Bourie, renter, renter, -, 110, 454
A. Cummings, 10, 30, 750, 25, 616
A. Amick, 50, 170, 1100, 125, 314
G. Wells, 32, 128, 800, 300, 1167
J. Reynolds, 15, 53, 544, 40, 713
B. F. Boydston, renter, renter, -, 125, 1530
S. S. McCurry, 45, 471, 3000, 85, 667
J. Darr, 50, 590, 3200, 2, -
J. W. F. Stone, 26, 224, 1250, 155, 2890
E. Goss, 40, 210, 1500, 355, 7590
J. B. Dragoo, 2, 220, 500, 70, 630
J. L. M. Baker, 14, 184, 1000, 15, 435
J. Kiser, 60, 140, 3000, 50, 140
W. M. Kiser, 40, 160, 1200, 150, 990
Silas Spear, renter, renter, -, 300, 200
H. Shaul, 25, 135, 800, 75, 1160
E. Davis, 20, 80, 250, 65, 98
S. Lovitt, 40, 73, 1300, 140, 714
P. Shaul, renter, renter, -, 250, 1172
S. Fletcher, 60, 125, 1850, 95, 374
S. S. Fletcher, renter, renter, -, 12, 63
J. W. Payne, 25, 235, 2300, 60, 688
A. J. Ellis, 30, 1474, 3500, 175, 1285
G. W. Gardenhire, 10, 278, 870, 70, 492
J. Houston, 25, 125, 900, 115, 1550
W. Morris, 80, 64, 1300, 85, 880
R. Ray, 20, 300, 640, 65, 1550
E. Turner, 130, 1670, 9000, 250, 1798
J. H. Fox, 30, 290, 1600, 55, 588
B. D. Wooton, 15, 95, 550, 65, 65
W. L. Norton, 15, 55, 350, 140, 840
A. Norton, 25, 45, 700, 214, 2843
J. R. Leatherwood, -, -, -, 55, 37
J. H. Tate, 30, 110, 1400, 85, 714
E. Atcherson, 26, 160, 558, 95, 384

R. H. Henegan, 35, 95, 520, 50, 310
A. N. Weaver, 10, 40, 500, 10, 430
A. Henegan, 17, 82, 500, 15, 165
A. Ables, 25, 185, 1045, 10, 256
Jas. Ables, 25, 184, 1045, 10, 256
S. A. Spark, 30, 290, 640, -, 225
J. Q. Adams, 22, 187, 525, -, 380
J. J. Winters, 25, 225, 1125, -, 50
Wm. Gilbert, 60, 260, 4800, 50, 1650
D. W. Scruggins, 11, 679, 3000, 15, 352
W. C. Malone, renter, renter, -, 85, 540
H. Richardson, 40, 280, 1280, 165, 950
T. J. Lewis, 25, 245, 1550, 62, 1445
J. H. McCarty, 40, 600, 3250, 75, 510
R. Stenlast, 30, 210, 1440, 15, 312
D. Weaver, 20, 30, 125, 5, 214
C. J. Hoyett (Hogett), 30, 130, 400, 47, 655
J. D. Weaver, 30, 70, 1000, 15, 480
W. Moody, 30, 190, 800, 115, 190
J. S. Brown, 6, 315, 950, 10, 125
Wm. Guinn, 25, 295, 960, 50, 240
G. W. Jones, 22, 1900, 4000, 15, 790
E. Burnes, 12, 628, 1280, 5, 171
N. J. Jones, 20, 140, 800, 90, 1963
Wm. Jones, 30, 170, 1600, 15, 1588
H. B. McCorkle, 25, 135, 1600, 165, 1025
S. McCorkle, 20, 140, 640, 35, 1223
W. M. Sexton, 25, 295, 640, 30, 315
A. B. Johnson, 50, 250, 3250, 400, 4700
W. J. Johnson, 100, 640, 7500, 300, 3415
Wm. Jeffries, renter, renter, renter, 10, 350
E. King, 16, 1584, 3400, 25, 690
J. Simpson, 16, 84, 500, 25, 260
J. Boyd, 75, 245, 1600, 310, 2110
M. V. Tippet, 20, 300, 900, 10, 123
H. B. Willson, 30, 290, 1000, 15, 84

H. Rats, 60, 464, 524, 150, 2160
A. Henry, 70, 354, 2120, 500, 5300
A. Beck, 45, 290, 1650, 130, 555
A. J. Beck, 30, 70, 500, 25, 1634
W. F. Harper, 25, 152, 400, 28,395
W. Fogleman, 25, 295, 960, 400, 395
E. McCuan, 15, 305, 1500, -, 10
L. M. Wood, 30, 170, 1000, 10, 215
R. Johnson, 30, 170, 2000, 135, 1270
J. N. Edmunston, renter, renter, -, -, 460
F. H. Stone, 50, 501, 2204, 105, 4030
J. Johnson, 30, 270, 1500, -, 1690
J. Vick, 60, 2100, 2000, 15, 289
B. Pope, 25, 295, 640, 10, 40
G. W. Mitchel, 18, 222, 1200, 175, 1230
J. C. Willson, 14, 226, 1200, 35, 100
Eli Zuck, 10, 90, 300, 110, 688
C. Terrell, 40, 600, 3840, 205, 640
J. W. Terrell, 150, 300, 7250, 600, 3195
J. W. Ward, 60, 740, 1200, 185, 740
Wm. Haley, renter, renter, -, -, 865
W. Corhorn, 20, 150, 700,-, 168
J. Heffington, renter, renter, -, -, 228
S. Allen, 10, 70, 400, 10, 128
H. Heffington, 45, 434, 933, 45, 320
F. Heffington, -, -, -, 45, 70
R. Hamilton, 29, 291, 1280, 75, 450
W. Hendrickson, 130, 390, 3200, 109, 233
D. G. Hendrickson, -, -, -, 35, 748
A. L. Ballard, 8, 152, 640, 10, 353
G. W. Rader, 20, 620, 2040, 60, 960
A. Hunt, 45, 202, 500, 10, 185
J. W. Lyde, 20, 110, 600, 95, 258
N. M. Calhoon, 20, 300, 500, 60, 540
A. Jackson, 18, 302, 500, 20, 205
L. M. Burks, 14, -, -, 7, 125
H. E. Woodhouse, 60, 803, 3000, 50, 3229
J. Haley, -, -, -, 250, 1050
D. Bowie, 55, 265, 1600, 130, 1260
J. Crouch, 50, 270, 640, 105, 854
G. W. Daugherty, 12, 185, 320, 75, 196
J. A. Kyder, 15, 145, 160, 10, 475
J. M. Daugherty, 18, 382, 1400, 5, 55
J. Spikes, 140, 660, 4000, 200, 7310
M. E. Marson, 30, 770, 4000, 115, 3070
C. J. Fox, 20, 298, 636, 46, 1920
J. V. Vanhoosic, 70, 250, 1600, 125, 1985
A. Vanhoosic, renter, renter, -, 10, 269
J. H. Fox, renter, renter, -, 15, 1020
J. Fox, 30, 510, 1920, 250, 2120
J. A. Shaw (Shaul), 115, 525, 3200, 145, 555
J. Esurie, 100, 540, 3200, 100, 2145
D. Laroe (Laroc), 25, 135, 430, 115, 1430
C. Allen, 55, 105, 1000, 160, 1240
N. H. Parish, 35, 905, 2880, 50, 950
Wm. Baker, 60, 580, 3200, 225, 1071
W. Cotton, 50, 241, 291, 582, 700
K. McKenney, 60, 240, 1500, 50, 911
M. McDaniel, 100, 220, 1600, 90, 831
E. Wackle, 30, 320, 960, 15, 110
J. Wackle, renter, renter,-, 110, 830
J. Williams, 50, 270, 1600, 100, 3595
T. Stratten, 35, 620, 3200, 165, 2950
Wm. Wear, 25, 200, 675, 15, 920
J. Akin, 30, 290, 640, 40, 700
Ann Butler, 70, 330, 800, 130, 896
B. S. Huffman, 24, 616, 800, 160, 885
N. Mason, 15, 305, 320, 20, 708
J. Franklin, 15, 305, 640, -, 1680
Ann Carolisle, 10, 630, 1280, -, 60
J. C. McCorquodale, 33, 607, 960, 70, 2828
H. Calhoon, 20, 140, 320, 115, 301
H. Carolisle, 100, 540, 1925, 140, 3650

B. Brewer, 40, 160, 800, 35, 1727
T. Huffman, renter, renter, -, 160, 625
W. T. Hill, renter, renter, -, 120, 880
J. Tomlinson, 10, 310, 640, 60, 420
N. T. Dickerson, 22, 138, 480, 45, 300
B. F. Russell, renter, renter, -, 10, 210
M. M. Stover (Stone), renter, renter, -, -, 880
L. D. Stover, 65, 895, 4800, 80, 7860
B. F. Bass, 10, 145, -, 110, 385
S. Standley, renter, renter, -, 15, 690
Wm. McKenney, 40, 420, 2300, 20, 1860
W. G. Hill, 40, 163, 609, 45, 1165
J. Spikes, 30, 528, 2765, 120, 2250
E. J. Phillips, 24, 156, 360, 15, 480
J. A. Elliott, 17,-, -, 10, 275
A. Hettson, 50, 590, 1920, 255, 1600
Wm. Hettson renter, renter, -, 75, 72
S. M. McElrath, 140, 490, 3150, -, 3030
L. Noble, 100, 390, 980, 175, 1821
Jas. Shaul, 300, 1200, 4500, 300, 3610
W. D. Elliott, 45, 555, 2400, 15, 896
J. M. Watkins, 120, 280, 1600, 190, 1711
J.P. Hand, 10, 310, 640, 10, 1200
A. M. Cobb, 30, 200, 400, 95, 1225
E. Tyner, 25, 75, 200, 10, 730
T. M. Sanford, 40, 280, 1500, 325, 11705
J. Reynolds, 60, 130, 600, 15, 130
J. Wellson, 45, 239, 568, 125, 1354
D. Hair, 22, 298, 800, 10, 811
J. Williams, 30, 290, 3200, 115, 763
Z. Turner, 50, 626, 3380, 60, 170
Jas. Styles, renter, renter, renter, -, 251
W. M. Bailey, 35, 604, 2500, 100, 95
Jo. Chisolm, 32, 363, 1000, 25, 2775
R. A. Terrell, 75, 245, 2500, 125, 4040
M. Laroc, 20, 220, 1000, 100, 1420

Kerr County, Texas
1860 Agricultural Census

The University of North Carolina at Chapel Hill filmed the 1860 agricultural census for Kerr County from originals at the Texas State Department of Archives and History under a grant from the National Science Foundation in 1964.

Columns 1, 2, 3, 4, 5, and 13 represent the following information on the census:
1. Name of Owner, Agent or Manager of Farm
2. Acres of Improved Land
3. Acres of Unimproved Land
4. Cash Value of the Farm
5. Value of Farming Implements and Machinery
13. Value of Livestock

Ernest Allgers, 15, 4500, 10000, 100, 600
Cristoph Flack, 5, -, 1000, 50,600
John Hoerner, 6, 154, 250, 20, 100
Ferd. Schultz, 10, 100, 200, 110, 360
Franz Spenacht, 1, 19, 250, 70, 185
Peter H. Oberwetter, 2, -, 2500, -, 240
Herrmann Schlador, 3, -, 200, -, 50
Michael Lindner, 5, 20, 1000, -, 550
Vetus Pfeuffer, 3, -, 300,-, 160
Charles Maertz, 2, -, 300, -, 250
Aug. Faltin, 1, 325, 1800, 250, 750
Margareth Lane, 30, 584, 2500, -, 185
Gottlieb Bauer, 25, 16, 800, 130, 540
G. H. Liepmann, 15, 25, 600, 70, 640
G. F. Holekamp, 5, 155, 200, 100, 150
Ernst Schweshelm, 30, 65, 800, 75,700
Louis Berger, 10, 100, 600, 50, 100
Gust. Steves, 10, 150, 500, 100, 200
Hubert Ingenhiett, 50, 45, 1000, 80, 900
Adolph Rosenthal, 20, 25, 800, -, 120
Robert Schaefer, 20, 25, 800, 120, 800

F. H. Schlador, 35, 56, 2500, 50, 2800
Ernest Schilling, 5, 15, 200, 20, 150
Ernest Schilling tenant, 20, 100, 800, -, -
Charles Schmidt tenant, 40, 113, 800, -, -
Charles Schmidt owner, 10, 310, 200, 80, 250
Joseph Lamm, 20, 20, 700, 50, 250
John Heinen, 15, 22, 500, 100, 200
Henry Sauer, 24, -, 400, 25, 350
Christian John, 16, -, 500, -, 100
Fr. Perner, 8, 240, 500, 200, 800
L. Breitenbauch, 6, 14, 250, -, 40
Paul Hanisch, 8, 10, 700, -, 400
Const. Haerter, 40, 115, 800, 120, 250
Oskar Roggenbucke, 24, 48, 800, 120, 600
G. Hieler, 20, 20, 600, 150, 390
Fr. Dietert, 37, 70, 1000, 150, 660
Charles Bonnett, 15, 145, 400, 100, 700
August Bewersdorff, 2, 158, 300, -, 40
Albert Bewersdorff, 18, 142, 300, 100, 200

Rufus E. Brown, 30, 3070, 5000, 250, 1800
Margareth Brown, 2, 192, 400, -, 1000
Elizabeth Link, 200, 392, 5000, 250, 500
Jonathan Scott, 56, 144, 2000, 200, 2000
Georg H. Cheney, 5, 240, 3500, -, 120
John Shults, 2, 148, 400, 100, 250
William Heuermann, 25, 100, 800, 100, 1200
Theodore Wiedenfeld, 30, 84, 800, 100, 1100
Frank Moore, 60, 700, 1500, 80, 245
Elizabeth Denton, 100, 200, 1500, 100, 920
C. C. Cruinlan, 20, 100, 400, 175, 3940
Thom A. Saner, 10, 310, 900, 40, 540
Hance M. Burney, 18, 6, 700, 10, 2000
James M. Harkey, 43, 277, 1200, 125, 1780
Jayne Nichols, 10, 630, 1280, 50, 1750
Hardy F. Stockman, 2, 158, 160, 25, 600
S. B. Henderson, 9, 151, 160, 100, 1175
P. O. Lawrence, 40, 280, 1000, 70, 340
E. W. Brown, 15, 675, 600, 50, 130
Wm. Wharton, 20, 620, 640, 100, 540
Sidney B. Reer, 32, 608, 640, 100, 690
Caspar Real, 6, 117, 400, 25, 2525
C. & A. Schreiner, 6, 117, 400, 25, 1100
Eduard Felsing, 6, 117, 240, 100, 100
James Tafolla, 40, 600, 1000, -, 50
Ludwig Lange, 20, 620, 1000, 65, 1500
Robert Burney, 20, 5, 600, -, 300
W. D. C. Burney, 26, 117, 1000, 130, 560
J. C. Conner, 180, 460, 1000, 150, 1250
Sam Lane Sr., 35, -, 200, 40, 200
Henry Moore, 90, 650, 800, 150, 1780
A. L. Wilborn, 25, 680, 600, -, 170
Henry Hamilton, 20, 620, 640, 150, 170
Wm. Boerner, 20, 80, 400, 40, 350
Wm. C. Boerner, 20, 78, 800, 40, 230
Rudolp Voigt, 16, 144, 500, 110, 510
Eduard Steves, 70, 90, 900, 60, 400
Henry Steves Sr., 6, 154, 100, 20, 560
Gottlieb Vetterlein, 30, 130, 400, 60, 60
Henry Steves Jr., 20, 140, 500, 140, 225
Robert Steves, 30, 130, 400, 25, -
Gottfried Schelllease, 22, 108, 600, 80, 200
Joseph Groleemund, 10, 20, 200, 50, 240
Charles Tellgmann, 30, 130, 200, 25, 40
Henry Wettbold, 8, 152, 300, -, 140
Charles Ganahl, 70, 890, 4000, 500, 6300

Kinney County, Texas
1860 Agricultural Census

The University of North Carolina at Chapel Hill filmed the 1860 agricultural census for Kinney County from originals at the Texas State Department of Archives and History under a grant from the National Science Foundation in 1964.

Columns 1, 2, 3, 4, 5, and 13 represent the following information on the census:
1. Name of Owner, Agent or Manager of Farm
2. Acres of Improved Land
3. Acres of Unimproved Land
4. Cash Value of the Farm
5. Value of Farming Implements and Machinery
13. Value of Livestock

Heany Rudolf, 10,-, 500, 80, 2
James Sheady, 15, -, 800, 200, 12
Willis Light, 15, -, 800, 25, 3
David Vanderberg, 7, -, 100,-, -
Chas. Vivians, 10, -, 500,-, 2
James Murphy, 10, -, 500, 171, -
Izas Benins, 10, -, 60, 40, 3
Juan Domines, 8, -, 40, 10, -
John Lorens, 12, -, 50, 60, 2

Lamar County, Texas
1860 Agricultural Census

The University of North Carolina at Chapel Hill filmed the 1860 agricultural census for Lamar County from originals at the Texas State Department of Archives and History under a grant from the National Science Foundation in 1964.

Columns 1, 2, 3, 4, 5, and 13 represent the following information on the census:
1. Name of Owner, Agent or Manager of Farm
2. Acres of Improved Land
3. Acres of Unimproved Land
4. Cash Value of the Farm
5. Value of Farming Implements and Machinery
13. Value of Livestock

This county had a number of entries where a line was drawn through, even though the data was visible. The data was not included in totals. There was no explanation provided. There may also be pages missing. Each precinct starts with page 1. Precinct one started on page 9 and precinct two started with page 7. Precinct three started with page 1. Precinct four started with page 1. Precinct five started with page 1. Precinct six started with page 1. Precinct seven started with page 5. Precinct eight started with page 7. Precinct nine started with page 15. Precinct ten started with page 7.

D. R. Pace, 100, 235, 3360, 120, 1080
J. A. Fuller, 65, 50, 1000, 150, 600
C. Dudley, 35, 75, 900, 150, 760
Wm. Measetts (Measells), 40, 400, 5000, 15, 285
Jno. Fergerson, 80, -, -, 25, 395
Thos. Hoover, 30, 210, 1200, 100, 850
Ed. Fuller, 50, 321, 3700, 125, 1775
S. McLure, 40, 168, 800, 40, 750
Wm Clements, 30, 170, 600, 100, 575
A. Clements, 20, 80, 500, 100, 525
Jno. Estes, 10, 65, 375, 20, 250
Jos. Houndsheel, 120, 1800, 14000, 150, 1500

W. H. Newland, 50, 590, 4480, 200, 2030
Thos. Estes, 50, 950, 4000, 30, 275
J. M. Ellidge, 18, -, -, 15, 270
J. J. Steward, 30, 70, 700, 10, 1050
A. C. Roach, 70, 250, 1920, 125, 875
J. W. Steward, 10, 150, 400, 10, 330
E. Fincher, 15, 145, 500, 10, 550
M. H. Parker, 35, 541, 2000, 120, 2930
Jas. Hefferfinger, 30, 290, 960, 120, 980
W. Smith, 20, 200, 400, 15, 624
M. C. Ashley, 18, 100, 200, 10, 350
C. Hefferfinger, 20, 310, 1500, 10, 400
F. Worthington, 50, 490, 3000, 25, 500

H. N. Rugg, 12, 150, 400, 10, 175
G. W. Fowler, 5, 160, 320, 10, 370
Jas. Keneday, 5, 160, 320, 5, 450
J. B. Vanmeter, 40, 280, 1500, 200, 1400
Jas. Woodward, 25, 55, 240, 5, 200
M. D. Cato, 25, 135, 500, 8, 250
Sarah Craft, 35, 290, 1500, -, 1800
Wm. Tubbs, 25, 295, 1500, 10, 900
C. H. Cato, 25, 425, 1300, 95, 1090
Wils C. Cato, 10, 150, 725, 10, 140
Martha Fulingame, 15, 145, 300, 50, 460
L. E. Baily, 3, 155, 800, 50, 490
D. M. Nicholson, 50, 182, 1000, 20, -
W. J. Oliver, 5, 155, 160, 24, 520
Jas. Cashier, 30, 120, 600, 50, 155
Joel Terrel, 150, 500, 4000, 400, 2000
Isaac Cruse, 100, 220, 2240, 150, 2525
M. Lambeth, 85, 229, 3000, 159, 725
R. T. Jones, 45, 200, 1400, 100, 3500
Wm. B. Patton, 140, 718, 3450, 300, 3470
Jno. Harman, 95, 505, 2700, 250, 1700
Andy Patton, 250, 350, 5700, 700, 4400
Susan Lewis, 25, 493, 2500, 60, 990
A. M. Keys, 20, 140, 800, 50, 422
M. P. Yancy, 35, 202, 1100, 100, 560
J. M. Lynne, 35, 205, 1100, 100, 340
Jas. Bridge, 50, 644, 5000, 50, 2000
M. G. Neal, 130, 886, 10160, 200, 2205
J. H. Bills, 200, 180, 4560, 300, 2525
G. C. Bills, 17, 95, 625, 10, 60
P. Huff, 50, 445, 5000, 100, 125
J. C. Young, 80, 240, 2560, 100, -
J. V. Doss, 15, 25, 400, 25, 100
J. J. Owen, 20, -, -, 100, 325
Wm. Speagle, 20, 30, 300, 8, 95
N. Clark, 8, 400, 3200, 60, 900
R. Brown, 55, 45, 1000, 125, 800
S. H. Haris, 16, 144, 800, 95, 1000
Wm. M. Burris, 130, 390, 5000, 100, 175
_. E. Ladd, 50, 190, 1000, 100, 1250
Samuel Bennette, 18, 82, 800, 15, 425
E. R. Bently, 45, 270, 2560, 150, 1830
Danl. Bishop, -, -, -, 100, 265
Levnia Coffee, 45, 185, 1760, 75, 300
J. W. Anthony, -, -, 800, 150, 250
S. F. Nicholson, 205, 235, 1000, 25, 1125
Jno. Woodward, 20, 130, 800, 75, 1500
Jno. Ladd, 40, 120, 450, 10, 250
Levi Hyton, 10, 150, 1920, 20, 175
R. Armantrout, 30, 610, -, 15, 565
Wm. Domager, 45, 555, 3000, 100, 2275
A. M. Jeffers, 12, 608, 3720, 20, 1200
B. G. Hale, 30, 170, 1200, 100, 1450
J. A. Jeffers, 40, 560, 4800, 225, 1100
Wm. Woodfin, 50, 350, 2000, 300, 1080
M. G. Edwards, 60, 190, 1500, 150, 1125
M. McCarely, 30, 320, 3000, 10, 115
Shoz. Harman, 50, 150, 1000, 175, 300
R. G. Reid, 30, 130, 1260, 125, 425
J. Fuge, 25, 100, 1000, 350, 600
J. P. Harrison, 20, 60, 500, 25, 800
Wm. Furges, 30, 165, 1500, 75, 275
M. A. Lindsy, 16, 24, 400, 75, 225
Jos. Dixon, 100, 200, 2400, 25, 670
W. H. Hays, 150, 100, 3000, 300, 1400
Wm. Cox, 55, 40, 1000, 150, 300
M. Harman, 140, 180, 1280, 400, 1225

R. A. Scales, 65, 673, 5166, 100 625
C. G. Dooly, 35, 120, 800, 10, 800
Sharkey Measels, 35, 120, 800, 15, 800
M. H. Hancock, 15, 195, 1600, 125, 650
A. P. Shuman, 20, 152, 680, 95, 990
G. Thorpe, 20,-, -, 75, 200
A. Stevenson, 50, 550, 3000, 75, 1140
J. C. Davis, 10, 130, 250, 10, 390
Jno. Roach, 10, 240, 1120, 25, 1900
A. B. Harris, 55, 100, 1000, 125, 600
Larry Nichols, 30, 210,960, 25, 900
J. B. Roberts, 26, 238, 792, 20, 650
M. Denning, 15, 35, 500, 10, 330
J. G. Biard, 60, 281, 3410, 105, 2280
Robert Kirkpatrick, 7, 543, 5500, 125, 433
M. L. Armstrong, 20, 420, 4400, 95, 795
N. Truelock, 12, 138, 1500, 150, 1125
L. D. Clampit, 40, 320, 3600, 250, 1710
L. Stephenson, 35, 512, 5000, 95, 960
Jno. B. Hannah, 22, 28, 700, 90, 395
James Cross, 45, 175, 2200, 125, 655
Jas. M. Williams, 20, -, -, 20, 135
Robt. Ratliff, 100, 540, 6500, 140, 1300
T. Thos. Alexander, 15, -, -, 20, 370
Margaret Price, 75, 80, 1550, 90, 917
Edwin J. Hicks, 60, 240, 3000, 130, 730
Wm. Cheatham, 50, 150, 1000, 50, 670
J. M. Biard, 15, -, -, 10, 440
Thos. J. H. Poteet, 60, 540, 6000, 130, 735
Wm. Craft, 30, 128, 1500, 65, 373
Henry Click, 8, -, -, 20, 835
E. Stallings, 25, -, -, 80, 382
A. J. Biard, 60, 327, 3870, 90, 1540
J. Jeff Jones, 19, 141, 1500, 15, 634

Craft Irwin, 25, -, -, 120, 550
Danl. DeWeese, 40,-, -, 112, 433
Willis Pierce, 11, 114, 1250, 15, 200
Simeon Pierce, 20, -, -, 12, 180
M. Wright, 12, 84, 1060, 115, 395
James Winsett, 12, 179, 1910, 710, 1140
Vincent Martin, 35, 205, 1500, 90, 894
H. Hart, 20, -, -, 15, 511
Calvin, Hines, 35, -, -, 20, 546
W. W. Biard, 65, 460, 5250, 540, 2800
Ed. Skidmore, 20, 87, 750, 120, 658
Jno. A. Skidmore, 18,-, -, 10, 450
Jno. C. Binion, 80, 240, 1600, 115, 1615
Robt. R. Young, 17, -, -, 95, 381
Jno. Mapheny, 85, 511, 4172, 200, 1843
Jesse B. Skidmore, 45, 66, 555, 122, 620
Wm. Piper, 30, 290, 1280, 98, 1760
J. O. Little, 13, -, -, 64, 558
T. Hemby, 15, 23, 190, 58, 176
R. N. Hatch, 20, 190, 1200, 15, 550
Thos. Roach, 85, 285, 1850, 150, 1226
Wm. Siers, 5, 155, 900, 12, 412
Geo. W. Stevenson, 15, 305, 1000, 10, 280
Isaac Hendricks, 65, 75, 800, 115, 494
A. Castleberry, 20, 140, 2000, 790, 1610
Thos. Ingram, 18, 82, 800, 15, 520
Matt. Reed, 30, 170, 1400, 220, 1748
E. Francis, 30, 313, 1500, 290, 1110
M. Tidwell, 30, 99, 903, 80, 393
Jno. Givens, 35, -, -, 102, 291
Geo. Givens, 50, 550, 3000, 140, 785
Harmon Reed, 40, 220, 1560, 65, 421
Wm. Reed, 25, 80, 575, 175, 915
Jno. Wilson, 30, 570, 3000, 80, 1297

Wm. Bowden, 70, 250, 3200, 125, 1093
M. H. McCuistion, 150, 480, 6000, 130, 1500
Jno. Whealy, 50, 350, 2000, 145, 329
J. Heffelman, 30, -, -, 160, 509
Wiley Jennings, 200, 345, 5450, 230, 2145
E. F. Hancock, 75, 25, 2000, 190, 1425
A. G. Beauchamp, 300, 900, 10000, 1500, 7600
N. W. Beauchamp, 40, 160, 2000, 115, 852
E. Hulen, 40, 60, 1000, 140, 693
J. Sherman, 13, 82, 950, 120, 285
D. F. Larimer, 80, 530, 7500, 135, 640
P. H. Rodgers, 45, 95, 1500, 100, 1400
W. E. Hazelwood, 20, 80, 600, 40, 125
Jno. Stockard, 5, 5, 50, -, 20
J. W. Kavanaugh, 75, 250, 3000, 300, 1775
Robt. Notly, 40, 175, 3000, 500, 1000
E. R. Bywaters, 60, 200, 2000, 100, 400
John Hunter, 12, 200, 1000, -, 600
Mary Hunter, 30, 350, 4000, 200, 1900
Wm. B. Minor, 12, 38, 250, 25, 275
A. C. McDougal, 60, 157, 2000, 10, 325
E. J. Shelton, 135, 832, 8000, 500, 2335
R. H. Mayo, 61, 379, 4500, 125, 802
Thos. J. Ashley, 12, 100, 600, 20, 1000
Asher Goff, 30, 80, 500, 30, 800
A. A. Kerkum, 15, 200, 2000, 25, 200
J. M. Lane, 5, 15, 120, 5, 175
John Rush, 30, -, -, 10, 305
A. J. Davis, 75, -, -, 10, 1600
A. M. Ridenor, 20, 115, 1000, 10, 500
Jno. W. Denton, 80, 315, 4000, 25, 1450
Nancy Ashley, 10, 600, 6000, 25, 530
_. A. McMackin, 5, 30, 75, 8, 465
Steph. Barker, 25, 400, 4000, 10, 550
Jas. Bryant, 15,-, -, 6, 350
J. H. Stephenson, 70, 313, 2500, 25, 1251
R. M. Caldwell, 16, 304, 800, 10, 400
R. Hamletto, 12, 25, 50, -, 60
Thos. Crumpton, 100, 6540, 3200, 50, 1040
Jno. Perine, 60, 260, 2600, 175, 925
W. P. Pate, 40, 24, 2560, 15, 920
Jno McDowell, 95, 500, 2500, 25, 700
J. R. Scott, 12, 188, 2000, 10, 250
J. Scott, 60, 164, 6240, 10, 750
S. Unrly, 5, 20, 140, 5, 110
B. F. Scott, 8, 15, 30, 5, 47
T. G. McGlasson, 30, 270, 24000, 30, 660
J. Onstott, 5, -, -, 20, 100
Geo. McGlasson, 500, 1300, 18000, 2000, 3350
J. P. Wood, 30, -, -, 250, 665
Jno. Onstot, 50, 1500, 10000, 40, 1900
Shiloh Arms, 37, 295, 320, 125, 1000
Jno. Onstott, 15, 210, 2000, 100, 595
Steph. Sandridge, 8, 62, 280, 5, 250
John Tyler, 40, 200, 2000, 35, 1300
K. Coats, 28, 56, 800, 11, 450
C. E. Hilburn, 100, 530, 8000, 100, 1900
J. F. Griffin, 90, 1200, 9600, 50, 1000
S. H. Griffin, 8, 130, 1300, 12, 580
Wm. G. Griffin, 7, 130, 1300, 10, 550
A. J. Jones, 20, 140, 480, 10, 500

A. Rice, 30, 290, 3150, 50, 800
R. B. Kavanaugh, 50, 260, 3200, 160, 1235
J. E. Cunningham, 5, 51, 420, 8, 350
Jas. F. Malory, 35, 285, 3200, 100, 1250
J. Finney, 10, 600, 6800, -, 300
D. H. Gordon, 30, -, -, 50, 750
A. E. Allen, 70, 430, 7500, 50, 250
D. Cunningham, 8, 92, 1000, 10, 300
Jno. Yates, 60, 340, 4000, 250, 1300
C. Burton, 27, 23, 1000, 100, 1200
Wm. Campbell, 48, 232, 2400, 100, 1400
F. Campbell, 20, 200, 2200, 100, 1000
A. E. Pope, 25, 195, 720, 75, 400
E. Woolaridge, 30, 113, 750, 12, 175
M. A. Burton, 75, 250, 1000, 50, 1625
A. Dunagin, 30, 200, 2300, 125, 692
W. H. Mardis, 35, 309, 4400, 100, 500
M. Vining, 60, 140, 2000, 125, 500
L. A. Birmingham, 35, 80, 800, 25, 500
W. P. Sims, 100, 213, 2130, 100, 1050
J. M. Brakeen, 40, 379, 4800, 125, 2600
W. G. Brakeen, 145, 240, 2400, 75, 2000
H. G. McDonald, 132, 1871, 18710, 100, 6000
R. Robinson, 20, 160, 1600, 15, 1400
Jno. Robinson, 25, 195, 1100, 10, 300
E. J. Wortham, 41, 184, 1000, 20, 500
P. T. Poland(Piland), 40, 280, 1200, 15,300
J. R. G. Wortham, 100, 220, 2500, 25, 300
W. F. Scott, 8, 192, 2000, 10, 225
A. Yates, 50, -, -, 25, 1025
Isaac James, 40, 102, 2130, 75, 500
Burrell James, 12, 148, 1000, 10, 175
Chas. Hubbs, 16, 104, 1200, 75, 500
S. B. Rucker, 130, 500, 7000, 200, 1000
T. H. Brackeen, 65, 235, 3000, 35, 900
J. S. Cross, 10, 525, 5250, 25, 1050
W. R. Warren, 81, 910, 12000, 350, 2000
Wm. Pearcy, 80, 430, 5000, 200, 800
J. C. McGlasson, 120, 395, 3500, 200, 1385
H. S. Bennet, 500, 680, 40000, 300, 3800
T. P. Nash, 170, 757, 10000, 1200, 1150
Thos. Haven, 20, 56, 6000, 100, 425
G. Grider, 17, -, -, 15, 175
Jno. Haven, 40, 230, 3000, 150, 925
Jos. Simmons, 25, 175, 2000, 100, 800
Jno. Gross, 45, 635, 6800, 125, 900
W. Williams, 50, 280, 1800, 200, 7500
Thos. Jack, 40, 130, 1700, 100, 400
Geo. Harald, 12, 108, 1440, 25, 350
N. Corbet, 30, 170, 800, 20, 750
Jas. Pattison, 83, 351, 5000, 300, 1250
R. Hicks, 20, 280, 2400, 10, 350
S. Lomsford, 5,-, -, 5, 550
B. F. Simons, 23, 77, 1000, 10, 150
Andy Jackson, 25, 125, 1500, 90, 375
Dave Jackson, 16, 50, 660, 80, 330
Elias Alexander, 60, 150, 1500, 150, 700
C. McIntyre, 15, 140, 750, 15, 240
Wm. Wynne, 70, 230, 3200, 200, 1200
N. Nidever, 20, 80, 500, 100, 400
Geo. Connelly, 25, 5, 300, 5, 225
B. F. Simmons, 50, 170, 2200, 200, 700

J. M. Parkhill, 10, 150, 1500, 5, 275
Moses Hage (Hoge), 40, 160, 2000, 20, 400
P. Vaughan, 30, 70, 700, 100, 207
E. W. Speairs, 200, 800, 10000, 600, 2300
Beverly Speairs, 35, -, -, -, 425
William R. Speairs, 35,-, -, -, 446
David Baker, 29, 50, 800, 10, 595
David Fulton, 20, 230, 1500, 10, 1069
Thomas Utsman, 20, 100, 700, 10, 300
Henry Ragsdale, 35,-, -, 10, 60
David Castle, 27, -, -, 100, 200
Elisha Piland, 10, 100, 600, -, 480
George Piland, 10, 100, 600, 40, 400
Ruben Piland, 3, 260, 800, 20, 95
Mills Piland, 40, 200, 1000, 50, 1000
Jessee Jackson, 13, -, -, 10, 40
James Jackson, 25, -, -, 10, 200
Joshua Caloway, 50, 250, 1500, 75, 1050
Archibald Doolin, 70, 160, 1500, 75, 600
Elijah Russian, 8, 40, 300, 10, 180
John Allen, 28,-, -, 10, 17
Leonard Herald, 100, 600, 5000, 200, 815
Anthony Crenshaw, 100, 1240, 8000, 200, 1110
William McDaniel, 70, 180, 1500, 100, 900
David Caviness, 35, 100, 800, 115, 500
Herbert Lee, 60, 500, 4000, 75, 650
Ruben Holland, 50, -, -, 90, 300
William Derick, 20, 380, 2500, 90, 300
George Derick, 30, 300, 2500, 10, 365
Achiles Womack, 30, -, -, 150, 490
John Bailey, 45,-, -, 350, 1200
Thompson Baird, 30, 175, 1500, 16, 1050
John Jackson, 20, 195, 2000, 130, 2000
James Parham, 40, 110, 1500, -, 440
James Childs, 35, 75, 1000, 150, 1000
Louis Childs, 150, 350, 5000, 300, 1200
Robert Bryan, 27, 160, 1600, 150, 800
William Hawkins, 25, -, -, 150, 560
Austin Pollard, 30, 40, 800, 100, 550
William Sears, 60, 420, 2500, 150, 575
Benj. Whittenburg, 75, 250, 1600, 100, 650
Allred Rutherford, 40, -, -, 250, 640
Robert Childs, 35, 125, 2000, 125, 850
George Cox (Case), 33, -, -, 215, 1050
Richard Pollard, 100 277, 2222, 150, 1460
Elisabeth Beakly, 100, 800, 5000, 125, 725
John Wilburn, 80, 150, 1800, 110, 800
John Lovel, 40, 360, 1600, 65, 200
Edmond King, 15, 25, 400, 100, 260
John Ballinger, 142, 918, 9000, 400, 2255
Alexander Strayhan, 75, 265, 4000, 100, 615
Daniel Bird, 65, 60, 700, 75,600
James Rose, 60, -, -, 115, 675
Robert Ragsdale, 60, 290, 3000, 125, 2260
Samuel Orton, 60, 280, 2000, 75, 925
Josiah Cheatham, 40, 190, 1000, 100, 550
John Hobs, 100, 590, 4000, 150, 4690
Milton Rutherford, 40, -, -, -, 250
J. W. Moore, 105, 500, 600, 500, 1506

W. H. Moran, 40, 760, 1500, 10, 1000
P. Binion, 20, 170, 600, 250, 600
Thos. Nixon, 30, 70, 400, 10, 500
Wm. Whitlock, 20, 380, 2000, 10, 200
George Nixon, 60, 90, 1000, 20, 1300
J. J. Carthern, 70, 700, 4000, 100, 2000
P. M. Price, 100, 700, 3500, 520, 1500
J. Parit, 27, 95, 600, 5, -
H. J. Perryman, 65, 495, 400, 30, -
John Ward, 45, 504, 2100, 25, -
Thos. Davis, 30, 770, 1600, 20, -
James McDowell, 30, 450, 1500, 10, 108
Susan Jay, 12, 423, 1600, -, 300
L. M. Leeman,-, -, 1500, -, 700
A. H. Henderson, 60, 159, 4500, -, -
J. M. Holly, 10, 290, 3000, -, 300
Young Beyper, 30, 610, 1200, -, 4000
Isac Pirtle, 45, 370, 1200, -, -
Jas. B. Pirtle, 10, 50, 1850, -, 500
J. H. & C. Cole, 50, 135, 1250, -, 550
L. A. Miller, 35, 133, 480, -, 700
R. C. Pirtle, 20, 203, 1240, 10, 500
E. Knox, 20, 140, 4500, 15, -
Wm. Hawley, 20, 260, 580, 25, 180
N. Braden, 53, 47, 500, 10, 200
Wm. Clark, 30, 320, 1500, 100, 220
H. F. Clark, 42, 448, 4400, 165, 1000
A. Bagget, 25, 135, 600, 150, 700
Nancy Robinson, 20, 40, 160, 25, -
Joseph Tyler, 40, 160, 1000, 15, 250
S. Osburn, 40, 160, 1200, 30, 300
E. Stephens, 110, 4234, 9782, 500, 700
F. Peryman, 30, 1190, 5800, 25, 1400
T. H. Penick, 15, 285, 600, 100, 100
A. J. Hagler, 12, 148, 500, 10, 400
_. Owen, 8, 152, 400, -, 400

A. G. Tiglman, 10, 250, 1000, 25, 600
John F. Boyt, 25, 180, 1000, 30, 600
M. Killingsworth, 25, 392, 850, 1000, 600
W. H. Cole, 25, 135, 400, -, -
L. Montgomery, 30, 120, 480, 50, 800
T. B. Nix, 30, 130, 1000, 100, 1500
H. B. Dennis, 45, 65, 1200, 5, 1000
Thos. Dennis, 35, 916, 4500, 15, 1000
Henry Shockey, 60, -, -, -, -
John Bollinger, 25, 135, 320, 6, 300
W. T. F. Coles, 40, 540, 3000, 100, 500
___ Allison, 30, 490, 2500, 50,500
L. Anderson, 8, 152, 320, -, -
J. C. Latinee, 40, 410, 4000, 20, 200
C. G. Lee, 100, 220, 1600, 100, 4000
John Taylor, 50, 350, 360, 10, 250
A. L. Campbell, 22, -, -, 20, 250
Ralf Davis, 20, 1580, 1600, 100, 1000
Jas. C. Hamilton, 40, 230, 1600, 50, 300
Dale Steward, 20, 20, 200,-, 150
C. P. Littlejohn, 17, 60, 700, 140, 400
Wm. Littlejohn, 150, 775, 20000, 200, 1000
A. Skidmore, 90, 60, 1500, 150, 2700
Geo. S. Bonner, 6, -, 1000, 20, 300
Z. B. Rice, 45, 575, 3000, 35, 630
Thos. T. Wood, 8, 83, 1500, 125, 1500
Joseph Baker, 75, 450, 3250, 250, 650
Saml. Hancock, 275, 225, 5000, 500, 1800
R. W. Mebane, 300, 4000, 15000, 750, 3100
W. H. Shearon, 200, 800, 15000, 700, 1900

Robert Pierce, 40, 280, 2100, 650, 900
P. W. Birmingham, 30, 278, 1800, 200, 750
Jno. Faulkner, 6, -, 1500, 20, 225
Wesley Askins, 80, 320, 4000, 200, 900
E. W. Buckner, 75, 500, 5000, 150, 825
A. R. Dickson, 35, 65, 1200, 25, 450
David Grant, 10, -, 1500, 20, 600
Isaac Bray, 34, 40, 1000, 150, 350
C. R. Pride, 35, 1645, 3000, 150, 600
Wyatt McHam, 50, 30, 2000, 250, 725
Wm. M. Provine, 100, 200, 3000, 250, 624
L. V. Moore, 80, -, 1500, 350, 1400
D. Williamson, 20, -, 250, 2, 400
Wm. T. Cooper, 70, 80, 1200, 10, 310
R. L. Johnson, 25, 175, 1600, 25, 400
Jno. S. Raathe, 70, -, 600, 25, 1250
Richd. C. Petty, 40, 187, 1500, 120, 525
W. A. Thompson, 40, -, 350, 15, 840
F. M. Turner, 12, 68, 400, 25, 295
Elijah Sanders, 24, 87, 700, 20, 550
Clarissa Fulken 200, -, 1500, 215, 2000
Stewart Warren, 75, 262, 3900, 234, 545
George Keyes, 20, -, 200, -, 450
H. H. Hancock, 100, 500, 6000, 300, 2250
A. W. Wright, 50, 270, 3200, 175, 1900
George H. Still, 130, -, 1000, 300, 900
Jno. H. Crook, 150, 450, 9000, 1000, 1880
L. W. Winn, 30, 370, 4000, 25, 2000
Wesley Heatherd, 60, 610, 7000, 90, 4200
A. Pierce, 70, 145, 2000, 90, 1180
N. N. Pierce, 6,-, 1000, 10, 1200
L. M. Hancock, 60, 300, 4000, 125, 980
Wm. Eubanks, 80, 190, 1200, 250, 1360
W. Hulen, 120, 10, 1300, 75, 750
Geo. W. Wright, 300, 1500, 21000, 1600, 4640
C. M. Kavanaugh, 10, 555, 3600, 260, 2100
Henry Long, 40, 60, 700, 225, 586
Cath. Anderson, 22, 138, 1600, 100, 325
W. A. Patterson, 25, 195, 2200, 110, 1365
James W. Morgan, 65, 174, 1912, 212, 1105
Isaac N. Young, 65, 15, 400, 140, 338
J. W. Hathaway, 100, 300, 4000, 350, 1440
Jno. E. Woodell, 50, 30, 640, 105, 334
Jno. W. Bryan, 60, 40, 1200, 165, 1000
J. H. Hathaway, 72, 168, 2400, 90, 1515
Jere C. Wooldridge, 56, 169, 2000, 200, 4290
A. E. Burke, 120, 570, 10500, 435, 1880
W. M. H. Hathaway, 60, 520, 2900, 110, 777
Elijah Hamrick, 30, 95, 1250, 12, 310
S. Grayson, 50, 110, 1000, 80, 285
Anna Smith, 40, 85, 875, 115, 980
S. J. Pittman, 45, 195, 2500, 112, 1782
David Jackson, 60, 186, 1200, 160, 736
J. C. Thomas, 50, 110, 1280, 105, 680
Elizabeth Smith, 30, 100, 1040, 85, 387

B. B. Griffith, 25, 275, 1500, 210, 393
Mary M. Damell, 25, 95, 360, 110, 1675
Josiah Harrell, 70, 27, 970, 125, 1930
J. W. Potts, 20, 140, 480, 40, 467
M. N. Sumner, 75, 1670, 8500, 150, 2680
James Dodson, 110, 452, 5625, 90, 2185
James Shockey, 10, -, -, 10, 295
M. B. Hanser(Hauser), 30, 170, 900, 125, 690
R. Caviness, 80, 240, 960, 60, 2080
Jno. T. Roberts, 15, 185, 100, 166, 2555
Wm. R. Light, 35,165, 900, 15, 545
Mary A. Scruggs, 20, 284, 1216, 24, 1150
Thos. Vincent, 80, 640, 10000, 95, 843
J. Caring, 20, 420, 2640, 100, 1475
M. Sumner, 80, 720, 2400, 75, 840
Wm. Brown, 50, 110, 1600, 90, 1640
Wm. L. Hyatt, 70, 70, 1400, 110, 3130
Jno. Emerson, 70, 250, 3000, 130, 1585
Allen Carter, 70, 170, 2400, 127, 3027
Wm. A. Floyd, 20, 50, 700, 25, 1694
Edwd. Wideman, 12, 12, 360, 225, 1291
Thos. Wideman, 30, 224, 1270, 125, 890
Henry Snow, 35, 165, 1000, 80, 945
Jno. Roberts, 50, 510, 2800, 135, 2016
Sol. Wideman, 50, 1000, 1050, 235, 1350
Nancy R. Record, 250, 1850, 20000, 400, 1920
James Ingraham, 23, 72, 600, 15, 192

Jasper Crain, 56,145, 2000, 150, 1160
Owen, J. Evans, 100, 135, 2360, 220, 1114
Wyatt Evans, 15, -, -, 78, 174
J. Gardner, 50, 150, 1600, 95, 405
S. B. Adams, 20, 280, 3000, 62, 466
A. Lancaster, 10, 100, 1150, 12, 268
A. S. Nowell, 185, 135, 265, 66, 288
M. Clarkson, 15, 89, 520, 175, 290
A. Carter, 45, 675, 3600, 55, 1022
J. A. and S.C. Gueron, 130, 370, 7500, 355, 1935
Hugh Majors, 60, 548, 1824, 70, 875
Wm. P. Lang, 20, 300, 1600, 120, 690
Robert Daako, 50, 250, 3000, 153, 820
John Goode, 30, 81, 1110, 90, 452
Francis Rassanor, 35,700, 7350, 200, 3710
Jno. D. Thomas, 200, 1200, 14000, 750, 3225
Jno. Click, 47, -, -, 95, 1022
Matt Click, 30, 6000, 60000, 150, 930
Wm. Stephens, 25, 95, 1200, 10, 200
J. Castlebery, 15, 85, 800, 10, 300
J. Thrasher, 8, 32,-, 10,300
C. Duff, 15, 624, 3000, 20, 150
E. L. Meires, 25, 614, 3000, 15, 200
H. Westbanks, 25, 135, 320, 10, 1800
J. Popham, 10, 300, 1500, 10, 200
M. Hartzogg, 75, 625, 10000, 50, 200
W. F. Hatcher, 75, 525 6000, 75, 800
W. H. Tinnin, 250, 680, 8000, 1000, 900
Jas. G. Tinnin, 225, 2835, 8200, -, 20000
Wm. Tinnin, 200, 490, 6900, 500, 2000
James Mabine, 125, 795, 3600, 50, 1500

A. M. Tinnin, 200, 1720, 11000, 200, 1000
M. Morrison, 100, 1600, 12000, 200, 1000
John Maxwell, 25, 850, 1800, 100, -
W. A. McFadan, 20, 364, 1600, 100, 700
R. Tannes, 80, 590, 1600, 150, 1000
N. Scott, 13, 148, 320, 12, 250
J. Moreland, 25, 135, 400, 12, 450
R. P. Rowland, 30, 290, 2000, 250, 820
J. Shelton, 40, 110, 700, 62, 450
H. Hatchet, -, -, -, -, 450
L. A. M. Starks, 20, 680, 3500, 50, 2000
Thos. Collins, 15, -, -, 10, 200
J. Finch, 25, 295, 1280, -, 200
M. McQuater, 25, 135, 500, -, 200
H. H Rudacll, 12, 600, 3000, 10, 1500
H. Moore, 120, 450, 4000, 20, 1000
M. Sandsbry, 30, -, -, -, -
D. H. Davis, 75, 1125, 10000, 500, 2800
L. Lock, 23, 1250, 2000, 25, 530
A. Carter, 40, 780, 2400, 75, 600
N. Jones, 260, 580, 6400, 200, 1500
J. Bryant, 35, 610, 1200, 25, 200
E. McCarty, 400, 400, 8000, 500, 2000
C. Duvall, 70, 1210, 4000, 100, 300
D. W. Thompson, 20, 300, 2000, 100, 300
E. T. Wilson, 130, 1800, 900, 40, 250
H. Wilson, 30, 70, 400, 50, 500
W. Gardner, 30, 70, 500, 50, 400
W. Penegar, 10, 90, 500, 112, 300
Thos. Davis, 65, 255, 640, 150, 700
G. W. Leath, 70, 1400, 11000, 400, 350
M. A. Stontram, 80, 4500, 18400, 60, 500
J. Y. Snead, 70, 410, 2800, 100, 1000
W. C. Stevenson, 18, 167, 555, 25, 475
Thos. Burris, 60, 580, 7000, 100, 650
W. H. Burris, 7, 163, 160, -, 230
W. Harman, 20, 192, 800, 100, 850
S. Harman, 10, 40, 200, 10, 350
Isaac Ripsley, 40, 245, 1425, 100, 1400
J. F. Herron, 20, 160, 950, 125, 950
J. W. Agleheart, 30, 170, 2000, 125, 1200
W. S. Condit, 50, 450, 4000, 200, 4000
C. Southerland, 12, 148, 1280, 25,300
Jas. Stett (Stell), 50, 450, 300, 100, 2000
Z. D. Jameson, 20, 140, 1280, 140, 360
J. F. Hemby, 16, 54, 700, 5, 175
Sam George, 18, 182, 1000, 100, 900
W. Viles, 25, 68, 1000, 110, 1200
M. Evans, 6, 78, 500, 75, 500
Jno. Bartlett, 25,135, 1120, 40, 600
W. D. Pierce, 18, 382, 4000, 100, 475
J. C. Pierce, 35, 265, 3000, 125, 900
L. Pierce, 35, 190, 800, -, 300
Mathew Locke, 5, 50, 200, 50, 600
C. C. Taylor, 12, 214, 500, 100, 250
J. M. Perkins, 80, 320, 3000, 200, 770
Ira A. Perkins, 50, 270, 3200, 150, 595
J. T. Dewitt, 20, 320, 1620, 175, 950
Niram Allen, 12, 88, 800, 75, 800
G. M. Pennybacker, 130, 910, 10000, 300, 2000
Simeon Buford, 50, 250, 3000, 200, 750
J. P. Jennings, 35, 265, 1800, 125, 900
A. Hamlin, 50, 270, 1600, 157, 3110
Harvey Shelton, 75, 245, 4000, 250, 955

B. Pattison, 125, 330, 4551, 264, 1065
A. S. Pattison, 55, 405, 4500, 135, 955
M. M. Lane, 190 340, 25000, 450, 1450
T. D. Kenedy, 300, 250, 11000, 500, 2650
J. S. Kenedy, 100, 340, 3580, 25, 550
G. W. Lane, 45, 192, 2900, 100, 410
T. J. Lane, 60, 857, 9000, 3000, 1800
Tom Moore, 30, 120, 1575, 15, 2000
R. G. Williams, 20, 80, 1000, 20, 1000
B. B. Davis, 50, 370, 4200, 125, 1550
M. Lane, 16, 205, 2200, 40, 1535
Saml. Lansford, 5, 1500, 1500, 10, 575
J. C. Davanay, 30, 590, 18000, 150, 575
G. W. Derick, 15, 145, 1300, 8, 550
J. D. Derick, 40, 120, 1300, 25, 500
J. McAmos, 50, 270, 3200, 400, 1800
Eli Barnett, 50, 580, 6400, 125, 3500
J. H. Fowler, 15, 685, 7000, 100, 2500
M. L. Skidmore, 22, 93, 920, 25, 277
M. A. Skidmore, 100, 197, 3000, 250, 1460
J. H. Campbell, 40, 160, 2000, 125, 700
R. Miller, 80, 300, 3700, 130, 475
G. Ridge, 30, -, -, 100, 700
J. Jordon, 39, 242, 2248, 100, 1725
T. Hardison, 160, 480, 7680, 500, 3957
J. Harris, 31, 120, 1500, 100, 725
E. Williams, 45, 265, 3200, 150, 925
E. Roland, 130, 553, 6800, 100, 2000
S. A. Johnson, 90, 260, 17500, 10, 335
G. H. Hancock, 55, 505, 4000, 125, 525
L. Harman, 50, 350, 2800, 65, 570
J. T. Harman, 160, 969, 9032, 500, 3975
E. M. Calahan, 20, -, -, 10, -
Jarrett McHam, 90, 68, 1896, 200, 630
A. McCuistion, 95, 920, 12180, 300, 3450
G. Simpson, 30, -, -, 50, 358
J. P. Smart, 45, -, -, 200, 625

Lampasas County, Texas
1860 Agricultural Census

The University of North Carolina at Chapel Hill filmed the 1860 agricultural census for Lampasas County from originals at the Texas State Department of Archives and History under a grant from the National Science Foundation in 1964.

Columns 1, 2, 3, 4, 5, and 13 represent the following information on the census:
1. Name of Owner, Agent or Manager of Farm
2. Acres of Improved Land
3. Acres of Unimproved Land
4. Cash Value of the Farm
5. Value of Farming Implements and Machinery
13. Value of Livestock

A. J. Ridge, 30, 610, 2000, 130, 1467
G. C. Greenwood, 2, 290, 600, 250, 1000
T. B. Hewling, 300, 4300, 12000, 200, 4300
Morgan Jerden, -, -, -, -, 580
L. Hopson, 30, 130, 380, 120, 666
G. W. Wilder, -, -, -, -, 150
Wm. Bage (Baze), 57, 120, 900, 100, 665
Elizabeth Greenwood, 42, 338, 3700, 50, 2060
Allen Williams, -, -, -, 80, 1330
J. Burlison, 8, 192, 1000, 100, 1920
L. D. Nichols, 6, 200, 1000, 75, 2700
T. J. Pitt, -, -, -, 60, 2840
Jas. Gippson, -, -, -, 150, 4850
Lewis Knight, 35, 695, 1200, 100, 1480
J. M. Hill, -, -, -, 250, 2200
J. H. Russel, 60, 500, 1000, 150, 6700
Williamson Jones, 100, 220, 1200, 200, 2060
Philip Smith, 50, 50, 600, 125, 590
J. L. Straley, 8, 152, 200, 125, 3050
John H. Greenwood, 25, 300, 3000, 150, 1200

C. D. Straley, 25, 295, 500, 25, 300
Charles Mullin, -, -, -, -, 1050
Wm. Pace, -, -, -, 25, 1165
Thos. Jones, 30, 130, 500, 100, 370
B. Pain, 40, 440, 640, 100, 920
John H. Russel, -, -, -, -, 500
Richard T. Jenkens, -, -, -, -, 350
Margaret Short, 10, 150, 300, 20, 275
Richard Lasiter, -, -, -, 15, 430
D. T. Guinn, -, -, -, 100, 1200
H.M. Childers Sr., -, -, -, -, 420
H. M. Childers Jr., 100, 210, 1700, -, 90
E. Childers, -, -, -, 125, 685
S. Mussett, -, -, -, -, 1000
W. E. Willis, -, -, -, -, 30
Gideon Willis, -, -, -, -, 450
Samuel Short, -, -, -, -, 1000
W. C. Wiseman, -, -, -, -, 136
M. D. Sherman, -, -, -, -, 850
S. E. Child, -, -, -, -, 15
Hilrey Ryan, -, -, -, -, 1675
Wm. Hurley, 50, 190, 1000, 120, 1000
W. J. Gallaspey, 6, 86, 500, -, 1640
Wm. Bagley, 40, 1071, 1111, 160, 4060

Jas. Tipton, -, -, -, -, 700
G. N. Williams, -, -, -, -, 100
W. B. Covington, -, -, -, -, 250
W. B. Morison, 100, 900, 1000, 60, 2000
J. P. Hutcherson, -, -, -, 100, 600
W. H. Storm, 75, 125, 5000, -, 800
R. G. Peacock, 25, 75, 300,-, 800
Mark Bean, -, -, -, -, 1250
B. F. Means, 5, 75, 160, 60, 2650
J. W. McCormac, 15, 505, 500, 20, 1320
M. J. Scott, -, -, -, -, 1680
E. E. Stewart, -, -, -, -, 1500
G. H. Derryberry, -, -, -, 75, 600
W. M. Case (Cox), -, -, -, -, 300
Alford Freeman, -, -, -, -, 362
Hiram L. Jones, -, -, -, -, 440
J. W. Short, -, -, -, -, 97
F. M. Martin, -, -, -, 150, 400
G. W. Sanders,-, -, -, -, 300
Robt. J. Moore, 160, 480, 5180, 150, 1560
Carter Jackson, 50, 430, 1500, -, -
John Burleson, 50, 590, 3220,-, 1000
R. D. McAnally, 250, 3750, 15000, 250, 1650
Isaac Wyatt, -, -, -, -, 100
Mathias Senterfit, -, -, -, -, 360
Moses Jackson, -, -, -, -, 4880
W. J. Lakey, -, -, -, 125, 368
John M. Gracey, -, -, -, 130, 900
Richard Pickett, 50, 640, 2500, 1000, 6170
Jas. Fudge, -, -, -, -, 2370
Wm. Owens, -, -, -, 100, 520
Samuel W. Sparkes, 50, 550, 6000, 250, 860
Emaline Sims, -, -, -, -, 600
J. C. Cooksie, 170, 1300, 10000, 200, 4000
Byram Yarborough, -, -, -, -, 260
E. W. Holler, -, -, -, 100, 350
Plemar B. Skean, 12, 148, 500, 100, 680
Joseph Eathridge, -, -, -, 50, 720

B. W. Taylor, 10, 344, 1000, 60, 3360
S. J. Shanklin, -, -, -, -, 2300
B. D. Herrald, -, -, -, 100, 678
Samuel Herrald, 35, 125, 1000, 150, 2750
J. W. Guinn, -, -, -, -, 750
A. J. Ivy,-, -, -, -, 150
Pleasant Cox, 20, 140, 160, 150, 750
Jas Cox, -, -, -, 10, 640
D. Hufman, -, -, -, -, 380
Thos. B. Shackleford, -, -, -, -, 195
John H. Hufman, -, -, -, 10, 170
Charles Medlock, -, -, -, 80, 650
Enoch Powell, -, -, -, 50, 4200
H. B. Dobbins, -, -, -, -, 250
Abner Scott, 35, 125, 800, 80, 453
C. C. Carter, -, -, -, 150, 2500
H. W. McCaleb, 55, 1225, 1280, 50, 780
W. A. Morton, -, -, -, -, 400
D. R. Watson,-, -, -, -, 50
Jackson Holley, 28, 132, 800, 90, 275
John Stanley, 40, 120, 400, 90, 740
M. B. Hatley, -, -, -, -, 200
Green Hatley, 35, 125, 600, 50, 775
Sands Stanley, 15, 145, 600, 80, 700
John T. Stanley, 22, 138, 400, -, 180
E. S. Stanley, -, -, -, -, 25
John Paterson, 15, 145, 400, 50, 230
Wm. T. White, 14, 145, 400, 92, 1345
Silas Jackson, 12, 148, 400, -, 645
L. J. Townsen, -, -, -, 100, 1000
Edward Boyd, -, -, -, 7, 355
Jane Freeman, 16, 144, 300, 50, 1301
Jas. Vanwinkle, -, -, -, 200, 400
Thos. Vanwinkle, 25, 439, 600, -, 190
Brice Vanwinkle, -, -, -, -, 925
Jefferson Hufstuttle,-, -, -, 50, 1500
Elisha Seaton, -, -, -, -, 665
J. W. Pennel, -, -, -, 85, 2560
S. R. Dawson, -, -, -, -, 835

John Dawson, -, -, -, 150, 1250
John Ringer, -, -, -, -, 475
E. L. Nofelett, -, -, -, -, 405
B. A. Neighbours, -, -, -, -, 1600
Ruben Queen, -, -, -, 50, 1025
Wm. Shaw, -, -, -, -, 450
Jas. Shaw, -, -, -, -, 150
J. P. Burleson, -, -, -, 75, 2220
D. H. Mosley, -, -, -, 150, 560
Jas. P. Mosley, -, -, -, -, 160
John Berleson, -, -, -, 125, 5300
Jas. Burleson, -, -, -, 50, 840
Aaron Presscott, -, -, -, -, 740
Samuel Queen, -, -, -, 200, 1500
Jas. M. Swisher, -, -, -, -, 425
John Myers, -, -, -, 100, 840
Henry Hufstuttle, -, -, -, 75, 500
Elias Cremer, -, -, -, 100, 460
C. A. Russell, -, -, -, 40, 520
Jas. Calb, -, -, -, 40, 670
Thos. Pratt, 50, 1600, 9600, 300, 500

Alex. Brown, 14, 306, 600, 20, 980
Oliver Edwards, -, -, -, -, 140
D. Herrin, -, -, -, 10, 300
S. W. Terry, 6, 50, 300, 50, 364
Robt. Harper, -, -, -, 60, 300
Alford Lane, -, -, -, 100, 80
Wm. Gipson, 65, 135, 1000, 120, 1264
Thos. Tate, -, -, -, 50, 620
Mary Easmon, -, -, -, 100, 290
David Evans, 15, 624, 640, 75, 2462
Jas. McCrae, 21, 1178, 2400, 25, 450
Moses Hughs, 75, 115, 1000, 150, 7650
Patrick Gurfanty, 6, 164, 120, 25, 140
G. M. Haynes, 11, 389, 1000, 75, 700
A. P. Lee, -, -, -, -, 1050
Leroy Lee, -, -, -, -, 600

Index

Abel, 70
Abernathy, 18, 90
Able, 53, 97
Ables, 119
Abner, 16
Abney, 27, 59
Acker, 14
Adair, 73-74, 76, 93
Adams, 9, 12, 15, 23, 29, 34, 42, 62, 81, 101-103, 118-119, 133
Adcock, 45, 71
Addison, 102
Adkins, 9
Agee, 59, 66
Agin, 117
Agines, 27
Agleheart, 134
Aikin, 75
Akill, 118
Akin, 28, 120
Akins, 66
Alameda, 51
Albright, 72, 78-79
Alcocke, 28
Aleman, 48
Alexander, 28, 33, 41, 59, 66, 84, 108, 117, 127, 129
Alexandrew, 38
Alfred, 73
Allard, 68
Allen, 9, 17, 39, 46, 66, 72, 75, 79, 84, 88, 91, 95-96, 99, 101, 120, 129-130, 134
Alley, 98, 102
Allgers, 122
Allin, 33
Allison, 110, 131
Allman, 91-92
Alston, 35, 77
Altwine, 15
Alvarez, 48, 50
Alvis, 69
Aly, 46
Amacher, 14

Amick, 119
Ammons, 115
Anaza, 48
Anderson, 2, 12, 14, 27, 36, 54, 69, 80, 88, 91-92, 94, 107, 117, 131-132
Anding, 41
Andrews, 4, 7-8, 29, 35, 98
Angel, 76
Anglin, 45
Anisson, 92
Anmalda, 48
Ann, 98
Anthony, 126
Apmann, 11
Appenheimer, 94
Appling, 17
Arbuckle, 18
Archer, 28, 63, 114
Ard, 43, 58
Aredondo, 48
Arker, 14
Arledge, 27, 74
Arline, 104
Armantrout, 126
Arms, 128
Armstrong, 28, 62, 75, 92-93, 95, 99-100, 111, 127
Arnmalda, 50
Arnold, 74, 83, 85
Arrington, 95, 108
Arte, 48
Asbury, 90
Asevedo, 49
Ash, 78
Ashe, 23
Asheim, 94
Asher, 113, 115
Ashford, 2-3, 90
Ashley, 69, 125, 128
Ashmore, 59, 69, 79, 88
Ashworth, 75
Askay, 84
Askew, 59-60
Askins, 132

Ataway, 45
Atcherson, 119
Atchison, 53
Atkerson, 76-77
Attaway, 70
Atwood, 31, 109, 114
Auiguer, 62
Aurelis, 94
Austin, 28, 108, 115
Avans, 42
Awtrey, 55
Axton, 39
Babbet, 42
Babcock, 96
Bace, 75
Badgett, 34
Badgley, 117
Bading, 16
Bage, 136
Bagget, 131
Bagley, 136
Bagly, 40
Bailey, 37, 111, 121, 130
Baily, 62, 126
Bain, 75
Baird, 36, 130
Baker, 4, 6, 17-18, 23, 34, 71, 98, 119-120, 130-131
Balaliff, 45
Balch, 110-111
Baldwin, 3, 35
Bales, 111
Baley, 57
Balger, 45
Ballard, 115, 120
Baller, 14
Balli, 48, 50
Ballinger, 130
Ballow, 46
Balser, 15
Balthorp, 84
Banham, 96
Bankhead, 55, 94
Banks, 58, 60
Banta, 85
Bar, 63

Barara, 48
Barbee, 16, 77
Barclay, 63, 65
Barfield, 114
Bargiley, 109
Barker, 13, 36, 93, 128
Barnard, 62, 109
Barnes, 4, 18, 32, 37, 107-108
Barnet, 53
Barnett, 54, 57, 60, 111, 116, 135
Barns, 57
Barr, 15
Barrera, 50
Barrett, 3, 8, 34, 69, 118
Barron, 42, 78
Barrow, 17, 24, 102
Barrus, 118
Barry, 1
Bartee, 77
Bartholamew, 11
Bartlett, 12, 134
Bartley, 111
Barton, 5, 38, 51, 72
Bashears, 71
Bashee, 72
Basket, 1
Bass, 121
Bassatt, 33
Bassett, 8
Bateman, 53, 89
Bates, 5, 94, 104
Batey, 16
Batt, 28
Batte, 13
Bauer, 122
Baur, 15
Baurk, 96
Baxter, 7, 12
Bayler, 114
Baylor, 95, 97
Bayne, 90
Bays, 64
Baze, 136
Beaird, 46
Beakly, 130
Bean, 69, 93, 100, 103, 137

140

Beane, 101
Beard, 12
Bearden, 7, 85
Beasle, 16
Beasly, 81
Beason, 63, 73
Beatty, 37
Beaty, 37, 97
Beauchamp, 128
Beavers, 72-73, 79
Beazley, 24
Becera, 48
Beck, 30-31, 120
Beckam, 95
Beckwith, 16
Bedell, 28
Behn, 7
Behrendt, 15
Bela, 115
Beldin, 6
Belding, 113
Bell, 2, 26, 28, 31, 52-53, 56, 111
Bellah, 87
Benins, 124
Benla, 115
Bennet, 129
Bennett, 1, 4, 31, 36, 59, 114
Bennette, 126
Bent, 77
Bently, 126
Beoil, 101
Berger, 122
Bergfeld, 14
Bergstrom, 23
Berleson, 138
Berry, 17, 36, 46, 109, 111
Berryhill, 98
Berryman, 4, 8
Berth, 98
Besye, 54
Beula, 115
Bevil, 101
Bewersdorff, 122
Beyper, 131
Biard, 127
Bierhill, 72

Biggs, 118
Biles, 110
Billingsley, 54-55, 108, 111
Bills, 68, 126
Billups, 97
Binion, 127, 131
Bir, 103
Bird, 80, 116, 130
Birde, 101
Birdsall, 113
Birdsong, 86
Birdwell, 80
Birmingham, 129, 132
Bishop, 17, 58, 101-102, 114, 126
Bittick, 68
Black, 7, 24, 29, 38, 99-100, 107
Blackshear, 2
Blackwell, 30, 43, 67, 70
Blair, 54
Blake, 118
Blakeway, 86
Blalock, 24, 34, 37
Blankenship, 91
Blankinship, 36, 61
Blanton, 38, 110
Blasanchat, 106
Bledsoe, 78
Blevins, 108
Blewitt, 102
Blocher, 14
Blocker, 35
Bloombury, 7
Blount, 2, 60, 104
Blumberg, 15
Blume, 16
Blythe, 109
Board, 29
Boatwright, 107, 111
Boaze, 33
Bobo, 80
Bocher, 15
Bodenhamer, 79
Boen, 62
Boerner, 123
Boggess, 1
Bohler, 102

Boles, 42-44, 118
Bolling, 97
Bollinger, 88, 131
Boman, 44
Bomermann, 16
Bond, 109
Bone, 62
Bonner, 131
Bonnett, 122
Booker, 9, 53, 78
Bookman, 2, 4
Bookout, 57
Boon, 33, 54
Booth, 52
Bordan, 96
Borders, 33
Borum, 114
Bosh, 23
Boske, 100
Bottler, 23
Boulware, 37
Bourie, 119
Boutwell, 48
Bowden, 78, 128
Bowen, 7, 62, 66
Bowie, 120
Bowin, 5
Bowls, 57
Bowman, 75
Box, 66, 72, 78, 85
Boyd, 11, 67, 117, 119, 137
Boydston, 119
Boyle, 90-91
Boynton, 2, 27
Boysel, 88
Boysseau, 26
Boyt, 131
Brackeen, 129
Bracken, 79
Brackenridge, 94-95
Brackin, 21
Bradam, 22
Braden, 131
Bradley, 43, 79
Bradus, 3
Bragg, 53

Branch, 95
Brandeis, 15
Bransholc, 40
Bransom, 111
Brant, 63
Brantley, 3
Branum, 66
Brasheas, 81
Brasted, 15
Brauner, 27
Brawner, 28
Brawley, 84
Bray, 75, 132
Brazeal, 74
Brazeale, 29
Brazier, 73
Barzher, 83
Breed, 102
Breedlove, 39, 109
Breitenbauch, 122
Bremer, 15
Brennan, 7
Bresarb, 105
Brewer, 43, 121
Brian, 8, 43
Brice, 111
Bridenthal, 52
Bridges, 4, 34, 62
Bridges, 74
Briggance, 1, 7
Briggs, 13, 34, 78
Brigham, 85
Briley, 70
Brill, 12
Brinson, 24
Brinton, 64
Brisco, 55, 118
Briskley, 118
Brit_, 114
Britt, 28
Brittenham, 87
Britton, 33
Broad, 11
Brock, 117
Brockman, 115
Bronaugh, 94

Brook 11
Brooks, 23, 53, 91, 100
Brookshire, 60
Brothers, 18
Brotz, 14
Brouen, 100
Brown, 2-3, 5-6, 8, 13, 23-24, 31-32, 36, 38-39, 41, 44-45, 54-55, 58, 73, 80, 83, 87, 95, 100-101, 110-111, 113, 117, 119, 123, 126, 133, 138
Browning, 13, 44
Brownlee, 67
Broxon, 73, 77
Broxton, 78
Brucen, 84
Bruch, 94
Bruckem, 65
Brumbelves, 111
Brumley, 60, 70, 85
Brumly, 58
Brunston, 74
Bryan, 23, 33, 130, 132
Bryant, 91, 109, 128, 134
Bryon, 32
Bryson, 34
Bubb, 5
Buchan, 32
Buchannan, 8
Buckhannan, 116
Buckner, 132
Buff, 5
Buford, 134
Bullard, 117
Bullock, 2, 32, 69
Bumstead, 21
Bunker, 98
Bunton, 39
Bunyan, 80
Burbank, 14
Burchford, 117
Burden, 46
Burford, 46
Burgess, 56
Burham, 39
Burk, 110-111
Burke, 132

Burkham, 64
Burkhart, 63
Burks, 120
Burleson, 38-40, 137-138
Burlison, 44, 136
Burnes, 64, 66, 76, 111, 119
Burnett, 37, 73, 96
Burney, 123
Burnham, 35
Burns, 24, 66
Burnside, 18
Burrass, 14, 114
Burrel, 105
Burrell, 83
Burrill, 116
Burris, 54, 57, 1126, 134
Burton, 47, 76, 109, 117, 120, 129
Burwell, 97
Busby, 17, 73
Bush, 21, 23
Bushnell, 38
Buss, 15
Butler, 12, 36, 39, 80, 83, 114-115, 120
Butts, 4
Buzan, 86-87
Byars, 90
Byatt, 133
Byerley, 99, 102
Bynum, 77-79
Byrd, 70, 91
Byrnes, 9
Bythe, 62
Bywates, 128
Ca__o, 50
Cabazos, 50
Cable, 42
Cain, 31, 113
Calaham, 56
Calahan, 135
Calaway, 37
Calb, 138
Calder, 105
Caldwell, 90, 128
Caler, 115
Calhoon, 120

Calhoun, 78, 89
Caligapa, 114
Callinder, 10
Callison, 115
Calloway, 3, 76
Caloway, 130
Caloway, 21
Calvan, 44
Calver, 84
Calvert, 11, 114
Calvin, 108
Cameron, 102
Caminon, 83
Camp, 2, 9
Campbell, 3, 11-13, 18, 27, 29, 42-43, 46, 63-64, 68, 110, 115, 129, 131, 135
Camplin, 55
Canedy, 23
Canfield, 114
Cannedy, 68
Cannon, 1, 58-59, 98, 118
Cano, 48, 50
Cantu, 48-50
Caperton, 40
Care, 8
Cargile, 28
Caring, 133
Carl, 23
Carlton, 55, 75
Carmichael, 91
Carnes, 43, 110
Caro, 89
Carolisle, 120
Caroway, 75
Carpenter, 17, 39, 81, 84
Carpinter, 33
Carr, 21, 39, 94, 105, 114
Carrington, 33
Carroll, 70, 117-118
Carruth, 103
Cars, 105
Carter, 10, 20, 44, 61, 92, 110, 117-118, 133-134, 137
Carthern, 131
Cartwright, 17, 80

Caruthers, 55-57
Carver, 44
Cary, 24
Case, 115, 130, 137
Casey, 87
Cashier, 126
Caskey, 41
Cason, 72, 110
Cassit, 38
Castaneda, 50
Caster, 48
Castillo, 48, 50
Castle, 130
Castleberry, 127
Castlebery, 133
Catcksha, 115
Catenhead, 73, 75
Cathey, 108
Cathey, 68
Cato, 6, 54, 126
Causey, 99
Cauthon, 1
Caven, 30
Cavener, 59
Caviness, 130, 133
Cavitt, 44
Cawthorn, 73
Cellum, 28
Chad, 33
Chaffin, 81
Chafin, 64, 67, 91
Chaires, 78
Chamberlain, 16, 32
Chamberlson, 115
Chambers, 42, 44, 108
Champion, 30
Chance, 21
Chancellor, 43
Chandler, 2, 79
Chaney, 8-9
Chapel, 67
Chapman, 46, 53, 65, 68, 70, 73, 102-104
Chatham, 3
Chears, 72
Cheatham, 39-40, 127, 130

Cheek, 95
Cheney, 91, 107, 123
Cherry, 54
Cheshon, 105
Chesner, 114
Chessher, 17
Chesson, 22
Chester, 63
Chew, 13
Chick, 69
Chilcoat, 30, 34
Child, 136
Childers, 86, 101, 107, 136
Childes, 74, 130
Chisholm, 118
Chisolm, 121
Chisum, 118
Chivers, 95, 97
Choat, 31, 45, 99, 101
Christian, 85
Christie, 88
Ciliax, 15
Cisner, 9
Cissna, 86
Clampit, 53, 127
Clanahan, 41
Clany, 95
Clapp, 63, 72, 79
Clarady, 29
Clardy, 109
Clark, 23, 26, 30-34, 45-46, 55, 59, 62-64, 67, 73, 77, 81, 87, 91, 94, 100, 115, 126, 131
Clarke, 75, 81
Clarkson, 133
Claud, 103
Clayton, 43
Clements, 125
Clendenon, 62
Click, 63, 78, 90, 127, 133
Clifton, 62-64, 67
Clingelhoffer, 77
Clinton, 82, 91
Cloud, 63
Coale, 32
Coats, 128

Cobb, 8, 24, 86, 116, 121
Coburn, 77
Cochraham, 40
Cochran, 12, 30, 58, 113
Cochrum, 13
Cockron, 95
Cockrum, 12
Cocks, 39-40
Coffee, 126
Coffey, 62, 70
Coffin, 54
Coggins, 31
Coker, 114
Cole, 14, 26-27, 53, 63, 67, 92, 100-101, 131
Coleman, 71, 91, 94, 98
Colemon, 33
Coles, 131
Collier, 28, 54
Collins, 11, 22, 33-34, 37, 42, 71, 80, 114, 134
Colman, 41
Colquet, 63
Colwell, 32
Combs, 62, 110
Condit, 134
Cone, 17
Conly, 40
Connell, 40
Connelly, 129
Conner, 64, 75, 123
Connor, 75
Conrad, 14
Conway, 35, 110
Coody, 5
Cook, 26, 37, 44, 52, 56, 72, 98
Cooke, 9, 32, 77
Cooksie, 137
Coopender, 15
Cooper, 29, 37, 43, 69, 71, 107-108, 115, 132
Cope, 109
Copeland, 22, 29, 61, 91
Copland, 33
Corales, 49
Corbet, 129

Coren, 56
Corhorn, 120
Corley, 71
Cornelius, 110
Corzine, 91
Cosby, 86
Cosley, 115
Cotharp, 118
Cottinghaied, 96
Cotton, 22, 42, 120
Cotwell, 58
Couch, 88
Couin, 31
Coulter, 5
Couner, 92
Courpender, 11
Covin, 32
Covington, 137
Coward, 102
Cowling, 89
Cox, 8, 17, 46, 52, 55-56, 67, 86, 96, 105, 113, 126, 130, 137
Coy, 114
Coyle, 27, 61
Crabtree, 86, 90
Craddock, 74, 78
Craft, 59, 126-1127
Craig, 18, 29, 53, 62, 64, 100
Crain, 30, 37, 133
Crane, 12, 59
Craver, 33-34
Cravey, 22
Cravy, 98
Crawford, 102
Creigh, 19
Cremer, 138
Crens, 39
Crenshaw, 13, 29, 130
Cressan, 74
Criner, 107
Crisp, 63
Criswell, 24
Crittenden, 118
Crockett, 101, 109
Croft, 31
Croner, 37

Crook, 52, 67, 132
Cross, 127, 129
Crouch, 62, 110-111, 116, 120
Crow, 17
Crowson, 77-78
Cruinlan, 123
Crumm, 117
Crumpton, 128
Crunk, 91
Cruse, 126
Cruz, 51
Crwze, 38
Cryer, 21
Cuban, 3
Culberhouse, 110
Culberson, 34
Cullers, 60
Culpepper, 95, 98
Cummings, 119
Cundiff, 79
Cunningham, 80, 129
Cuppleman, 9
Curbo, 66
Currie, 13-14, 74
Currin, 62
Curry, 24
Curtis, 3, 23, 100
Cutler, 80
Daako, 133
Dabney, 95
Dailey, 39, 75
Daily, 81
Dais, 39
Dallins, 3
Damell, 133
Dameron, 117
Dammen, 15
Daniel, 18, 21, 90
Daniels, 79, 105
Dannells, 2
Danner, 38
Danzey, 94
Darden, 36, 45
Dardin, 33
Daris, 39-40
Dark, 22

Darling, 90
Darnel, 21
Darnell, 62
Darr, 119
Darsey, 99
Darwin, 3
Dashiell, 117
Daugherty, 116, 118, 120
Davanay, 135
Davenport, 76, 97, 117
Davidson, 18, 89
Davis, 2-3, 5, 8-9, 12, 31-32, 40, 44-45, 53-54, 60, 72, 80-81, 84, 103, 119, 127-128, 131, 134-135
Dawess, 95
Dawson, 29, 59-60, 64, 68, 71, 137-138
Day, 39, 101, 109, 113
Deagn, 114
Dean, 66, 84, 102
Dearman, 53
Deberry, 8
Deboard, 63
Decker, 97
Dedmon, 4
Deds, 115
Deeck, 114
Deens, 98
Deets, 1
Degan, 13
DeJernett, 88
Delafield, 31
Delaney, 17, 108
Delany, 101-102
Delgado, 50
Delk, 54
Demarrit, 3-4
Denman, 18, 75, 100-101
Denning, 127
Dennis, 92, 131
Denny, 74
Denson, 80
Denton, 77, 85, 91, 123, 128
Derden, 46
Derick, 130, 135
Derrick, 64

Derryberry, 137
Dessans, 8
Dest, 78
Dever, 96
Devereux, 6
Devrieux, 34
DeWeese, 127
Deweese, 90
Dewers, 118
Dewitt, 134
Dial, 13, 61, 66, 88
Dias, 50
Dibrell, 11, 17
Dickart, 31
Dickens, 21
Dickerson, 71-73, 121
Dickey, 95, 117
Dickson, 1, 67-68, 132
Dietert, 16, 122
Diggs, 81
Dill, 78, 92
Dillahunty, 109
Dillard, 28, 52, 109, 112
Dillingham, 63
Dillon, 32
Dilworth, 17
Dimmitt, 12
Dittmar, 14
Dixon, 39, 73, 108, 126
Dluis, 111
Dobbins, 137
Dodd, 89, 95
Dodson, 59, 75, 133
Doile, 53
Dolaldson, 57
Dolton, 45
Domines, 124
Domingas, 48
Donegan, 18
Donley, 114
Donnell, 42
Donoho, 109
Dooley, 32
Doolin, 130
Dooly, 20, 127
Doom, 104

Dorety, 80
Dorris, 66
Dorsett, 79
Dorsheimer, 94
Doss, 126
Dougherty, 51, 88
Doughtie, 5
Douglas, 40, 73
Douglass, 11, 15, 96
Dowdy, 74, 76
Dower, 15
Downared, 53
Downes, 74
Downing, 88, 91
Downs, 27
Dragoo, 119
Drelin, 94
Drennon, 73
Driscal, 7
Driskell, 34
Driskill, 38, 40, 79
Drivers, 118
Droomgoole, 113
Drumgoole, 15
Drysdale, 23
DuBose, 87, 99, 102-103
Duckett, 35
Dudley, 125
Dufey, 95
Duff, 133
Duffie, 31
Duggan, 12
Duke, 2, 108
Dukes, 67
Dummann, 24
Dunagan, 71
Dunaghee, 65
Dunagin, 129
Dunaway, 90
Duncan, 9, 24, 39, 61-63, 92, 108
Duncin, 36
Dunghee, 65
Dunham, 3
Dunkin, 119
Dunks, 24
Dunman, 24

Dunn, 11, 31
Dunwoody, 45
Dupree, 4, 6, 78
Duprey, 96
Duram, 33-34
Durden, 28
Durham, 14, 21, 90
Durly, 9
Durrett, 101
Dutart, 97
Duvall, 134
Dyer, 56, 89
Eagin, 34, 118
Eagleston, 56
Earbling, 14
Earhart, 93
Earley, 86
Earls, 80
Easley, 4
Easmon, 138
Easterwood, 108
Easton, 101
Eathridge, 137
Eaton, 69, 109
Eaves, 95
Echel, 11
Echols, 44
Eckford, 113
Eddy, 103
Eden, 54
Edens, 80, 82, 108
Edgar, 110
Edmonds, 5
Edmundson, 2
Edmunson, 115
Edmunston, 120
Edwards, 1, 59, 96, 109-110, 126, 138
Ehal, 14
Eidom, 110
Elair, 114
Elam, 13, 89, 108
Elder, 61, 73
Eldrige, 63
Elezant, 85
Elkins, 12

Ellidge, 125
Elliott, 53-54, 87, 96, 121
Ellis, 22, 29, 78, 119
Ellitt, 35
Elmore, 67
Elston, 46
Emerson, 133
Engelhe, 15
English, 73-74, 91
Enmer, 83
Erl, 75
Erskine, 12, 18
Erwin, 73, 103
Escobedo, 50-51
Estes, 125
Estus, 35, 55
Esurie, 120
Etheridge, 45, 98
Eubank, 56
Eubanks, 132
Evans, 21, 23, 36, 58, 81, 96-97, 111, 133-134, 138
Evens, 3-4
Everett, 27, 102, 104
Everley, 7
Ewell, 36
Ewing, 62, 68, 97
Fagora, 50
Fain, 43
Fairbanks, 53
Faires, 110
Fairley, 111
Faison, 42
Falk, 42-43, 114
Faltin, 122
Fambro, 75
Fanchar, 56
Fanin, 69
Fannin, 89
Fansher, 53
Fanthorp, 1
Fargruber, 55
Farmer, 93
Farriss, 30
Fathey, 111
Faught, 98

Faulk, 111
Faulkner, 132
Featherston, 91
Fehlis, 16
Felps, 38
Felsing, 123
Fendley, 118
Fenley, 90
Fennell, 12
Fenner, 12, 16
Ferg, 114
Fergason, 44
Fergerson, 125
Ferguson, 56, 77
Fernell, 98
Ferrell, 98
Ferrend, 24
Ferrill, 5
Fielder, 18
Fields, 8, 30, 68
Figures, 59
Fike, 97
Files, 56, 107
Fillwaw, 99
Finch, 57, 72, 134
Fincher, 32, 125
Finkler, 115
Finlay, 115
Finley, 30, 66, 86
Finney, 61, 129
Finolds, 37
Firguson, 31
Fish, 101
Fisher, 36-37, 60, 66, 95
Fison, 46
Fister, 1
Fitch, 12
Fitchell, 80
Fitchenor, 83
Fitzpatrick, 35
Flack, 122
Flagge, 16
Flanagame, 61
Flanagan, 75
Flayne, 95
Fleetwood, 117

Fleming, 18, 116
Fletcher, 119
Fleury, 95
Flippin, 58, 84-85
Floied, 52
Flores, 48-50
Flournoy, 15, 97
Flowers, 87
Floyd, 5, 69, 133
Fluharty, 65
Fogleman, 120
Foley, 69
Fontain, 5
Forbes, 95, 144
Ford, 70, 77, 95
Forde, 114-115
Fores, 81
Forester, 6, 42, 116
Forman, 57
Forrester, 4
Forrist, 30
Forsith, 116
Forsythe, 6
Fortenbury, 87
Forward, 101
Foscue, 33
Foster, 18, 26, 54, 66-67, 74, 83, 101
Fowler, 6, 17-18, 42, 70, 93, 126, 135
Fox, 33, 91, 119-120
Foy, 17, 26
France, 65
Frances, 64
Francis, 16, 127
Franis, 9
Franklin, 8, 85, 120
Franks, 16
Frasier, 88
Frazer, 32, 100-101
Frazier, 17, 37, 53-54, 57, 76
Frazure, 117
Freeman, 78, 101, 103, 137
Fremon, 30, 39
Frethey, 98
Friddle, 69
Fridge, 78

Frisby, 77
Fritag, 16
Fritz, 11
Frost, 61
Fry, 90-91
Fudge, 137
Fuge, 126
Fulgham, 12, 90
Fulingame, 126
Fulken, 132
Fullenbee, 8
Fuller, 125
Fulton, 97, 130
Fuqua, 7-8
Furges, 126
Furguson, 30
Furlow, 77
Furry, 110
Fyffe, 28
Gabalik, 114
Gaboney, 3
Gadbold, 27
Gafferd, 109
Gafford, 60
Gage, 65, 93
Gaines, 85, 98
Galaspi, 101
Galbreath, 89
Gallardo, 48-49
Gallaspey, 136
Gallier, 105
Galvin, 14
Ganahl, 123
Gandy, 101
Gant, 43, 76
Gantz, 105
Garcia, 49-50
Gardenhire, 118-119
Gardner, 36, 46, 64, 77, 89, 117, 133
Garger, 115
Garner, 59, 134
Garnett, 94-95, 97
Garoutte, 66
Garrett, 27, 61, 67-68, 88, 94, 109
Garrison, 89
Garvin, 1, 70

Gary, 72
Garz, 51
Garza, 48-50
Gasger, 115
Gaston, 74
Gatherings, 57
Gatlin, 38-39
Gatling, 27
Gavin, 55
Gay, 18, 32, 60
Gayle, 76, 95-96
Gearal, 42
Gee, 56
Gencia, 49
Gentrey, 56
Gentry, 30, 80, 107
George, 15, 55, 72, 85, 102, 134
Ghant, 43
Ghent, 59
Ghshe, 16
Gibson, 38-39, 57, 69, 77, 79
Giddins, 61
Gilbert, 46, 119
Gilbrath, 90
Gilchrist, 99
Giles, 7
Gillaspie, 116
Gillbreath, 99
Gillentine, 84
Gillespie, 13, 15, 85
Gilliam, 58
Gilliland, 60, 63
Gillis, 32-33, 67
Gillispie, 28, 103
Gilmore, 107
Gilpin, 108
Gine, 30
Gippson, 136
Gipson, 58, 138
Gist, 58
Givens, 127
Glasgow, 18, 55
Glass, 66
Glaze, 44
Gleaser, 11
Glenn, 85, 91, 99-100

Glossing, 13
Glous, 110
Gluover, 32
Gober, 83
Godwin, 69
Goen, 107
Goff, 128
Goforth, 39
Goger, 76
Golden, 38
Gonzales, 49-50
Good, 38, 90, 101-102
Goode, 133
Goodgame, 3, 45-46
Goodman, 55, 62, 72, 77, 104
Goodnight, 24
Goodrich, 2, 11
Goodrum, 3, 7
Goodson, 61
Goodwin, 22, 32, 52, 73, 76, 79, 109, 117
Goolsby, 71, 77-79
Gordon, 11-12, 72, 99, 129
Gore, 44, 91
Gormon, 34, 77
Gorum, 113
Goss, 31, 119
Gossett, 71, 73
Graber, 94
Grace, 24, 64
Gracey, 137
Gragg, 64-65
Graham, 2, 29, 55, 79, 111
Gramm, 15
Grams, 15
Granberry, 26, 29
Grant, 43-44, 101-102, 132
Grantham, 31
Grarer, 7
Grason, 45
Graves, 7-9, 28, 52, 93
Gray, 1, 5, 30, 69, 77, 93, 98
Grayson, 132
Grear, 31
Green, 4, 6, 31, 37, 45, 52, 54-56, 92, 94, 102, 111

Greenwade, 54
Greenwell, 55
Greenwood, 4, 68, 136
Greer, 1-2, 28
Gregg, 31, 75-76
Gregory, 108
Grehen, 53
Gresham, 6, 53, 98
Grider, 129
Griffin, 22, 32, 52, 56, 115, 128
Griffith, 9, 20, 45, 53, 59, 133
Griggs, 4, 6
Grigsby, 100, 104
, 87Grimes, 2-4, 28
Grimme, 15
Grimmusland, 44
Grinage, 12
Griner, 103
Gripitt, 1
Grisham, 2, 56
Groleemund, 123
Gross, 129
Grounds, 79
Grover, 52
Grow, 56
Grymes, 24
Gueron, 133
Guerra, 48-49
Guice, 85
Guidry, 22
Guinn, 119, 136-137
Gunstanson, 44
Gunter, 87
Gurfanty, 138
Gusman, 49-50
Guthery, 117
Guthrie, 46
Guyer, 16
Habermehl, 23
Hackler, 85
Hadden, 5
Haddox, 77-78
Hadley, 31
Hadnot, 99-100
Haerter, 122
Hagan, 78, 113

Hagans, 57
Hagar, 76
Hage, 130
Hager, 6, 14
Hagerman, 19, 23
Hagler, 131
Hagus, 6
Hail, 71, 85, 91
Haines, 100, 104
Hair, 121
Haix, 7
Halaway, 41
Halbrook, 66
Hale, 2, 72-73, 78, 84, 88-89, 93, 126
Haley, 17, 109, 111, 120
Hall, 29, 36-37, 45, 66, 71, 75, 78, 81, 92
Hallford, 38
Hallmark, 32, 72-75, 77-78
Halm, 15
Halsel, 19
Haly, 108
Ham, 37, 93
Hamblin, 40
Hamilton, 34, 42, 58, 62, 88, 102, 120, 123, 131
Hamilton, 88
Hamletto, 128
Hamlin, 134
Hammel, 33-34
Hammil, 34
Hammond, 78
Hampton, 18, 62
Hamrick, 132
Hancock, 65, 73, 93, 101, 127-128, 131-132, 135
Hand, 121
Haney, 101
Hanisch, 122
Hanley, 70
Hanmer, 52
Hanna, 61, 86
Hannah, 46-47, 68, 118, 127
Hanner, 12
Hanser, 133

Happle, 16
Harald, 129
Harborth, 16
Harburt, 106
Hardeman, 16-18
Harden, 42, 78-80, 116
Hardin, 52, 85
Hardison, 135
Hardwick, 13
Hardy, 58, 103
Hare, 24
Hargrave, 7, 63-65
Hargraves, 63, 65,, 114
Hargroves, 60
Hargus, 90
Haris, 126
Harkey, 123
Harkins, 72-73
Harlem, 57
Harlis, 54
Harman, 126, 134-135
Harper, 30-31, 45, 64, 98, 109, 115, 120, 138
Harrall, 83
Harrell, 76, 90, 100, 110, 133
Harris, 6-7, 18, 27, 30-31, 36, 38, 53-55, 57-58, 64, 68, 70, 84, 86-87, 127, 135
Harrison, 1, 9, 27, 73, 76, 89, 96, 126
Harrol, 109
Harry, 118
Hart, 21-22, 34, 58, 64, 78, 88-89, 100-102, 111, 127
Harter, 94
Hartgrave, 7, 78
Hartgroves, 101, 105
Hartly, 31
Hartridge, 24
Hartzogg, 133
Harvey, 26, 29, 37, 53
Harvick, 53
Harvy, 39
Hase, 31
Haslow, 109
Hastings, 13
Hatch, 127

Hatchel, 59
Hatcher, 55, 133
Hatchet, 134
Hathaway, 132
Hatley, 137
Hauser, 133
Haven, 129
Havens, 63, 67
Havmas, 83
Hawhorn, 114
Hawkins, 12, 24, 67, 87, 130
Hawley, 35, 42, 131
Hawlow, 66
Hawthorne, 103
Hay, 69
Hayes, 95-96
Haynes, 96, 138
Haynie, 1, 7, 95
Hays, 93, 117, 126
Haywood, 35
Hazelwood, 128
Hazlett, 72
Head, 73, 89
Headley, 2, 9
Heard, 96
Heard, 96-97
Heatherd, 132
Hector, 39
Hedgcock, 69
Hedge, 65
Hedges, 118
Heffelman, 128
Hefferfinger, 125
Heffington, 120
Hefley, 80
Heflin, 71
Hefner, 84, 87-88, 91
Heinin, 122
Heldebrand, 14
Hell, 14
Hellman, 13-14
Helmes, 1
Helmke, 14
Helms, 8, 67
Heloyes, 8
Helton, 76

Hemby, 58, 67, 127, 134
Hemsly, 54
Henderson, 14-15, 17, 19, 29, 61, 65, 68-69, 70, 102-103, 123, 131
Hendricks, 55, 91, 118, 1227
Hendrickson, 120
Henegan, 119
Henera, 49
Henley, 90
Henly, 59, 93
Hennis, 75, 77
Henry, 7, 120
Henslee, 84
Hensley, 97
Hensly, 93
Henson, 44, 54
Henton, 114
Herald, 54, 130
Herbison, 8
Herbst, 15
Herindon, 14
Hernandez, 50
Herndon, 109
Herod, 81-82
Heron, 94
Herrald, 137
Herrin, 86, 138
Herring, 105
Herrington, 22
Herrold, 75
Herron, 12, 81, 134
Hester, 42, 103
Hettson, 121
Heuermann, 123
Hewling, 136
Hibbetts, 7
Hibden, 13
Hicket, 53
Hickey, 52
Hicklin, 18
Hickman, 18, 62
Hicks, 56, 74, 76, 127, 129
Hide, 37
Hieler, 122
Higginbotham, 75
Higgins, 66, 107

Hightower, 27, 107-108
Hike, 9
Hilburn, 128
Hile, 14
Hill, 8, 27, 29, 38, 58-59, 61-62, 69, 72, 86, 97, 103, 116, 121, 136
Hilliard, 35
Hillum, 45
Hilner, 75
Hinds, 41
Hinemier, 16
Hines, 127
Hingoso, 49
Hinson, 8, 35
Hinstey, 110
Hinton, 43, 91
Hitchings, 77
Hix, 111
Hoard, 103
Hobbs, 5, 8, 13, 116
Hobgood, 45
Hobs, 130
Hocher, 16
Hodge, 42, 47, 56
Hodges, 45, 69, 73, 76, 90, 114
Hoerner, 122
Hoffman, 15
Hoge, 17, 130
Hogett, 119
Hogg, 42
Hogsett, 59
Hoke, 2
Holbert, 60
Holcomb, 34
Holdridge, 113
Holecombe, 75
Holekamp, 122
Holford, 108
Hollamon, 11
Holland, 3, 17, 21, 110, 130
Holler, 137
Holley, 75, 137
Hollingsworth, 80
Hollis, 32
Holloman, 99
Holly, 131

Holman, 38
Holton, 104
Honera, 50
Hood, 35
Hooker, 74, 87
Hooks, 21-22
Hooper, 55, 74
Hoover, 125
Hope, 30, 35
Hopkins, 31, 44, 62, 64, 85
Hopper, 42, 63
Hopson, 136
Horington, 105
Horkins, 35
Horn, 54, 100, 102-103, 115
Hornby, 67
Horne, 56
Horten, 68
Horton, 65, 69, 88, 95
Houchin, 16
Houghton, 63, 65
Houndsheel, 125
Houpt, 38
Houston, 60, 77, 119
Howard, 9, 32, 44, 55, 67, 107, 117-118
Howell 9, 74, 100
Howeth, 44
Hoyett, 119
Hoyle, 108
Hubbard, 12
Hubble, 97
Hubbs, 129
Hubotter, 18
Huckabee, 82
Huddleston, 78
Hudler, 97
Hudson, 19, 63-64, 68, 80-81, 93, 111, 117
Huerta, 50
Huey, 90
Huff, 28, 126
Huffman, 24, 72, 99, 120-121
Hufman, 59, 137
Hufstuttle, 137-138
Huggins, 18, 58-59

Hughey, 6
Hughs, 39, 43, 56, 67, 87, 138
Hugputh, 32
Hulen, 128, 132
Hull, 110-111
Hullowell, 58
Hulse, 88
Humphreys, 16
Humphries, 13
Hundley, 1
Hundspeth, 30
Hunt, 92, 120
Hunter, 36, 60, 88, 111, 128
Huntsman, 76
Huntstreet, 7
Hurley, 61, 136
Hurly, 60, 88
Hurst, 54, 89, 92, 108, 117
Hurt, 91
Husband, 89
Huston, 8, 99
Hutchens, 56
Hutcherson, 137
Hutchinson, 17, 113
Hutchison, 6, 55
Huthmacher, 14
Hyatt, 35
Hyde, 77
Hyden, 109
Hys, 54
Hyton, 126
Ince, 57
Inclson, 57
Ingalls, 105
Inge, 3
Ingenhiett, 122
Inglet, 61
Ingraham, 133
Ingram, 31, 54, 65, 127
Inmon, 108
Ireland, 12
Irons, 61
Irvin, 14, 117
Irwin, 127
Iverson, 8
Ivey, 29

Ivy, 38, 75, 87, 137
Jack, 129
Jackson, 2, 6, 21-22, 32-33, 36-37, 47, 50, 53, 57, 62, 69, 79, 90, 105, 108-119, 111, 120, 129-130, 132, 137
Jaffold, 12
James, 13, 34, 38, 69, 111, 129
Jameson, 108, 134
Jarrel, 103
Jarrett, 28
Jarvis, 9
Jay, 131
Jeffers, 126
Jefferson, 11
Jeffries, 13, 119
Jenkens, 136
Jenkins, 66
Jenks, 90
Jennings, 6, 63, 128, 134
Jerden, 136
Jernigin, 64
Jeron, 105
Jeter, 5
Jinkins, 1
Jinks, 109
Jledharm, 16
John, 122
Johns, 39, 46, 52, 66, 117
Johnson, 4, 11, 23, 30, 33, 35-36, 38-39, 54, 58, 62, 66-67, 70, 76, 79, 109-110, 115-116, 116, 119-120, 132, 135
Johnston, 9, 12, 14, 17, 36
Joice, 37
Joiner, 5
Jolly, 21, 38
Jones, 1-2, 4-10, 17-18, 23-24, 28-30, 32-33, 36, 44, 47, 52, 54, 57, 60-61, 63, 66, 74-76, 79-80, 82, 86, 92, 98, , 110, 103, 110, 118-119, 126-128, 134, 136-137
Jonson, 44
Jordan, 21, 65, 68, 73, 77, 95, 103
Jordon, 5, 135
Jower, 15

Jschoppe, 15
Julien, 74
Kandlelone, 5
Kaprel, 15
Karcher, 23
Kassel, 15
Kassrel, 15
Kastenburg, 94
Kaufman, 117
Kavanaugh, 128-129, 132
Keanard, 4
Keasler, 31
Keekn, 6
Keen, 81
Keer, 96
Kees, 96
Keith, 85, 93
Keizer, 96
Kell, 116
Keller, 95-97
Kellet, 95
Kelley, 53, 115
Kellum, 9
Kelly, 5, 8, 39, 90, 100-101, 103
Kelsy, 39
Keneday, 126
Kenedy, 135
Kennard, 5, 7-8
Kennedy, 30, 33, 37, 79-80
Kennon, 68, 73
Kerkum, 128
Kerr, 9, 42
Kersey, 75
Keyes, 132
Keys, 126
Kile, 41
Kilgore, 62, 75
Killingsworth, 97, 131
Killough, 55, 112
Kimball, 55
Kimbell, 85
Kimble, 13, 116-117
Kimbro, 84
Kimbrough, 45, 95
Kincaid, 12
Kinchen, 117

Kindrick, 4
King, 5, 9, 12, 18, 30, 46, 52, 56, 71, 77, 84, 98, 100, 115, 119, 130
Kingston, 11, 67
Kinman, 78, 85, 108
Kinnard, 7, 107
Kinnemer, 60
Kinney, 58
Kirk, 95
Kirkpatrick, 33, 54, 81, 127
Kirtley, 110
Kiser, 6, 68, 40, 119
Kitchens, 66
Kitching, 87
Kizer, 84
Kjeske, 15
Klein, 14
Klin, 38
Knap, 95
Knatch, 15
Kniger, 14
Knight, 41, 43, 79, 111, 114, 136
Knighton, 103
Knott, 3
Knox, 5, 32, 35, 131
Knuppel, 21
Koeler, 15
Kones, 40
Koon, 32
Kornegay, 55
Kouns, 66
Kounslar, 25
Kruger, 14-15
Kunde, 16
Kutch, 93
Kuttner, 52
Kuykendall, 89
Kyder, 120
Kyle, 14, 38-39, 74, 80-82, 102
Labas, 115
Labinski, 39
Lachelin, 15
Lackey, 17, 115
Lacy, 3, 71
Ladd, 126
Lago, 80

Lagrone, 31
Lain, 34, 58
Lake, 87
Lakey, 137
Lambert, 14, 109
Lambeth, 126
Lamm, 122
Lamplin, 55
Lancaster, 18, 119, 133
Landers, 31, 60, 109
Landon, 88
Landrum, 66, 77, 88, 105
Lane, 58, 70, 83, 91, 122-123, 128, 135, 138
Lang, 23, 28, 133
Lange, 123
Langham, 2, 43, 105
Langley, 28-29
Lanham, 53
Lanier, 104
Laningham, 5
Lanly, 93
Lansford, 135
Larimer, 128
Larimon, 108
Larkin, 41
Larkins, 42
Laroc, 120-121
Laroe, 117, 120
Laron, 77
Larrance, 33
Larue, 44-45
Lary, 31
Lasiter, 136
Latinee, 131
Lauber, 18
Laughlin, 38
Laughters, 98
Laurance, 41
Laurence, 7
Law, 18
Lawrence, 56, 93, 123
Laws, 31
Lawson, 66, 91, 109, 114
Lay, 12
Laymance, 43

Leal, 49
Leath, 39, 134
Leatherwood, 119
Leaverton, 81
Ledbetter 110
Lee, 34, 54-55, 57, 75, 88, 110, 118, 130-131, 138
Leeman, 131
Leewright, 63
LeFore, 109
Legem, 53
Legrand, 16
Leimer, 14
Leisner, 15
Lemon, 113
Lenox, 46
Lesser, 11
Lester, 8
Letcher, 31
Letney, 102
Levales, 51
Levins, 63
Levis, 106
Lewis, 9, 14, 26, 28, 30, 43, 77, 80, 89, 96, 102, 105, 114, 118-119, 126
Liddle, 76
Lidney, 43
Liepmann, 122
Light, 124, 133
Ligon, 108
Lihman, 15
Liles, 114
Lillard, 12
Lilly, 16
Linch, 31
Lincoln, 91
Lindley, 65
Lindly, 65
Lindner 122
Lindsey, 33, 56, 90
Lindsy, 40, 126
Lingherfoot, 56
Link, 123
Linne, 14
Linsey, 44-45
Linton, 8

Lipscomb, 115
Lister, 36, 60
Litchfield, 61
Little, 12, 33, 43, 92, 114, 127
Littlejohn, 131
Littlepage, 69
Littleton, 115
Lively, 80
Lock, 134
Locke, 65, 134
Lockhart, 2, 115
Locklaer, 53
Loflin, 69
Loftin, 3
Logan, 95, 110
Loggins, 5, 7
Logsdon, 64-65
Logston, 62
Lollar, 45, 59
Lomax, 29
Lomsford, 129
Long, 7, 15, 26, 66, 69, 72, 78, 80, 108, 110, 132
Longoria, 48, 51
Loomes, 96
Looning, 74
Loope, 45
Lopez, 50
Lorance, 112
Lorens, 124
Lorton, 115
Lott, 36
Loudermilk, 98
Lourence, 3-4
Love, 6, 28, 35, 116, 118, 130
Loveall, 67
Lovelace, 53
Lovitt, 119
Lovless, 5
Low, 73
Lowe, 14, 70
Lown, 2
Lowrie, 89
Lowson, 3
Loyd, 20
Luce, 75-76, 80, 118

Luck, 8
Luckett, 114
Lucky, 118
Ludley, 81
Luis, 34
Luker, 45
Lunts, 117
Luther, 60
Luton, 117
Lutvick, 73
Lyde, 120
Lyett, 40
Lynch, 8, 17, 29, 66, 69, 75, 78, 85-87, 102
Lyner, 69
Lynn, 93
Lynne, 126
Lyon, 56
Lyons, 39-40, 113
Maberry, 87
Mabine, 133
Mackey, 4, 16, 52, 87
Macomb, 23
Madden, 80, 94
Maddous, 33
Maddox, 5, 13, 18
Maddux, 34
Maehgraff, 14
Maertz, 122
Magee, 1, 7, 109, 111
Magill, 18
Magvill, 33
Mahaffy, 100
Mahlietz, 15
Majors, 133
Mallett, 9
Malone, 39-40, 81, 114, 118-119
Malony, 91
Maloy, 79, 129
Manahan, 33
Maness, 99
Maney, 16
Manford, 18
Manlove, 39
Manly, 110
Mann, 31

Manning, 75
Manns, 88
Manson, 77
Manuel, 98
Manus, 72
Mapheny, 127
Marble, 105
Mardis, 129
Marell, 113
Markee, 95
Marks, 23
Marrow, 2
Mars, 62
Marsh, 78
Marshall, 3, 24, 29, 83-84, 89
Marson, 120
Martin, 26, 29, 37, 45-46, 52-53, 55-56, 61, 68, 70, 88, 100, 109, 127, 137
Martinez, 49-51
Masey, 38
Mason, 24, 31, 37, 45, 74, 100, 120,
Massey, 24, 84, 116
Masshaw, 100
Massingale, 77
Massuer, 15
Master, 76
Masters, 45
Masterson, 102
Matchell, 76
Mathews, 39, 78, 92
Mathis, 59
Matlock, 71
Matthews, 43, 46, 60, 81, 97, 110
Mattingly, 52
Mattox, 90
Maund, 99
Mauney, 60
Maurer, 15
Maxwell, 54, 109, 134
May, 24, 35, 81, 99
Mayes, 39, 71
Mayfield, 2, 18, 115
Maynard, 92
Mayo, 22, 90, 128
Mays, 7-8, 13, 29, 39, 46
McAdams, 45

McAlister, 102
McAlpin, 3, 6
McAmos, 135
McAnally, 18, 137
McAnear, 112
McAnelly, 17
McBride, 69, 86, 89, 109
McBroon, 65
McCain, 43
McCaleb, 137
McCall, 75
McCamant, 89
McCarely, 126
McCart, 90
McCarther, 56
McCarty, 5, 28, 119, 134
McCary, 1
McCastle, 4
McCauley, 62
McChesney, 95-96
McClain, 13
McClassen, 29
McClaugherty, 17
McCleland, 6
McClelland, 29
McClenden, 34, 56
McCleren, 58
McCluer, 32
McClure, 27
McCollough, 54
McColskey, 92
McCombs, 68, 84
McCorkle, 61, 119
McCormac, 137
McCormick, 23
McCorquodale, 120
McCovey, 59
McCowen, 56
McCown, 9
McCoy, 5, 110
McCracken, 13, 23
McCrae, 138
McCrary, 118
McCreary, 109
McCreight, 56
McCrocklin, 38

McCuan, 120
McCuistion, 128, 135
McCulloch, 17-18
McCullock, 6, 98
McCune, 5
McCurry, 119
McCutchen, 53, 114
McDaniel, 8, 120, 130
McDonald, 7, 44, 88, 103, 129
McDonnell, 94, 97
McDonough, 13
McDougal, 117
McDouglas, 128
McDougle, 25
McDowel, 59
McDowell, 15, 97, 128, 131
McEasland, 43
McEldgry, 73
McEller, 43
McEloy, 73
McElrath, 121
McElroy, 43, 81, 87
McErehn, 3
McFadan, 105, 134
Mcfall, 64
McFarland, 86, 90, 96
McFarlin, 67
McGaha, 62
McGahey, 7
McGaughy, 26
McGee, 103
McGehee, 39
McGeorge, 33
McGhee, 66
McGill, 42, 58, 61
McGinty, 3
McGlasson, 128-129
McGuieghy, 29
McGuire, 67
McHam, 132, 135
McHenry, 74, 96
McIntire, 63
McIntyre, 4, 129
McIver, 9, 97
McKay, 13
McKean, 16

McKee, 13, 40, 63, 109
McKeehan, 70
McKeller, 42
McKenney, 75, 120-121
McKenny, 56
McKenzie, 16, 77-78
McKiney, 30-31
McKinney, 17-18, 21-22, 24
McKinsy, 111
McKinzie, 6
McKnight, 11
McKoy, 34
McLain, 18, 36
McLane, 79, 114-115
McLaren, 60
McLaughlin, 27, 63
McLean, 16
McLemore, 74
McLeren, 64
McLure, 125
McMackin, 128
McMahan, 9, 86-87
McManners, 78
McManus, 45
McMaslin, 56
McMillian, 58
McNeelan, 98
McNeely, 22
McNutt, 17, 94
McPhail, 32, 36
McPhaul, 54
McPhearson, 6
McQuater, 134
McQueen, 100
McQuerry, 93
McReynolds, 118
McSwain, 117
McWhorter, 9
Means, 137
Measells, 125
Measels, 127
Measetts, 125
Mebane, 131
Mebutt, 37
Medcalf, 10
Medearis, 93

Medlin, 11
Medlock, 137
Mee, 35
Meeks, 38
Meininger, 11
Melehiorson, 44
Melton, 31, 61
Menefee, 73, 75, 96-98
Menifee, 109
Merchant, 98
Merchirson, 63
Mercy, 8
Meredith, 79
Meridith, 36
Meriwether, 81
Merkel, 11
Merrell, 99
Merrick, 84
Merrill, 59, 88
Merriweather, 16
Metzar, 7
Meurin, 14
Michain, 24
Middlebrook, 115
Middleton, 55, 100
Midkiff, 32
Milby, 97
Miles, 31, 86
Milks, 6
Millard, 98
Miller, 18, 33, 36, 41-43, 52, 57, 61-62, 68-69, 71, 95, 97, 131, 135
Millett, 16
Millhollon, 65
Millican, 108
Milligan, 77
Milling, 71
Mills, 34, 37, 44, 81, 86, 97, 108-109, 111
Millson, 7
Mimms, 27
Mimories, 27
Minngia, 49
Minnos, 49
Minor, 128
Minter, 12, 60

Mitcham, 46
Mitchel, 120
Mitchell, 4, 37, 56, 79-80, 108-109, 116
Mitchem, 75
Mith, 60
Mize, 9
Mobly, 32
Modlin, 117
Moffatt, 9
Moffett, 79
Mohfield, 17-18
Moland, 2
Monday, 77, 83
Monk, 15, 21, 73
Montgomery, 4-5, 13, 29, 31, 67, 80, 109, 131
Moodey, 5
Moody, 37, 119
Moore, 11, 18, 31, 38-39, 41, 63-65, 72, 74, 77-78, 83-84, 87-89, 93, 96117, 123, 130, 132, 134-135, 137
Mooreland, 66
Moores, 115
Moorhead, 45
Mooring, 2
Mora, 50
Morales, 51
Moran, 131
Morce, 49-50
Morehead, 81
Moreland, 68, 134
Morey, 8
Morgan, 24, 45, 63, 68, 73, 75, 103, 132
Morison, 137
Morrel, 68
Morris, 13, 20, 24, 33, 62, 73, 92, 102, 110, 117, 119
Morrison, 4, 13, 41, 87, 101, 108, 134
Morrow, 77, 107
Morse, 1
Morton, 137
Mosa Kimber, 114
Mosely, 61

MosKimber, 114
Mosley, 52, 138
Moss, 11, 53, 63, 84, 101
Motley, 28
Moulton, 99
Moya, 49
Mud, 113
Muehler, 115
Muks, 109
Mulberg, 14
Mullenax, 44
Mullhollon, 65
Mullin, 136
Mullock, 8
Munden, 37
Munger, 77
Munizia, 49
Munk, 118
Munroe, 71
Muntz, 39
Murchison, 14, 71-72, 79-80
Murdock, 117
Murphy, 78-79, 86, 109, 112, 118, 124
Murprey, 57
Murray, 13, 73
Murril, 30
Murry, 52, 111
Muse, 7
Musick, 102
Mussett, 136
Musters, 2
Myers, 111, 138
Myres, 9, 83, 111
Nagle, 15
Naill, 45
Nailor, 118
Nalon, 98
Nance, 39, 61, 70, 110
Nantz, 100
Napier, 91
Narrymore, 32
Nash, 8, 116, 129
Naudain, 45
Navarro, 115
Neal, 68, 87, 126

Nealy, 94
Nee, 35
Neeley, 8-9, 64
Neely, 81
Neesbit, 109
Neff, 44
Neighbours, 138
Neil, 78
Neill, 11
Nelms, 9, 78
Nelson, 30, 45, 60, 102, 107
Nesbitt, 37
Netherland, 40
Nettles, 55
Nevills, 4, 76
Newbower, 14
Newell, 92
Newland, 125
Newman, 32, 80, 113
Newsom, 88
Newton, 13, 55, 86
Neyland, 99
Niblett, 8
Nichols, 17, 104, 114, 123, 127, 136
Nicholson, 19, 29, 84, 126
Nickell, 109
Nickels, 48
Nickless, 111
Nidever, 64, 66, 129
Niel, 29
Nitsche, 24
Nix, 131
Nixon, 18, 131
Noble, 67, 102, 116, 121
Noel, 17
Nofelett, 138
Noisworthy, 101
Nolan, 2, 97-98
Nolen, 109
Nolte, 11, 16
Norfleet, 46
Norll, 117
Norris, 3, 89
Norton, 109, 119
Norvill, 92
Notly, 128

Nowell, 133
Nowlan, 115
Nowlin, 2
Nun, 53
Nunn, 53, 56
Nutt, 109, 117
Nyistol, 44
O'Hare, 23
O'neel, 42
O'Niel, 114
Oates, 25
Obanion, 40
Oberwetter, 122
Ochoa, 49
Odell, 74, 85-86, 90
Odle, 89
Odom, 21, 69, 107
Oelhers, 15
Ogg, 6
Ogleby, 6
Oglesby, 22
Oldham, 43, 85
Olds, 86
Oleford, 67
Oleson, 44
Oliphant, 2
Oliver, 5, 17, 74, 81, 126
Olson, 44
Olvarez, 48
Oneal, 84
Onstot, 55, 85, 128
Onstott, 128
Ony, 33
Oran, 113
Orr, 70, 88, 118
Ort, 14
Orten, 100
Orties, 95
Orton, 130
Ortry, 116
Ortwell, 31
Osburn, 131
Osman, 115
Otenhousen, 39
Outlaw, 13
Overland, 23

Owen, 41, 43-44, 49, 98, 126, 131
Owens, 6, 8, 39, 52, 59, 74, 76, 137
Oxford, 67
Pace, 85, 101, 125, 136
Packwood, 45
Page, 32-33, 45, 60, 66, 109
Pain, 136
Paine, 60
Palacio, 50
Palmer, 42, 85
Parchman, 18, 36
Parham, 5, 130
Parish, 12, 16, 120
Parit, 131
Park, 11, 55, 114
Parker, 21, 28, 36, 79, 81-82, 88, 125
Parkhill, 130
Parks, 70
Parmer, 43-44
Parmle, 71
Parnell, 5
Parr, 47
Parris, 87
Parson, 111
Parsons, 42, 67
Partlow, 86
Paschal, 114, 117
Pate, 42, 45, 128
Paterson, 137
Patillo, 34
Patrage, 105
Patrick, 7, 34, 87
Patterson, 6, 11-12, 35, 46, 56, 84-85, 91, 132
Pattison, 129, 135
Patton, 44, 54, 74-75, 108-109, 126
Paulk, 36
Payne, 39, 55, 76, 88, 92, 119
Peacock, 81, 103, 137
Pearce, 26, 96-97, 100, 102
Pearcy, 129
Pearman, 17
Pearson, 2, 6, 21, 78
Peel, 55, 118
Peele, 33
Peete, 36

Pelham, 47
Pendleton, 54, 62, 111
Penegar, 134
Penick, 131
Penn, 58
Pennel, 137
Pennell, 84
Pennington, 80-81, 85
Pennybacker, 134
Peoblen, 83
Pereloe, 35
Perine, 128
Perkins, 6, 75, 89, 99, 101, 108, 134
Perner, 122
Perry, 2, 30, 34-35, 38, 44, 64
Perryman, 14, 114, 131
Peryman, 131
Peters, 88, 109
Pettis, 13
Pettus, 16
Petty, 11, 53, 61, 88, 132
Pevito, 105
Pfannstiel, 14
Pfeuffer, 122
Pfiel, 14
Phanstiel, 14
Phelps, 22
Phillips, 81, 109, 118, 121
Phipps, 83
Pickens, 18-19, 45, 67
Pickering, 46
Pickett, 137
Pickins, 36
Pickirm, 117
Pierce, 18, 42, 46, 65, 127, 132, 134
Piland, 129-130
Piles, 30
Pines, 108
Pinkney, 3
Pinney, 84
Pinnock, 80
Piper, 91, 127
Pippin, 45
Pipps, 11
Pirtle, 131
Pitman, 60

Pitt, 136
Pittman, 132
Pitts, 3, 40, 97
Plasters, 1, 78
Platte, 72
Pley, 45
Pofford, 42
Pogue, 33
Pointer, 2
Poland, 35, 120
Pollard, 130
Polley, 13
Pool, 30
Pope, 36, 120, 129
Popham, 133
Porter, 39, 54, 79, 97
Portwood, 68
Posey, 62
Poteet, 127
Potter, 29
Potts, 133
Pounds, 38
Powell, 28, 35, 102-103, 108-109, 137
Powers, 43
Pras, 9
Prater, 105
Pratt, 85, 138
Presscott, 138
Preston, 32, 97
Prestridge, 109
Prevett, 88
Prewett, 103
Prewit, 42
Prewitt, 54
Price, 28, 37, 45-47, 53, 76, 127, 131
Pride, 61, 132
Pridgen, 81
Primm, 65-66
Primrose, 102
Probst, 95
Proctor, 62
Profit, 108
Provine, 132
Pruett, 72, 78
Pry, 100

Pucket, 55
Puckett, 114
Pullen, 114
Pumphrey, 97
Purvis, 79
Putman, 18
Pyatt, 111
Pybus, 97
Pyle, 116-117
Qualls, 18
Queen, 53, 56, 138
Quick, 44, 110
Quillen, 30
Quinn, 7
Quintero, 48
Quiroa, 49
Quynn, 107
Raathe, 132
Rabb, 115
Rabey, 87
Rabsteen, 115
Raby, 86
Race, 114
Radcliff, 99
Rader, 120
Ragon, 33
Ragsdale, 17, 130
Rain, 29
Raines, 75, 78
Rains, 35
Rainy, 89
Ralph, 102
Ramey, 90
Ramires, 49
Ramsdale, 72
Ramsey, 27, 32-33, 60
Randall, 96
Randle, 5
Randolph, 97
Ranney, 13
Rasberry, 70
Rash, 109-110
Rass, 32
Rassanor, 133
Ratcliff, 21, 41, 57, 114
Rathka, 15

Ratliff, 1, 62, 127
Rats, 120
Rattan, 67
Raughley, 96
Rawls, 111
Rawson, 37
Ray, 5, 114, 119
Rayford, 54
Rayner, 117
Raynes, 118
Read, 11
Reagan, 72, 115
Real, 123
Rease, 100
Reasoner, 93
Record, 133
Rector, 16, 39
Reddin, 32
Redding, 59
Reed, 55, 66, 72, 113, 127
Reeder, 27, 41
Reer, 123
Rees, 37
Reese, 100, 113
Reeves, 34, 59
Reid, 126
Reneshelf, 94
Renfro, 89, 99, 111, 115
Renshaw, 118
Resfaf, 27
Respap, 27
Reynolds, 13, 42-43, 92, 98, 111, 119, 121
Rhea, 24
Rhodes, 27, 50, 61
Rhodius, 14
Rhone, 72
Rhyme, 115
Rice, 31, 43, 56, 73, 79, 129, 131
Rich, 54, 57
Richard, 114
Richards, 21, 69, 74, 100, 107
Richardson, 42, 45, 73, 77, 92-93, 100-101, 108, 119
Richey, 59
Richie, 22, 50

Richman, 41
Richy, 79
Rickets, 24
Ridde, 111
Riddle, 69, 90
Ridenor, 128
Ridge, 135-136
Ridgeway, 18
Ridgway, 32
Ried, 53-54
Riggs, 23
Right, 41
Rigsby, 9
Riley, 22, 92, 109
Rimes, 100
Rimmer, 85
Rinehart, 14
Rinehert, 95
Ringer, 138
Ringo, 63, 65
Ringold, 2
Rinnuer, 61
Riols, 104
Rios, 49
Rippey, 85
Ripsley, 134
Risinger, 113
Ritchardson, 31
Rithcey, 64
Ritteman, 14
Rittemann, 14
Ritter, 118
Rix, 115
Rjeske, 15
Rluis, 111
Roads, 12, 125, 127
Roam, 1
Roammel, 18
Roark, 113
Robberts, 31, 34
Robbins, 39, 44, 77
Roberson, 110
Roberts, 6, 12, 18, 29, 37, 54, 57, 62, 67, 72, 77, 86, 102, 127, 133
Robertson, 43, 54, 56, 60, 77-78, 96, 105

Robey, 88
Robinette, 77
Robinson, 9, 13, 30, 77, 107, 129, 131
Roco, 7
Rodgers, 128
Rodman, 56
Rodrigues, 49-50
Roe, 31-32
Roebrick, 113
Roger, 103
Rogers, 4, 19, 21, 23, 32, 67, 76, 95-98, 107, 110
Rogerson, 6
Roggenbucke, 122
Roggers, 30
Roland, 50, 135
Roles, 31
Rollin, 95
Rollins, 66
Ronkin, 6
Rooker, 76
Rookes, 76
Rosborough, 29
Rose, 36, 102, 114, 130
Rosenthal, 122
Ross, 32-33, 37, 52, 78, 98, 111
Rotezeun, 95
Roualia, 95
Roundtree, 73
Rounswall, 44
Rountree, 38
Roves, 66
Rowden, 39
Rowe, 70
Rowell, 35, 38
Rowland, 93, 134
Rowley, 38
Royall, 42
Royster, 95
Rubles, 118
Ruby, 39
Rucker, 108, 129
Rudacll, 134
Rudepoff, 15
Rudolf, 124

Rudolph, 15
Rugg, 126
Ruiz, 49
Rundell, 23
Runnells, 5
Runnels, 59
Rush, 115, 128
Rusing, 47
Russel, 59, 65, 67, 136
Russell, 5, 13, 17, 23, 31, 60, 73, 121, 138
Russey, 32
Russian, 130
Rust, 16
Rutherford, 57, 101, 130
Rutledge, 50, 114
Ryan, 136
Rye, 73
Rymes, 75
Sabaury, 95
Saddawhite, 73, 75
Saddwhite, 73
Sadler, 43
Saffold, 12
Salazar, 50
Salido, 96
Salinas, 49-50
Sanches, 49-51
Sandel, 24
Sanders, 12, 17-18, 24, 31, 37, 46, 58, 65, 78, 99, 132, 137
Sandige, 28
Sandridge, 128
Sandsbry, 134
Sanduskey, 94
Saner, 123
Sanford, 57, 77, 94-95, 121
Sansome, 72
Santa Anna, 49
Sapp, 101
Satawhite, 32
Sauer, 122
Saunders, 4, 6, 93, 114, 118
Saur, 14
Saxon, 72, 77
Say, 1

Sayles, 92
Scales, 127
Scallion, 40
Scanland, 115
Scarborough, 32, 109
Scarbrough, 32
Scarbry, 30
Schaefer, 122
Schaffer, 17, 37
Scheiffer, 18
Schelllease, 123
Schenk, 15
Schilling, 122
Schlador, 122
Schloder, 14
Schmalhohe, 16
Schmidt, 12, 17, 19, 122
Schmitz, 14
Schraub, 14
Schreiner, 123
Schrumm, 16
Schugart, 11
Schultz, 122
Schulze, 14
Schumann, 15
Schweshelm, 122
Scofield, 54
Scoggin, 114
Scot, 27, 79
Scott, 7, 24, 29, 35-36, 41, 44, 47, 52, 55, 72, 92, 123, 128-129, 134, 137
Scruggins, 119
Scruggs, 133
Sea, 95
Seal, 110
Seale, 77, 101-103
Sealy, 98
Searbry, 30
Sears, 130
Seaton, 137
Seibert, 94
Seiler, 14
Seitz, 116
Sell, 42
Sellars, 60

Sellers, 29, 95
Sells, 99
Senterfit, 137
Sentto, 34
Seralto, 49
Sessions, 46
Sessom, 39
Sevenson, 127
Sevier, 57
Sewell, 61, 109, 118
Sexton, 104, 119
Seymore, 61
Shackelford, 43, 87
Shackleford, 137
Shais, 26
Shanklin, 137
Shannon, 6, 9, 24, 110-111
Sharp, 116
Shaul, 117, 119-121
Shaver, 45
Shaw, 27, 56, 74, 120, 138
Sheady, 124
Shearon, 131
Shearwood, 118
Sheaswood, 118
Sheffel, 14
Sheflett, 79
Shelby, 13, 17, 101
Shelly, 108
Shelton, 7, 39, 46-47, 57, 128, 134
Shepherd, 101-102
Sheppard, 31, 67, 98
Shepperd, 88
Sheridan, 80-81
Sherlock, 12
Sherman, 128, 136
Sherrill, 34
Sherrod, 28, 35
Shertson, 6
Sherwood, 11
Shettman, 118
Ship, 111
Shipp, 100
Shirley, 75
Shivers, 72
Shoat, 114

Shockey, 131, 133
Shockley, 113
Shoemaker, 107
Sholders, 100
Shomaker, 107
Shook, 87
Shorse, 61
Short, 136-137
Shreves, 111
Shrode, 64
Shropshire, 108, 110
Shuckard, 5
Shuffield, 67
Shugart, 12
Shults, 123
Shultz, 15, 115
Shultze, 15
Shuman, 127
Sickle, 64
Sides, 73, 75
Siers, 127
Sigler, 111
Sikes, 110
Silrins, 115
Simmons, 94, 118, 129
Simms, 24, 60
Simonds, 88
Simons, 31, 84, 129
Simpson, 44, 64, 72, 75, 119, 135
Sims, 9-10, 22, 129, 137
Sinclair, 68, 99, 108
Singletary, 100
Singleton, 24
Singltary, 100
Sipe, 57
Sissel, 68
Sith, 56
Skean, 137
Skefstaed, 44
Skidmore, 81, 127, 131, 135
Skiles, 30
Skinner, 54
Skyler, 114
Slack, 84
Slater, 37
Slaton, 44

Slator, 45
Slaughter, 29
Sledge, 35
Sloan, 3, 43
Smalley, 37
Smart, 135
Smelly, 76
Smidt, 38
Smith, 4-6, 9, 12-13, 15-16, 18-19, 22-23, 27-32, 34-36, 46, 52, 55, 57, 59, 62-64, 66, 68, 71, 74, 76, 79, 81, 84-85, 88, 90, 95, 99-101, 103, 107, 113, 115, 117-118, 125, 132, 136
Smoot, 8
Smotherman, 76
Smothers, 17
Smyth, 102
Snead, 134
Sneed, 53
Snider, 14, 111
Snoarden, 31
Snodgrass, 93, 9-97
Snow, 83, 94, 133
Solis, 49-50
Somerville, 13
Sora, 50
Sorille, 30
Sorrell, 85
Sourel, 117
Souther, 110
Southerland, 96, 134
Sowell, 18
Spain, 11
Spark, 119
Sparkes, 137
Sparkman, 70
Speagle, 126
Speairs, 130
Speaks, 98
Spear, 119
Spears, 60, 71, 76, 86
Speed, 39
Speer, 93
Speight, 55
Spell, 105
Spenacht, 122

Spence, 55-56
Spencer, 93
Spicer, 100
Spier, 93
Spikes, 120-121
Spivy, 47
Spradling, 86, 90
Sprecht, 15
Springher, 6
Sproongmore, 84
Spurlin, 8
Spurlock, 86
St.Clair, 65, 89
Stacy, 69
Staley, 88
Stallings, 127
Stamitz, 14
Standley, 121
Stanfield, 16
Stanley, 137
Stansberry, 37
Stanton, 74, 79, 96
Stapler, 16
Star, 33, 61
Starke, 15
Starkey, 36
Starkie, 16
Starks, 134
Starr, 60, 89, 94
Starrett, 61
Stas, 32
Steadham, 78
Stedman, 92
Steed, 110
Steel, 6, 53, 110
Steele, 68, 99
Steen, 64
Stein, 15
Stell, 134
Stembridge, 53
Stenlast, 119
Stephen, 105
Stephens, 29, 43, 54, 57, 67, 96, 109, 131, 133
Stephenson, 28, 38, 64-65, 67, 116-117, 127-128
Sterman, 45
Stern, 98
Stett, 134
Stevens, 85
Stevenson, 42, 127, 134
Steverson, 7
Steves, 122-123
Steward, 125, 131
Stewart, 9, 16, 30, 35, 43, 53, 73, 77, 85, 109, 137
Stidam, 20
Stifflemire, 7
Still, 59, 132
Stith, 27
Stnager, 102
Stoaks, 45
Stockard, 128
Stockdale, 95
Stocking, 24
Stockman, 123
Stockton, 18, 61, 67, 113
Stokes, 71
Stolte, 14
Stone, 10, 28, 31, 86, 119-121
Stontram, 134
Stonum, 4-5, 7
Storm, 137
Story, 95
Stotts, 23, 29
Stout, 59, 111
Stovall, 116
Stover, 121
Stowe, 80
Strain, 97
Straley, 136
Strange, 95
Stratten, 120
Stratton, 11
Strayhan, 130
Streplin, 43
Stribbling, 78
Strickland, 26, 70, 113
Stringer, 29
Strong, 17
Strother, 64, 81
Stroud, 27, 34, 76

Stuart, 66
Stubblefield, 71, 74
Stubbs, 84, 116
Stuckey, 8-9
Stud, 34
Sturdivant, 65
Styles, 121
Sue, 6
Suggitt, 6
Sullivan, 46, 60, 76, 84, 88, 113
Sullock, 9
Summer, 114
Summers, 85, 89
Summry, 53
Sumner, 133
Sumulls, 3
Surlock, 107
Surman, 32
Surrett, 114
Sutherland, 96
Swan, 99
Swank, 53, 78
Swann, 78
Swanson, 30, 35
Sweeble, 2
Sweed, 76
Swift, 15
Swindle, 44
Swing, 94
Swink, 28
Swisher, 138
Sykes, 75
Sypert, 30
Tabor, 54
Tafolla, 123
Tagart, 34
Taggers, 41
Talley, 18
Tanner, 45, 52
Tannes, 134
Tannihill, 41
Tarner, 73
Tarver, 32, 46
Tarvers, 64
Tate, 3, 46, 63, 119, 138
Tatom, 84

Tatum, 111
Taylor, 5-6, 8-9, 29, 31-37, 46, 57, 68, 72, 84-85, 89-90, 100, 103, 108, 131, 134, 137
Teague, 74, 89
Teal, 15
Teer, 69
Teil, 21
Tellgmann, 123
Temple, 44
Terrel, 126
Terrell, 2, 64, 120-121
Terry, 28, 53, 84, 138
Tetman, 53
Tevis, 106
Tharp, 108
Thebodeau, 105
Thomas, 3, 9, 18, 24, 34, 46, 59, 69, 74, 79, 82, 100, 109, 132-133
Thomason, 77
Thompkins, 3
Thompson, 110
Thompson, 11-12, 24, 26, 28, 35, 37, 41, 43, 46, 61, 74, 96, 110, 113, 118, 132, 134
Thornton, 118
Thorpe, 127
Thrasher, 61, 133
Threadgill, 5
Thuffield, 21
Thurmon, 56
Thurston, 6
Tibbs, 118
Ticer, 61
Tidwell, 44, 127
Tielman, 12
Tiers, 76
Tiglman, 131
Timmins, 27
Tindle, 43, 107
Tiner, 13
Tinley, 85
Tinnin, 38, 133-134
Tioringston, 37
Tippen, 115
Tippet, 119

Tippett, 107
Tipton, 137
Tittle, 72
Tlumez, 37
Todd, 4
Tollett, 62-63
Tom, 12
Tombaugh, 39
Tomgos, 51
Tomlinson, 60, 121
Toney, 78
Torbett, 111
Torbit, 90
Totten, 56
Townsen, 137
Townsend, 65-66, 69, 72
Trammel, 90, 114
Trant, 8
Traughon, 105
Travilion, 69
Travis, 39
Traylor, 90, 100
Tredwell, 55
Trevino, 49-51
Trice, 78
Trimble, 110
Triplet, 36
Troart, 14
Trotti, 102
Truelock, 127
Truett, 118
Truitt, 101
Trull, 100
Tubb, 31
Tubbs, 126
Tucker, 4, 9, 18, 24, 26, 60-61, 65, 108, 114
Tumlinson, 76, 114
Turbyenson, 44
Turner, 1, 12, 28, 39, 59, 73, 89, 100, 119, 121, 132
Turney, 117
Turpin, 108
Tutle, 26, 28
Tutte, 26
Tuttle, 16
Tyerina, 50
Tyler, 78, 113, 128, 131
Tyner, 121
Ubrangik, 114
Unrly, 128
Upchurch, 9
Upham, 17
Uphrgraff, 118
Ury, 61
Ussery, 18, 89
Utsman, 130
Vaden, 64-65
Valdez, 49-51
Valentine, 110
Vanaulston, 7
Vance, 27, 57, 64
Vancil, 67
Vancleve, 93
Vanderberg, 124
Vandergriff, 13
Vandeslier, 30
Vanhoosic, 120
VanHoy, 108
Vanmeter, 126
Vann, 33
Vannerson, 59
Vanpool, 117
Vanwinkle, 137
Vardeman, 98
Varner, 74
Varslick, 115
Vasper, 15
Vaughan, 73, 130
Vaughn, 16, 38-39, 68, 73-74
Vaught, 100
Vela, 50
Venta, 48
Verhne, 92
Verills, 4
Vermillion, 57
Vernell, 54
Vetterlein, 123
Vick, 120
Vickers, 40, 110
Viles, 134
Villareal, 50

Villereal, 49-50
Vincent, 110, 133
Vining, 129
Vinson, 30
Viser, 67
Vivians, 124
Vivion, 28
Voges, 14
Voigt, 123
Volcher, 15
Vosier, 32
Voss, 62-63
Wackle, 120
Waddill, 56, 90
Wade, 1, 16, 118
Wadkins, 32
Wadley, 53
Wadlington, 28
Wafford, 16
Waggner, 98
Waglay, 66
Wagner, 74
Wagnon, 37
Wagnor, 37
Wagoner, 28, 91
Wagonner, 66
Wakefield, 111
Wakeland, 30
Waker, 7
Waldrip, 45, 117
Walker, 2, 8, 13, 16, 24, 32-33, 42, 58, 63, 66, 75, 87, 90, 102, 108
Wall, 29, 32, 71, 79, 88
Wallace, 2, 38, 67, 69, 76, 86
Wallar, 63
Waller, 16, 56
Walling, 46, 58, 81
Walls, 83, 92
Walters, 19
Walton, 4, 27, 36
Wamack, 37, 54, 100
Wamock, 36
Ward, 4, 30-31, 37, 56, 65-66, 78, 96-97, 100, 110, 120, 131
Warde, 104
Ware, 30, 105

Warfield, 88
Warner, 74-75
Warren, 42, 78, 129, 132
Warrenburg, 88
Wascomb, 27
Washburn, 108
Waters, 83
Watkins, 11, 40, 59, 121
Watson, 2, 5, 16, 34, 85, 90-91, 137
Watts, 21
Wave, 118
Weakes, 45
Wealkerby, 53
Wear, 95, 120
Weatherford, 1, 89
Weatherread, 54
Weauge, 54
Weaver 6, 60, 63, 67, 119
Webb, 8, 33, 37, 54, 56, 78, 84, 96, 101, 115
Webster, 29
Weeden, 24
Weide, 115
Welch, 63
Welden, 33, 87
Welling, 54
Wells, 12, 32, 60-61, 65, 74-75, 81, 94, 108, 117, 119
Wellson, 121
Wemms, 69
Wesson, 5
West, 2-3, 18, 21-22, 36, 105
Westbanks, 133
Westbrook, 46, 76, 101
Westerman, 64-65
Westmoreland, 77
Wetherspoon, 72
Wetrington, 8
Wettaz, 105
Wettbold, 123
Weyel, 14
Whaler, 17
Whaley, 36
Wharton, 123
Whealy, 128
Wheat, 36, 68

Wheeler, 27, 35, 67, 115
Whisenhaut, 69
Whitaker, 80
White, 3, 6-8, 11, 17, 23-24, 44, 59, 65, 68, 72, 75, 79, 81, 94, 96-98, 103, 114, 137
Whitehead, 41
Whitehorn, 30
Whitenlow, 94
Whitesides, 3
Whitfield, 34
Whiting, 1
Whitley, 81, 96
Whitlock, 131
Whitmire, 101
Whitmore, 26
Whitsett, 107
Whitston, 114
Whittenburg, 130
Whittington, 22
Whittle, 30
Wholfardt, 14
Wicker, 81
Wickett, 115
Wickline, 17
Wideman, 133
Wiedenfeld, 123
Wier, 52, 107
Wies, 100
Wiggins, 73
Wigley, 100
Wilborn, 123
Wilburn, 130
Wilcox, 15, 69
Wilder, 56, 136
Wiley, 18, 42
Wilkerson, 33, 52, 54, 67, 85
Wilkes, 3
Wilkins, 81
Wilks, 56-57
Willbanks, 110
Willborne, 102
Willeford, 22
Willett, 101
Williams, 5, 9, 13, 17, 23, 35, 46, 53-55, 61, 66, 69, 73, 76, 81, 86-87, 89-92, 100-103, 108, 113, 115, 119-121, 127, 129, 135-137
Williamson, 9, 39, 132
Willie, 35, 37
Willingham, 77
Willis, 62, 66, 136
Willkerson, 9
Wills, 30, 76
Willshire, 110
Willson, 6-8, 59, 95-96, 117, 119-120
Wilshire, 110
Wilson, 15, 17, 28, 31, 33, 39, 54, 71, 74, 80, 86, 89, 99, 103, 113, 127, 134
Wimberly, 32
Windling, 105
Winfield, 98, 113
Winfrey, 78
Wingate, 76
Winham, 4
Winn, 31, 132
Winsett, 127
Winslett, 43
Winslow, 76
Winson, 33
Winsor, 65
Winston, 7, 35, 87
Winter, 53, 109
Winters, 119
Winton, 90, 92
Wise, 6, 63, 111
Wiseley, 13
Wiseman, 95, 136
Withers, 63
Witherspoon, 36
Witkins, 52
Witner, 15
Wixom, 83
Wofford, 42, 113
Womack, 4, 7, 27, 130
Wood, 3, 7, 12, 18, 29, 42-43, 52, 54, 57, 64, 67, 120, 128, 131
Woodard, 65
Woode, 103
Woodell, 132

Woodfin, 126
Woodhouse, 120
Woodley, 27
Woods, 35, 40, 55, 64, 85, 103, 109
Woodson, 27, 72, 111
Woodward, 3, 117, 126
Woolaridge, 129
Wooldridge, 132
Woolfolk, 94
Wooten, 76
Wooters, 71
Wooton, 110
Word, 12, 21, 91
Wornell, 52
Worsham, 29
Wortham, 90, 92, 129
Worthington, 30, 125
Worthum, 72
Wray, 109
Wreay, 45
Wren, 66, 111
Wrester, 80
Wright, 17, 24, 28, 54-55, 67-68, 71, 74, 76, 83, 89-90, 103, 110, 113, 127, 132
Wuppermann, 11
Wyatt, 17, 44, 61, 69, 137

Wyett, 100
Wynne, 129
Wysinger, 82
Yancy, 126
Yarborough, 7, 81, 107, 137
Yarbrough, 18, 53, 55
Yates, 55, 59, 68, 129
Yeager, 91
Yeates, 102
Yenta, 115
Yernren, 44
Yewry, 66
York, 96
Young, 9, 12, 14, 17, 24, 26, 30, 37, 40, 52, 54, 57, 66, 68, 79, 109, 126-127, 132
Youngblood, 103
Zarate, 49-50
Zenelin, 94
Zigler, 101, 103
Zimmerman, 3
Zipp, 15
Zollicoffer, 55
Zubar, 7
Zuck, 120
Zuhl, 14

Other Heritage Books by Linda L. Green:

1890 Union Veterans Census: Special Enumeration Schedules Enumerating Union Veterans and Widows of the Civil War. Missouri Counties: Bollinger, Butler, Cape Girardeau, Carter, Dunklin, Iron, Madison, Mississippi, New Madrid, Oregon, Pemiscot, Petty, Reynolds, Ripley, St. Francois, St. Genevieve, Scott, Shannon, Stoddard, Washington, and Wayne

Alabama 1850 Agricultural and Manufacturing Census: Volume 1 for Dale, Dallas, Dekalb, Fayette, Franklin, Greene, Hancock, and Henry Counties

Alabama 1850 Agricultural and Manufacturing Census: Volume 2 for Jackson, Jefferson, Lawrence, Limestone, Lowndes, Macon, Madison, and Marengo Counties

Alabama 1860 Agricultural and Manufacturing Census: Volume 1 for Dekalb, Fayette, Franklin, Greene, Henry, Jackson, Jefferson, Lawrence, Lauderdale, and Limestone Counties

Alabama 1860 Agricultural and Manufacturing Census: Volume 2 for Lowndes, Madison, Marengo, Marion, Marshall, Macon, Mobile, Montgomery, Monroe, and Morgan Counties

Delaware 1850-1860 Agricultural Census, Volume 1

Delaware 1870-1880 Agricultural Census, Volume 2

Delaware Mortality Schedules, 1850-1880; Delaware Insanity Schedule, 1880 Only

Dunklin County, Missouri Marriage Records: Volume 1, 1903-1916

Dunklin County, Missouri Marriage Records: Volume 2, 1916-1927

Florida 1850 Agricultural Census

Florida 1860 Agricultural Census

Georgia 1860 Agricultural Census: Volume 1 Comprises the Counties of Appling, Baker, Baldwin, Banks, Berrien, Bibb, Brooks, Bryan, Bullock, Burke, Butts, Calhoun, Camden, Campbell, Carroll, Cass, Catoosa, Chatham, Charlton, Chattahooche, Chattooga, and Cherokee

Georgia 1860 Agricultural Census: Volume 2 Comprises the Counties of Clark, Clay, Clayton, Clinch, Cobb, Colquitt, Coffee, Columbia, Coweta, Crawford, Dade, Dawson, Decatur, Dekalb, Dooly, Dougherty, Early, Echols, Effingham, Elbert, Emanuel, Fannin, and Fayette

Kentucky 1850 Agricultural Census for Letcher, Lewis, Lincoln, Livingston, Logan, McCracken, Madison, Marion, Marshall, Mason, Meade, Mercer, Monroe, Montgomery, Morgan, Muhlenburg, and Nelson Counties

Kentucky 1860 Agricultural Census: Volume 1 for Floyd, Franklin, Fulton, Gallatin, Garrard, Grant, Graves, Grayson, Green, Greenup, Hancock, Hardin, and Harlin Counties

Kentucky 1860 Agricultural Census: Volume 2 for Harrison, Hart, Henderson, Henry, Hickman, Hopkins, Jackson, Jefferson, Jessamine, Johnson, Morgan, Muhlenburg, Nelson, and Nicholas Counties

Kentucky 1860 Agricultural Census: Volume 3 for Kenton, Knox, Larue, Laurel, Lawrence, Letcher, Lewis, Lincoln, Livingston, Logan, Lyon, and Madison

Kentucky 1860 Agricultural Census: Volume 4 for Mason, Marion, Magoffin, McCracken, McLean, Marshall, Meade, Mercer, Metcalfe, Monroe and Montgomery Counties

Louisiana 1860 Agricultural Census: Volume 1 Covers Parishes: Ascension, Assumption, Avoyelles, East Baton Rouge, West Baton Rouge, Boosier, Caddo, Calcasieu, Caldwell, Carroll, Catahoula, Clairborne, Concordia, Desoto, East Feliciana, West Feliciana, Franklin, Iberville, Jackson, Jefferson, Lafayette, Lafourche, Livingston, and Madison

Louisiana 1860 Agricultural Census: Volume 2

Maryland 1860 Agricultural Census: Volumes 1 and 2

Mississippi 1850 Agricultural Census: Volumes 1-3

Mississippi 1860 Agricultural Census: Volume 1 Comprises the Following Counties: Lowndes, Madison, Marion, Marshall, Monroe, Neshoba, Newton, Noxubee, Oktibbeha, Panola, Perry, Pike, and Pontotoc

Mississippi 1860 Agricultural Census: Volume 2 Comprises the Following Counties: Rankin, Scott, Simpson, Smith, Tallahatchie, Tippah, Tishomingo, Tunica, Warren, Wayne, Winston, Yalobusha, and Yazoo

Montgomery County, Tennessee 1850 Agricultural Census

New Madrid County, Missouri Marriage Records, 1899-1924

North Carolina 1850 Agricultural Census: Volumes 1-4

Pemiscot County, Missouri Marriage Records, January 26, 1898 to September 20, 1912: Volume 1

Pemiscot County, Missouri Marriage Records, November 1, 1911 to December 6, 1922: Volume 2

South Carolina 1860 Agricultural Census: Volumes 1-3

Tennessee 1850 Agricultural Census for Robertson, Rutherford, Scott, Sevier, Shelby and Smith Counties: Volume 2

Tennessee 1860 Agricultural Census: Volumes 1 and 2

Texas 1850 Agricultural Census, Volume 1: Anderson through Hunt Counties

Texas 1850 Agricultural Census, Volume 2: Jackson through Williamson Counties

Texas 1860 Agricultural Census, Volumes 1-4

Virginia 1850 Agricultural Census, Volumes 1-5

Virginia 1860 Agricultural Census, Volumes 1 and 2

West Virginia 1850 Agricultural Census, Volumes 1 and 2

West Virginia 1860 Agricultural Census, Volume 1-4

www.ingramcontent.com/pod-product-compliance
Lightning Source LLC
Chambersburg PA
CBHW062130160426
43191CB00013B/2250